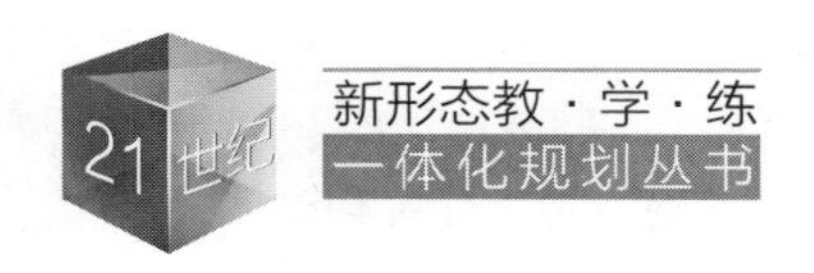

Python 边做边学

微课视频版

◎ 陈秀玲 田荣明 冉涌 主编
刘宇洋 王德选 副主编
庞展 梁玉凤 编著

清華大學出版社
北京

内容简介

本书采用项目化教程的模式，以理论讲解与实战案例演练相结合的方式，以知识点为主线，将每个项目按照知识点拆解分为多个任务，每个任务均以充满趣味性的游戏入手，系统、全面、循序渐进地讲解 Python 知识点，使读者能够学以致用，融会贯通。全书共分为 8 个项目，分别是认识新朋友(Python)、开启编程之旅、高级编程之路、叩开面向对象编程之门、异常处理、Python 图形界面设计、网络爬虫和使用 Python 操作数据库。本书的每个知识点都有相应的实现代码，并配有详细的注释说明，便于读者快速理解和掌握。

本书适合零基础的读者，也可作为高等院校的教材，还可供相关领域的广大科研人员、从事大数据分析、数据爬取或深度学习的专业人员等作为参考书使用。

图书在版编目(CIP)数据

Python 边做边学：微课视频版/陈秀玲，田荣明，冉涌主编．—北京：清华大学出版社，2021.2（2023.9 重印）
（21 世纪新形态教·学·练一体化规划丛书）
ISBN 978-7-302-56793-6

Ⅰ．①P…　Ⅱ．①陈…　②田…　③冉…　Ⅲ．①软件工具－程序设计　Ⅳ．①TP311.561

中国版本图书馆 CIP 数据核字(2020)第 217420 号

责任编辑：陈景辉　薛　阳
封面设计：刘　键
责任校对：时翠兰
责任印制：沈　露

出版发行：清华大学出版社
网　　址：http://www.tup.com.cn，http://www.wqbook.com
地　　址：北京清华大学学研大厦 A 座　　**邮　　编：**100084
社 总 机：010-83470000　　**邮　　购：**010-62786544
投稿与读者服务：010-62776969，c-service@tup.tsinghua.edu.cn
质量反馈：010-62772015，zhiliang@tup.tsinghua.edu.cn
课件下载：http://www.tup.com.cn，010-83470236
印 装 者：三河市龙大印装有限公司
经　　销：全国新华书店
开　　本：203mm×260mm　　**印　张：**18.75　　**字　　数：**487 千字
版　　次：2021 年 4 月第 1 版　　**印　　次：**2023 年 9 月第 4 次印刷
印　　数：5001～6500
定　　价：49.80 元

产品编号：087864-01

本书面向零基础的读者，采用项目化教程的模式，以理论讲解与实战案例演练相结合的方式，将Python知识点拆解成多个任务，从各种趣味性的游戏入手，使枯燥的语言学习充满乐趣，将知识点融会贯通，便于初学者快速理解和领悟各个知识点的综合运用。

本书主要内容

全书共有8个项目，每个项目又包含多个任务。

项目1认识新朋友，分为3个任务，主要阐述Python 3的基础内容，介绍关于Python的发展历程、特点、不同操作系统下的安装、集成开发环境PyCharm，详细阐述利用PyCharm编辑和运行Python程序的过程。

项目2开启编程之旅，分为4个任务，以遵守规则、群英荟萃、多功能计算器和猜单词4个游戏引领贯穿，重点介绍Python 3的注释说明的方式、变量的命名规则、常用输入输出基本语句以及使用时需要遵循的基本原则；常见数据类型、基本的运算符及其综合使用；程序设计中的顺序结构、选择结构和循环结构的综合运用。

项目3高级编程之路，分为3个任务，以摇骰子、三阶拼图、小猪佩奇3个游戏为载体，主要阐述了Python常用内置函数、外接函数的调用方式和使用方法；常见模块和包的导入、调用方法和用户自定义模块；读取或写入Python的文本文件等。

项目4叩开面向对象编程之门，分为两个任务，以扑克牌游戏、注册验证两个游戏为基础，主要阐述了Python的面向对象程序设计的理念、类和对象的关系、类的定义和使用方法、运算符重载及应用等；正则表达式的基本概念、含义、使用规则，以及灵活使用re模块提供的各种函数，实现对字符串的查找、分割、替换等。

项目5异常处理，分为两个任务，以猜数字、井子棋两个游戏为切入点，主要介绍了异常的基本概念、异常处理机制、多异常捕获，为什么需要自主引发异常、自定义异常、异常传播以及异常处理机制等。

项目6 Python图形界面设计，分为5个任务，以简单绘画、画饼充饥、动感地带、人机交互、疯狂僵尸5个游戏为载体，主要阐述了Python图形化界面设计的常用Turtle、Matplotlib、Tkinter模块以及使用方法，利用模块实现生活中多种静态、动态图形与图像的绘制等；Python常见的模式对话框的使用以及Pygame的安装、常见Pygame模块的阐述和综合应用等。

项目7网络爬虫，分为3个任务，通过体彩历史数据爬取、商品列表信息爬取和整部小说爬取的典型常见实例，详细阐述了Python爬虫的概念和作用，Scrapy的工作原理、安装方法，以及完成爬虫项目的基本流程；重点掌握Xpath表达式的书写方法以及Request对象、Response对象的使用方法等。

项目 8 使用 Python 操作数据库，分为初识股票数据、股票数据存取两个任务，主要阐述了关系数据库 SQLite 的建立（连接）以及建表的方法，通过 SQL 语句实现数据的增、删、改、查；理解集合的概念，并可以综合、灵活地运用。

本书特色

(1) 采用项目化教程的模式，以知识点为主线，贯穿趣味性游戏案例。

(2) 实战案例丰富，涵盖 8 个项目、24 个任务、20 个完整游戏项目案例。

(3) 每个游戏项目案例配有实现代码，附有相关知识链接并对相关知识进行知识拓展。

(4) 代码配以详尽的注释说明，便于读者理解和掌握。

(5) 语言简明易懂，由浅入深地讲解，让读者实现 Python 从入门到进阶。

配套资源

为便于教学，本书配有 230 分钟微课视频、源代码、教学课件、教学大纲、教学日历、教案、习题答案、软件安装包等。

(1) 获取微课视频方式：读者可以先扫描本书封底的文泉云盘防盗码，再扫描书中相应的视频二维码，观看教学视频。

(2) 获取源代码、习题答案、软件安装包、彩色图片（本书涉及的彩色图片）方式：先扫描本书封底的文泉云盘防盗码，再扫描下方二维码，即可获取。

源代码

习题答案

软件安装包

彩色图片

(3) 其他配套资源可以扫描本书封底的课件二维码下载。

读者对象

本书为一本由游戏引领、以问题导向的书籍，非常适合零基础的读者，并能带领初学者完成从零基础入门到进阶之旅。本书也可作为高等院校的教材，还可供相关领域的广大科研人员或从事大数据分析、数据爬取、深度学习的专业人员等作为参考书使用。

全书由陈秀玲统稿，项目 1 的任务 3、项目 2 由陈秀玲编写，项目 4、5 由田荣明编写，项目 7、8 由冉涌编写，项目 3 由刘宇洋编写，项目 6 的任务 1、2、3 和附录 A 由王德选编写，项目 6 的任务 4、5 由庞展编写，项目 1 的任务 1、2 由梁玉凤编写。特别感谢重庆电子工程职业学院的在校学生孙畅为本书多个游戏提供的设计思路、代码实现等诸多帮助。

在本书的编写过程中，参考了诸多相关资料，在此向文献资料的作者表示衷心的感谢。

限于个人水平和时间仓促，书中难免存在疏漏之处，欢迎读者批评指正。

作　者

2021 年 1 月

CONTENTS

目录

项目1

认识新朋友

学习目标

本项目旨在让读者了解 Python 的发展历史、版本、特点；掌握编辑和运行 Python 程序的具体实施步骤；熟悉 Python 的集成开发环境。

任务 1 关于 Python

1.1.1 任务说明

初学一门语言，首先需要了解该语言的演变发展过程，其次了解它的起源与发展，以及它的特点。Python 英文本意为“蟒蛇”，是一门跨平台、开源、解释型、面向对象、动态数据类型的高级程序设计语言。跨平台表示可以在多种操作系统环境下运行，比如常见的 Windows、Linux、Mac OS 等。

1.1.2 任务展示

2019 年 9 月，在 IEEE Spectrum(电气与电子工程师学会会刊)发布的 2019 年度编程语言排行榜中，Python 占据第一位，如图 1-1 所示。

Rank	Language	Type	Score
1	Python		100.0
2	Java		96.3
3	C		94.4
4	C++		87.5
5	R		81.5
6	JavaScript		79.4
7	C#		74.5
8	Matlab		70.6
9	Swift		69.1
10	Go		68.0

图 1-1　IEEE Spectrum 发布 2019 年排名前 10 位的编程语言

1.1.3 相关知识链接

IEEE Spectrum 编程语言排行榜每年发布一次，通过图 1-1 可以看出 Python 排名第一，而且已经连续三年蝉联冠军。Python 的流行在很大程度上依赖于当前热门技术——人工智能、大数据等领域的发展。

1. 和计算机对话

程序语言是人与计算机之间信息交换的工具，一般可分为机器语言、汇编语言和高级语言三种。

1）机器语言

每种型号的计算机都有自己的指令系统，也称机器语言(Machine Language)。机器语言是计算机系统所能识别的，不需要翻译直接供机器使用的程序设计语言。机器语言中的每一条语句(机器指令)实际上是二进制形式的指令代码，计算机能直接识别和执行，不需要任何翻译。指令是指示计算机执行一个基本操作的命令，它通常包括两部分：操作码和操作数。操作码用来规定计算机所要执行的操作，操作数表示参加操作的数本身或操作数所在的地址码。用机器语言编写的程序称为机器语言程序。

2）汇编语言

汇编语言(Assemble Language)是一种面向机器的程序设计语言，用助记符号代替操作码，用地址符号代替地址码。这种替代使得机器语言"符号化"，所以也称汇编语言是符号语言。用汇编语言编写的程序，机器不能直接执行，必须经过汇编程序将汇编语言程序翻译成机器语言程序。

汇编程序是将用符号表示的汇编指令码翻译成与之对应的机器语言指令码。用汇编语言编写的程序称为源程序，变换后得到的机器语言程序称为目标程序。

3）高级语言

从 20 世纪 50 年代中期开始，人们创造了高级语言，这些高级语言中的数据用十进制来表示，语句用较为接近自然语言的英文表示。它们比较接近于人们习惯使用的自然语言和数学表达式，而且不依赖于某台机器，通用性好，因此称为高级语言。现在进行软件开发是使用更先进的可视化编程语言，大大缩短了软件开发周期。

与汇编语言一样，计算机不能直接识别任何高级语言编写的程序，因此必须用语言处理程序把人们用高级语言编写的源程序转换成可执行的目标程序，一般分为以下两个阶段。

(1) 翻译阶段。计算机将源程序翻译成机器指令时，通常分成两种方式：一种为"编译"方式，另一种为"解释"方式。编译方式是首先把整个源程序翻译成等价的目标程序，然后再执行此目标程序，COBOL、PASCAL 等都采用编译方式。而解释方式是把源程序逐句翻译，翻译一句执行一句，边翻译边执行。解释程序不产生目标程序，而是借助于解释程序直接执行源程序本身，BASIC 等语言采用解释方式。一般将高级语言程序翻译成汇编语言或机器语言的程序称为编译程序。

(2) 连接阶段。这一阶段是用编译程序把目标程序以及所需的功能库等转换成一个可执行的装入程序。产生的可执行程序可以脱离编译程序和源程序独立存在并反复使用。

常用的高级语言有 FORTRAN、BASIC、C、Java、Python 等语言。

2. Python 的起源与发展

1）Python 诞生

Python 由荷兰程序员吉多·范罗苏姆(Guido van Rossum)于 1989 年为了打发无聊的圣诞节假期而发明。1991 年，第一个 Python 编译器(解释器)即公开发行版问世，它用 C 语言实现，并能够调用 C 的库文件。2004 年开始，Python 语言被人们认可，并且使用率呈线性增长，不断受到编程者的欢迎和喜爱；2010 年，Python 荣膺 TIOBE 2010 年度语言桂冠；2017 年，IEEE Spectrum 发布的 2017 年度编程语言排行榜中，Python 位居第一。

Python 提供了非常多的基础代码库，覆盖了网络、文件、GUI、数据库、文本等大量内容，被形象地称作“内置电池(batteries included)”。用 Python 开发编程，许多功能不需要用户从零编写，可以直接调用现有的库文件或者模块。像 Perl 语言一样，Python 源代码同样遵循 GPL(GNU General Public License)协议。

2) Python 版本

Python 自 1991 年发布以来，共经历了 3 个大的版本，分别是 1994 年发布的 Python 1.0 版本；2000 年发布的 Python 2.0 版本和 2008 年发布的 Python 3.0 版本，截止到 2019 年 12 月，已经更新到 3.8.1。3 个版本中，Python 3.0 是一次重大的升级，Python 3.0 没有考虑与 Python 2.x 的兼容，这也就导致很长时间以来，Python 2.x 的用户不愿意升级到 Python 3.0。

目前，根据统计显示，使用 Python 2.x 的开发者仍占 63.7%，而 Python 3.x 的用户占 36.3%，由此可见，使用 Python 2.x 的用户还是占多数。2014 年，Python 创始人宣布，将 Python 2.7 支持时间延长到 2020 年，本书选用大势所趋的 Python 3.x 版本。

3. Python 的特点

Python 自从问世以来，经历了一些历史性的飞跃发展，自然有其独特之处。

1) Python 简单易学

Python 是最适合作为学习编程的入门语言，相比其他编程语言(如 C、Java)，Python 最大的优势就是很容易入手。

例 1-1 利用 C、Java、Python 编写程序输出字符串"Hello World!"。

(1) 利用 C 实现。

```
#include <stdio.h>
void main()
{
printf("Hello World!");
}
```

(2) 利用 Java 实现。

```
public class HelloWorld {
    public static void main(String[] args)
{
        System.out.println("Hello World!");
    }
}
```

(3) 利用 Python 实现。

```
print("Hello World!")
```

为了完成同样的一个功能，C 需要 5 行代码；Java 需要 6 行代码，而 Python 则只需要 1 行代码。如果编写更加复杂的程序，Python 需要的代码行数也远远少于 C 或者 Java，并且在使用其他编程语言编程时(例如 C、C++)，需要时刻注意数据类型、内存溢出、边界检查等问题，而 Python 则不需要用户考虑,因为在底层实现时,它已经一一处理好了。

2）Python 功能强大

Python 功能强大是很多用户支持 Python 的最重要的原因之一,从字符串处理到复杂的 3D 图形编程,Python 借助扩展模块都可以轻松实现。

实际上,Python 的核心模块已经提供了足够强大的功能,使用 Python 精心设计的内置对象可以完成许多功能强大的操作。

此外,Python 的社区也很发达,即使是一些小众的应用场景,Python 往往也有对应的开源模块来提供解决方案。

3）Python 是解释型语言

编程语言按照程序的执行方式,可以分为编译型和解释型两种。典型的编译型语言有 C、C++等,而解释型语言有 Java、Python 等。相比编译型语言,解释型语言最大的优势就是可移植性强。也就是说,Python 具有非常好的跨平台的特性,即可以在多种不同的操作系统环境下运行,例如 Windows、Linux 或者 Mac OS 等。

4）Python 可扩充功能

Python 的许多特性和功能都集成到语言核心,提供了丰富的 API(应用程序接口)和工具,以便程序员能够轻松地使用 C、C++等来编写扩充模块。Python 编译器本身也可以被集成到其他需要脚本语言的程序中,便于实现其功能。

5）Python 是面向对象的编程语言

Python 既支持面向过程编程,也支持面向对象编程。在“面向过程”的语言(如 C)中,程序仅仅是由可重用代码的函数构建起来的;而在“面向对象”的语言(如 C++)中,程序是由数据和功能组合而成的对象构建起来的。

而且和其他面向对象的编程语言(如 C++和 Java)相比,Python 是以一种非常强大而又简单的方式实现面向对象编程的语言。

除此之外,Python 通常广泛应用在各种领域,是一种通用语言,无论是网站建设、游戏开发、人工智能、大数据、云计算、机器学习、Web 应用开发、自动化运维、网络爬虫或是一些高科技的航天飞机控制都可以用到 Python。

视频讲解

任务 2 安装 Python

1.2.1 任务说明

前面提到 Python 是开源的,开源就是免费的意思,可以直接登录 Python 的官方网站 https://www.python.org 查看最新信息以及下载对应操作系统的版本实现安装。下面介绍如何下载和安装 Python。

1.2.2 任务展示

登录 Python 的官方网站查看 Python 的有关信息,如图 1-2 所示。

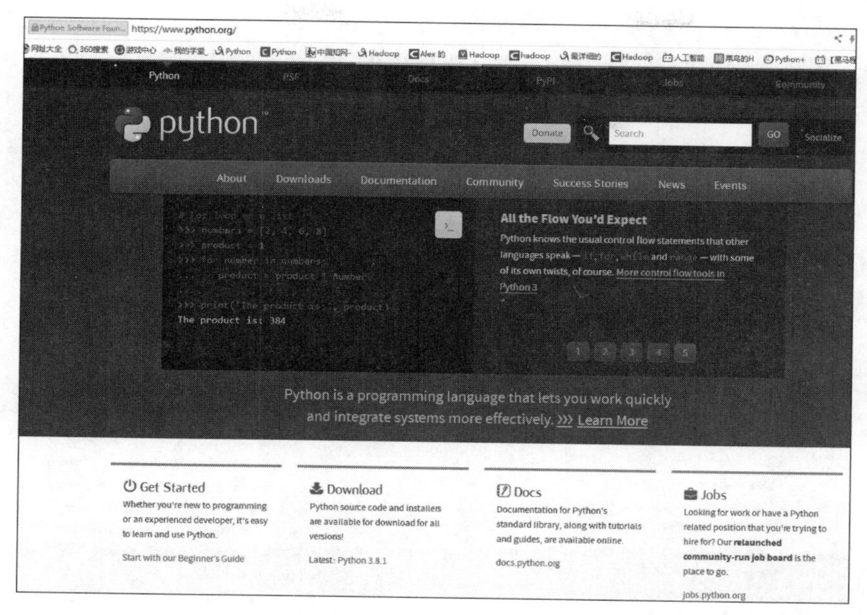

图 1-2 Python 官方网站的首页

1.2.3 相关知识链接

登录如图 1-2 所示 Python 的官方网站查看 Python 的有关信息，其中图 1-2 中下方显示的 Get Started、Download、Docs、Jobs 分别表示的含义是“开始了解学习引导”“下载信息”“有关 Python 文档信息”和“寻找一份工作”。

首先将鼠标停留在图 1-2 中 Downloads 菜单选项上，系统会自行弹出如图 1-3 所示的选项。用户根据自身的操作系统，例如机器是 Windows 操作系统，则需要单击 Windows 项，选择对应的安装包(不同的平台需要下载对应的安装包)进行下载。

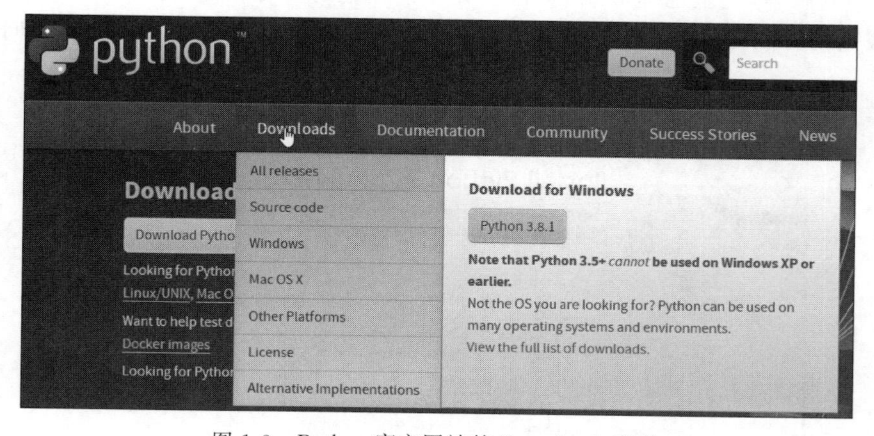

图 1-3 Python 官方网站的 Downloads 菜单

1. 在 Windows 环境下安装 Python

本书以在 Windows 操作系统上安装 Python 为例，详细阐述 Python 安装的过程。

（1）在 Windows 上安装 Python，需要首先登录 Python 官方网站。

（2）选择如图 1-3 所示的 Downloads 菜单选项中的 Windows 选项，系统弹出如图 1-4 所示的 Windows 平台安装包选项界面。

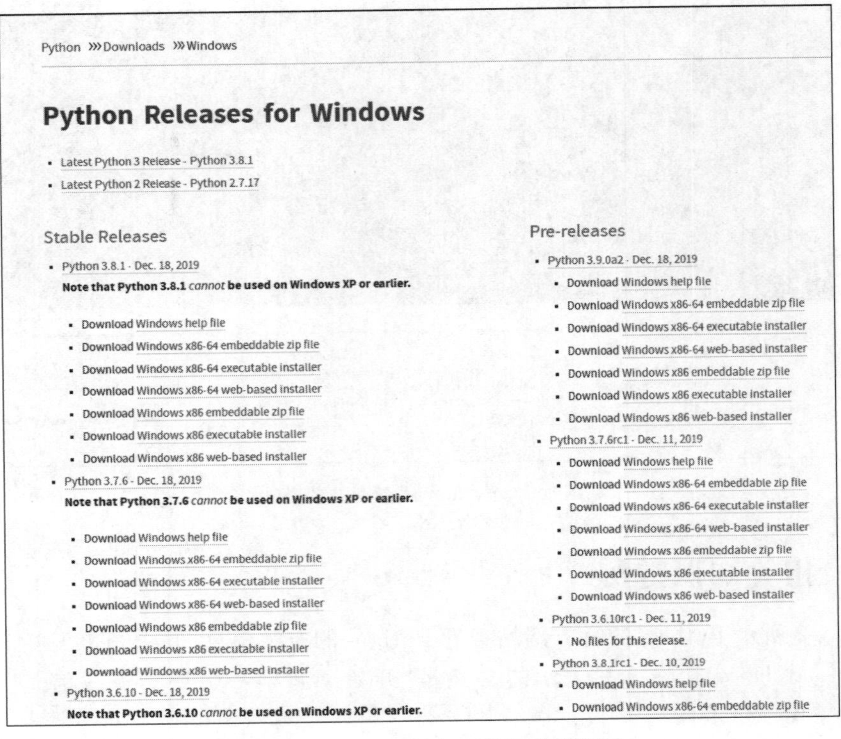

图 1-4　Windows 平台安装包选项界面

选择对应自己机器操作系统及位数的 Python 版本进行下载（注意：Windows 操作系统有 64 位和 32 位不同的版本，这里选择下载 Python 3.7.2 64 位的安装软件）。

（3）下载完成后，双击压缩文件中的 Python-3.7.2-amd64.exe，系统将开启安装向导，如图 1-5 所示。

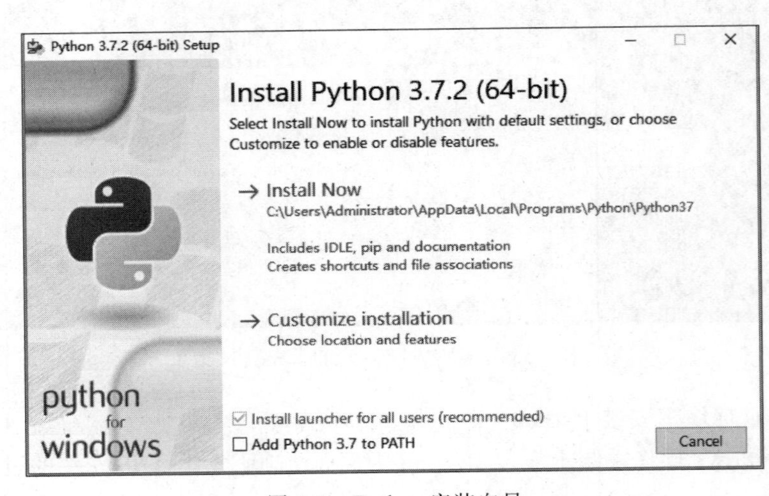

图 1-5　Python 安装向导

(4) 勾选 Add Python 3.7 to PATH 复选框，可以将 Python 命令工具所在目录添加到 Path 环境变量中。

(5) 如果在图 1-5 界面中选择 Customize installation，表示用户可以设置自定义安装路径等选项，打开如图 1-6 所示的界面。

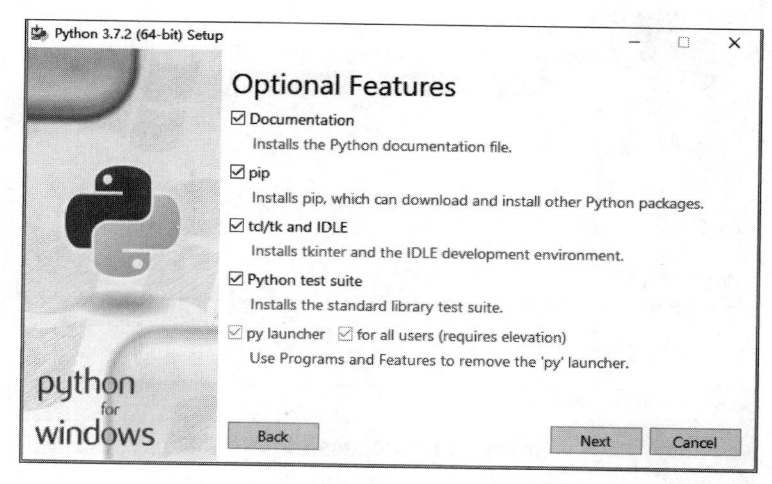

图 1-6　Customize installation 自定义选择安装选项

(6) 其中的 pip 复选框表示系统会安装 pip 安装包，单击 Next 按钮会出现高级选项，如图 1-7 所示。

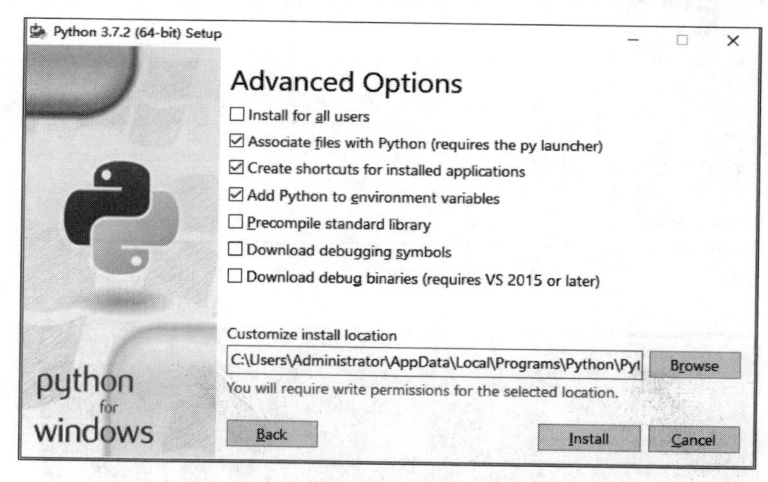

图 1-7　Advanced Options 高级安装选项

(7) 单击 Install 按钮，系统进入安装过程，如图 1-8 所示。

(8) 在图 1-5 中，如果单击 Install Now 表示会按照系统默认的路径(C:\Users\Administrator\AppData\Local\Programs\Python\Python37)立即安装，直接进入如图 1-8 所示的安装过程。

(9) 成功安装完成后，系统会出现如图 1-9 所示的界面。

(10) 选择"开始"菜单，启动 Windows 的命令行程序，如图 1-10 所示。

(11) 在命令行窗口中输入"python"命令，若出现 Python 提示符(>>>)，说明 Python 安装成功，如图 1-11 所示。

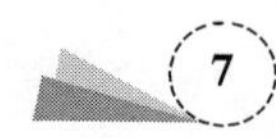

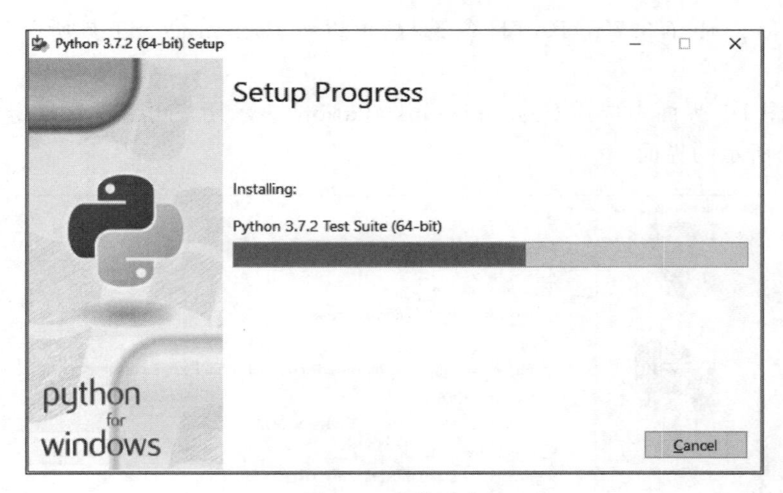

图 1-8　安装进度

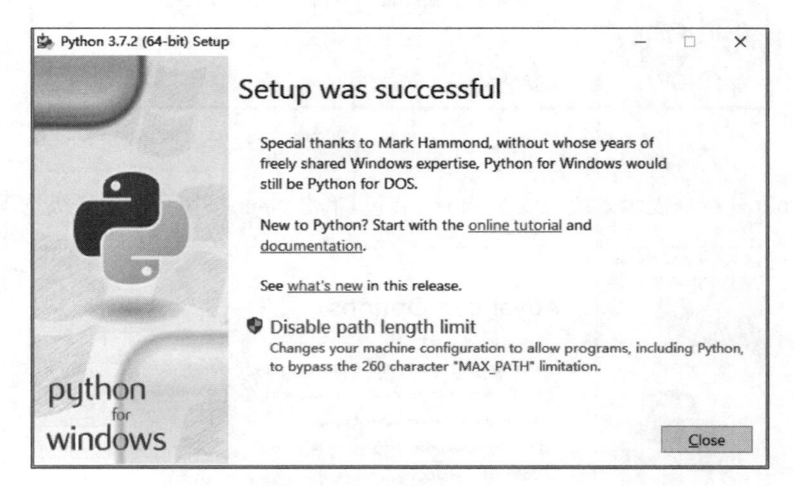

图 1-9　Python 安装成功

图 1-10　Windows 的命令行窗口

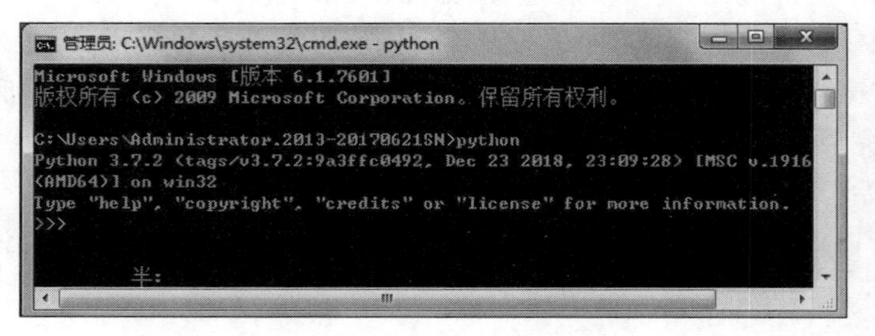

图 1-11　验证 Python 安装成功

2. 在 Linux 环境下查看 Python

通常情况下,Linux 系统默认自带了 Python 开发环境。下面以 Ubuntu 为例,介绍在 Linux 系统上查看 Python 的步骤。

(1) 通过系统的终端(Terminal),启动命令行窗口,在该命令行窗口中输入“python”命令(字母小写)。

(2) 出现“>>>”提示符,表明该 Ubuntu 系统上已经存在 Python 开发环境,如图 1-12 所示。

(3) 在 Ubuntu 系统的 Terminal 命令行中输入“python3”。如果同样出现“>>>”提示符,则说明该 Ubuntu 系统上已经存在 Python 3 开发环境。

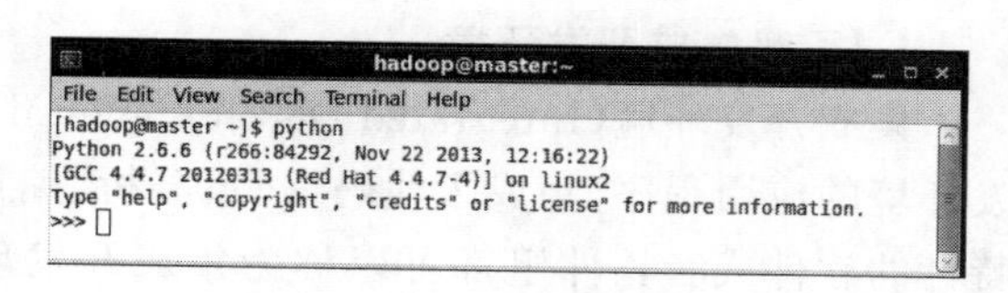

图 1-12　Linux 环境查看 Python

3. 在 Mac OS X 环境下查看 Python

Mac OS X 系统通常默认安装了 Python 2。为了检查系统中是否已经安装 Python,需要启动该系统的终端窗口(Terminal),在该窗口中输入“python”命令(字母小写),系统出现“>>>”提示符,表明 Mac OS X 系统上已经安装了 Python。

任务 3　集成开发环境

视频讲解

1.3.1　任务说明

Python 环境安装完成后,意味着可以开始编写和运行 Python 程序了。在成功安装 Python 后,系统自带一个简单的编辑工具 IDLE(集成开发环境),用户使用 IDLE 即可编写 Python 程序。若用户不习惯使用 IDLE,也可以借助其他集成开发环境实现。

1.3.2　任务展示

Python 程序员推荐的各类 Python 编辑器排行榜如图 1-13 所示。

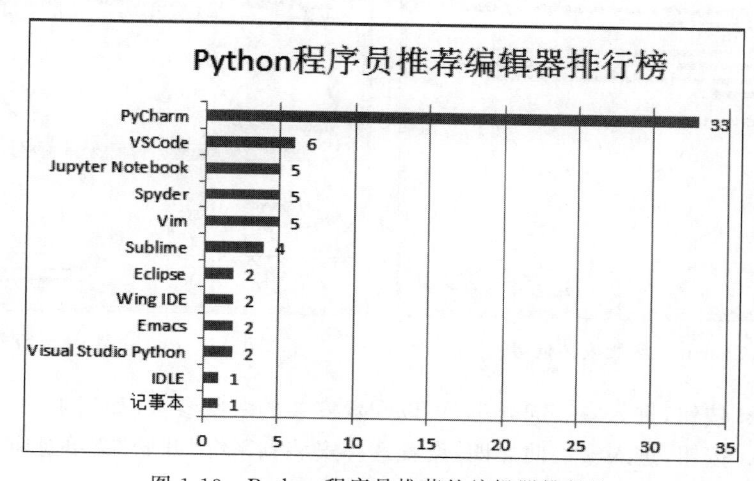

图 1-13　Python 程序员推荐的编辑器排行榜

1.3.3 相关知识链接

集成开发环境功能强大,花样翻新。被多数程序员强力推荐的 PyCharm 是一款功能强大的 Python 编辑器,可以跨平台使用,与 Python 类似,分别有对应 Windows、Linux、Mac 三种不同操作系统的版本。

1. 了解集成开发环境

集成开发环境(Integrated Development and Learning Environment,IDLE)是用于提供程序开发环境的应用程序,集成了代码编写、分析、编译、调试等功能于一体的开发软件。所有具备这一特性的软件或者软件组都可以称为集成开发环境。该程序可以独立运行,也可以和其他程序并用。在 Windows 操作系统环境下,除了可以借助自带的 IDLE 编写 Python 程序外,还可以使用 Eclipse、EditPlus、Notepad++、PyCharm 等工具;在 Linux 操作系统环境下可以使用 vim、gedit 等工具;在 Mac OS 操作系统环境下可以使用 TextEdit、Sublime Text 等工具。

2. 认识 PyCharm 集成环境

PyCharm 集成环境是目前程序员公认的 Python 语言最好用的集成开发工具,分为专业版(收费)和社区版(免费)两种。可以到 PyCharm 的官方网站(https://www.jetbrains.com/pycharm/download/)下载对应操作系统的版本,普通用户使用社区版即可。

3. 安装 PyCharm 集成环境

这里以社区版(PyCharm Community 2019.1.3 x64)的 PyCharm 集成环境安装为例。

(1) 成功下载 PyCharm 社区版,双击下载的软件 pycharm-community-2019.1.3.exe,出现 Welcome to PyCharm Community Edition Setup 安装向导一界面,如图 1-14 所示。

(2) 单击 Next 按钮,进入安装向导二,可以设置安装的路径,在该界面中可以看到需要安装的空间是 537.1MB,如图 1-15 所示。

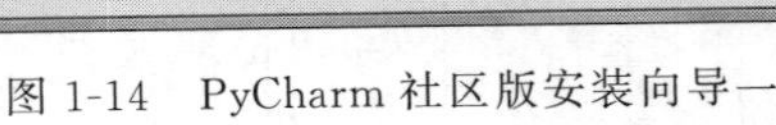
图 1-14 PyCharm 社区版安装向导一

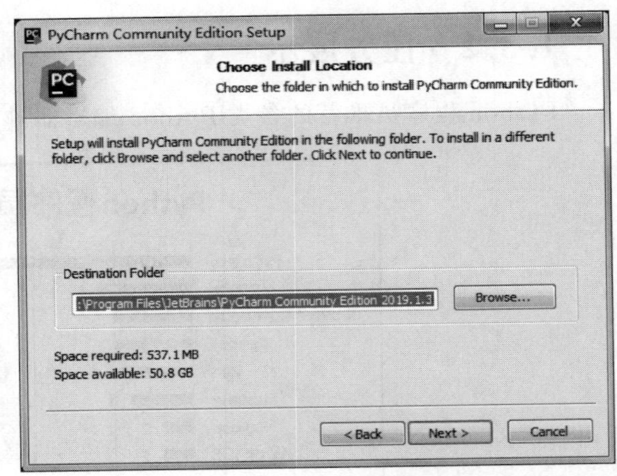

图 1-15 PyCharm 社区版安装向导二

(3) 单击 Next 按钮,进入安装向导三,可以配置安装的一些参数,如图 1-16 所示。

(4) 单击 Next 按钮,进入安装向导四,设置选择安装到系统“开始”菜单对应的文件夹,默认为 JetBrains 文件夹,如图 1-17 所示。

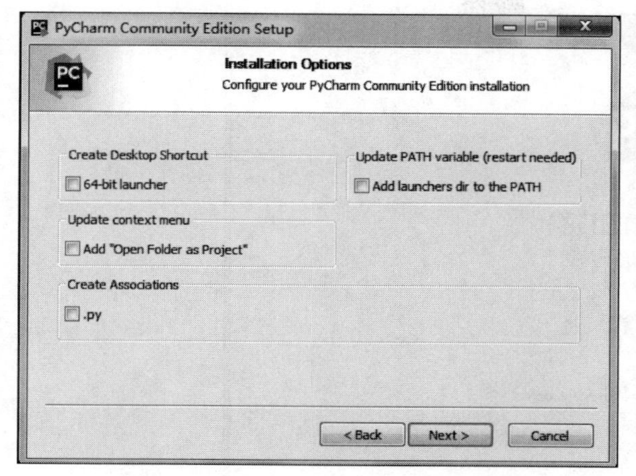

图 1-16　PyCharm 社区版安装向导三

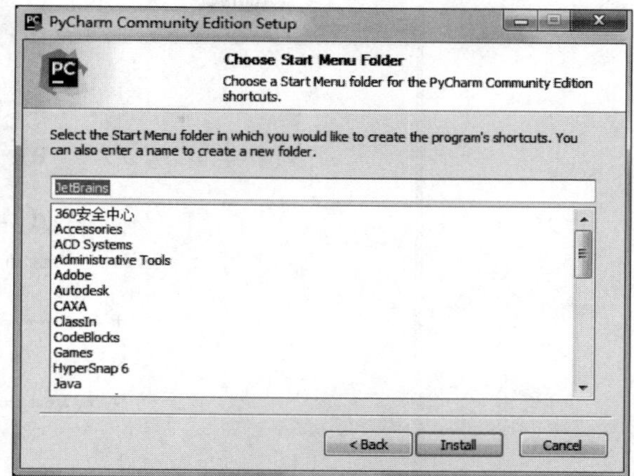

图 1-17　PyCharm 社区版安装向导四

(5) 单击 Install 按钮，进入安装过程，如图 1-18 所示。

(6) 出现如图 1-19 所示的界面，表示安装成功。单击 Finish 按钮可退出安装界面，若勾选 Run PyCharm Community Edition 复选框，可以在退出安装界面的同时，启动 PyCharm 社区版。

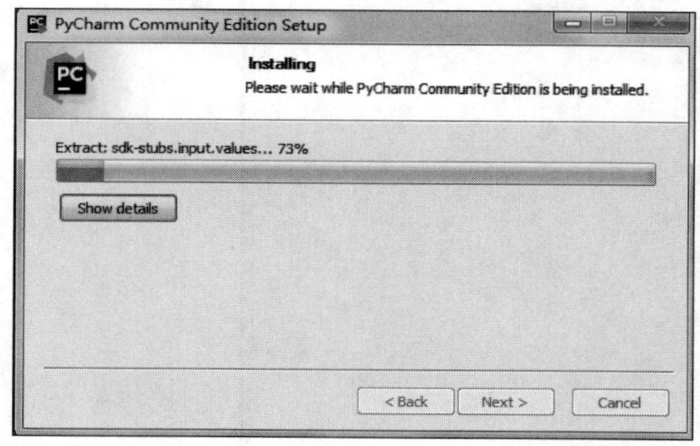

图 1-18　PyCharm 安装过程

图 1-19　PyCharm 社区版安装成功

4. PyCharm 编写并运行 Python 程序

1) 启动 PyCharm

(1) 首次启动，会出现 Welcome to PyCharm 欢迎界面，选择“创建新的工程”(Create New Project)或者“打开新的文件”(Open)，如图 1-20 所示。

(2) 当选择 Create New Project，则出现选择新工程存储位置及文件名的窗口，默认存储在 C:\Users\Administrator. 2013-20170621SN\PycharmProjects\，默认文件名为 untitled(未命名)，如图 1-21 所示。

(3) 单击 Create 按钮，进入 PyCharm 工作界面，并且出现如图 1-22 所示的提示。

(4) 单击 Close 按钮，关闭提示窗口。PyCharm 工作界面如图 1-23 所示。

2) 创建 Python 程序

(1) 启动 PyCharm，系统默认已经创建了一个名为 untitled(未命名)的工程。当然，如果需要修改工程的名称，则可以选择 File 菜单中的 Rename Project 命令，如图 1-24 所示。

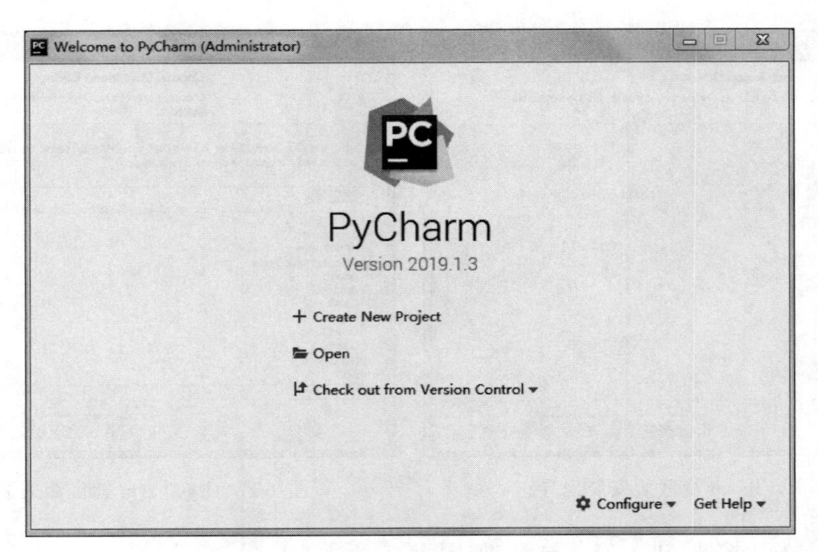

图 1-20　PyCharm 欢迎界面

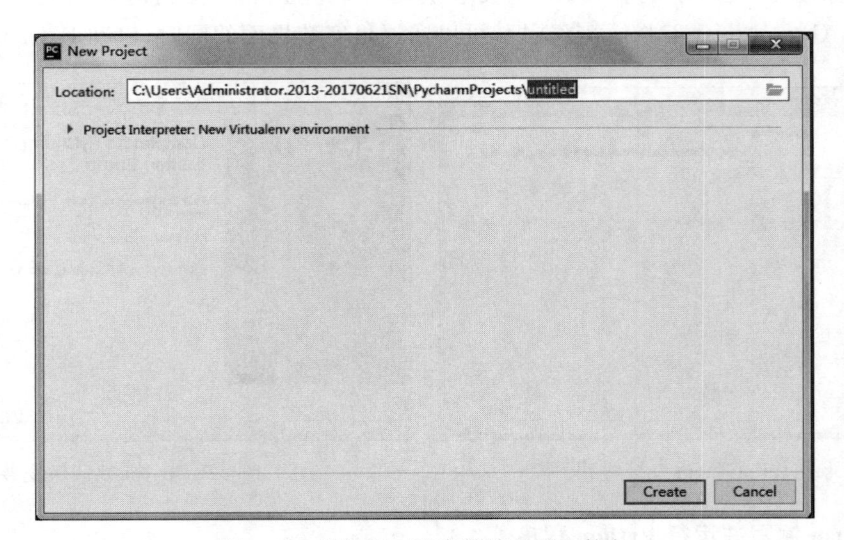

图 1-21　设置新工程存储路径及文件名

图 1-22　温馨提示

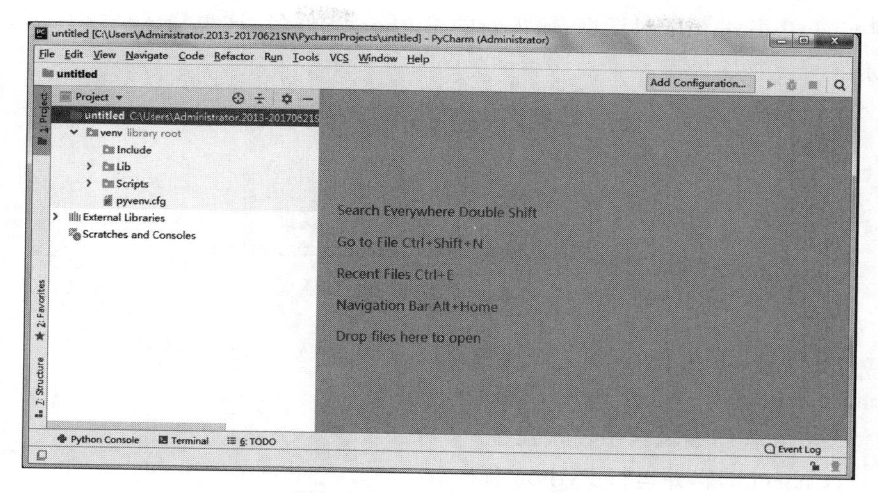

图 1-23　PyCharm 工作界面

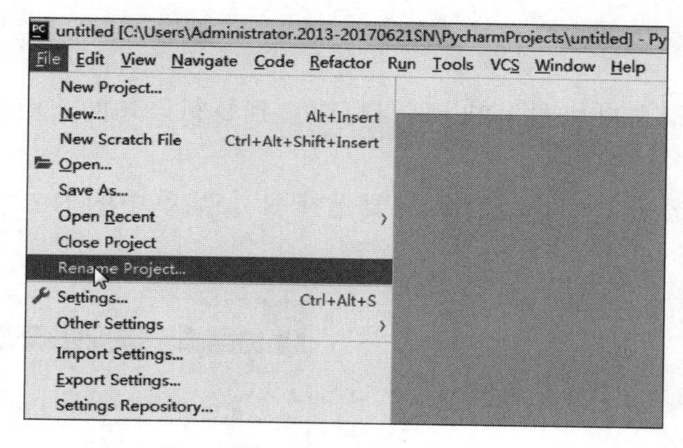

图 1-24　File 菜单

出现 Rename Project 对话框，输入新的工程名称，这里输入“PFirstProject”，如图 1-25 所示。

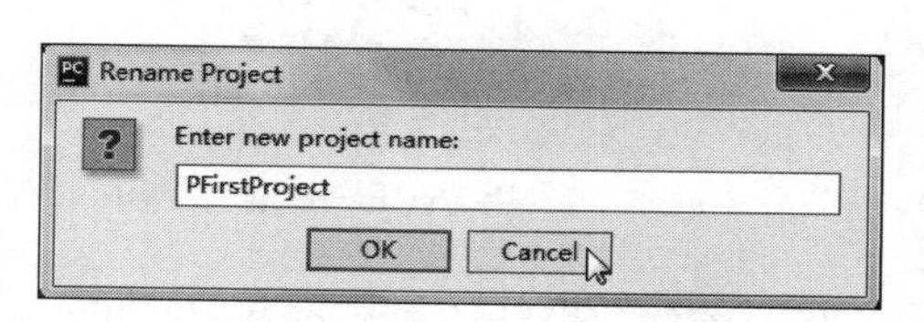

图 1-25　Rename Project 对话框

单击 OK 按钮即可更改工程名称。

(2) 在 PyCharm 工作界面上右击工程名称，出现快捷菜单，选择 New 子菜单中的 Python File 命令，如图 1-26 所示。

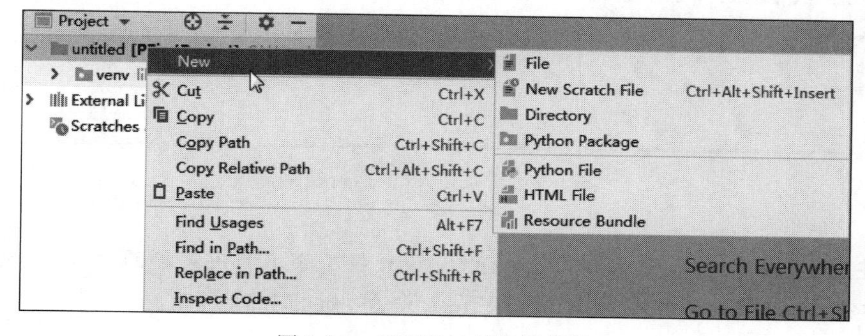

图 1-26　工程窗口的快捷菜单

(3) 出现 New Python file 对话框,输入新的 Python 文件名,这里输入的文件名是"PFile-1",如图 1-27 所示。

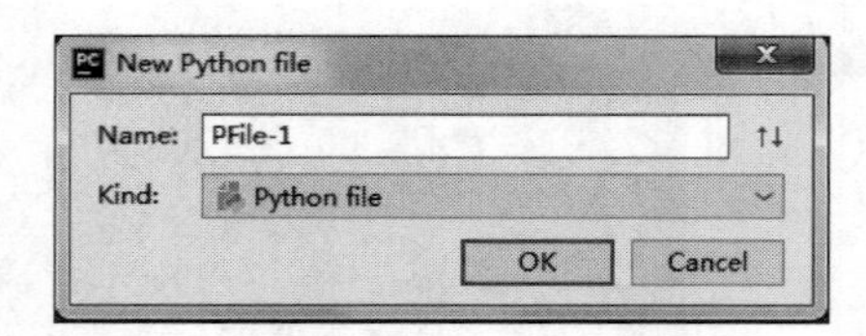

图 1-27　New Python file 对话框

(4) 单击 OK 按钮,进入 Python 文件编辑窗口,即可输入 Python 程序。

3) PyCharm 集成环境中运行 Python 程序

(1) 在 PyCharm 程序编辑区中输入程序。

例 1-2　PyCharm 编辑并运行 Python 程序。

```
print("Hello world!")
print("Hello Python")
print("Python is my love")
```

输入程序后,文件编辑窗口如图 1-28 所示,可以看到每行语句的前面都有对应的数字,数字代表行号。

(2) 在 PyCharm 中运行 Python 程序,需要选择 Run 菜单中的 Run'PFile-1'命令,如图 1-29 所示。

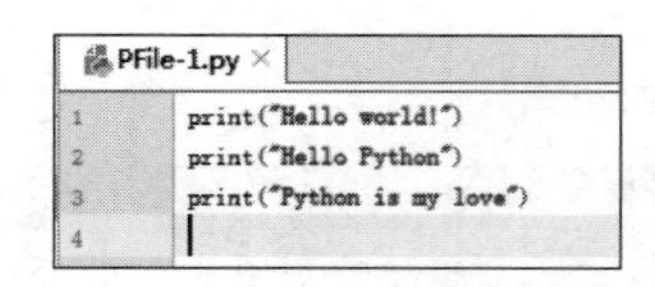

图 1-28　用 PyCharm 编辑 Python 程序

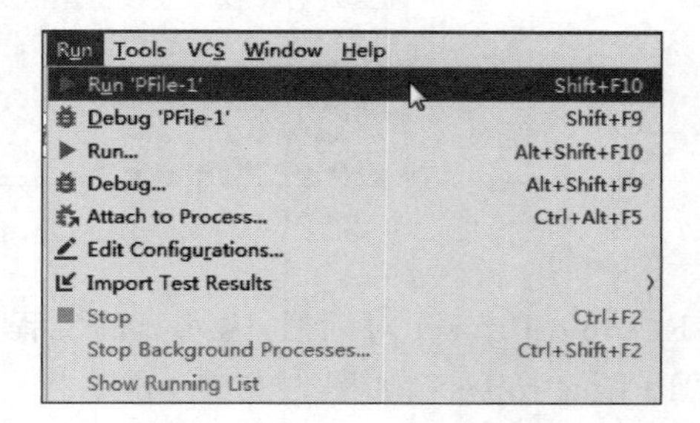

图 1-29　Run 菜单

(3) 运行结果默认将显示在 PyCharm 窗口的底部,如图 1-30 所示。

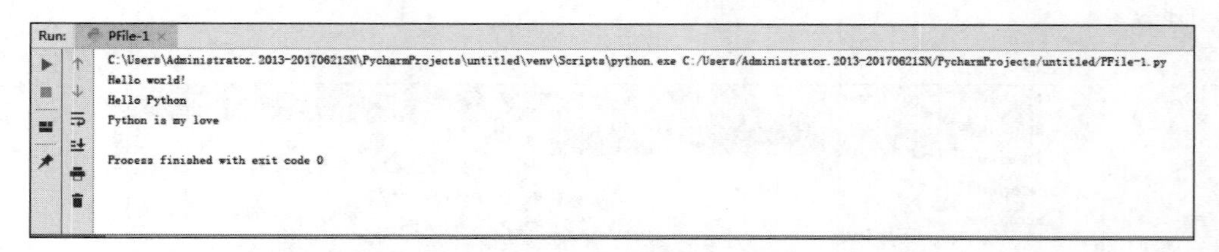

图 1-30　PyCharm 的运行结果

【注意】　在 PyCharm 环境下,运行 Python 程序除了利用菜单的方式外,还可以在程序编辑窗口中右击,选择快捷菜单中的 Run 'PFile-1'命令,如图 1-31 所示。

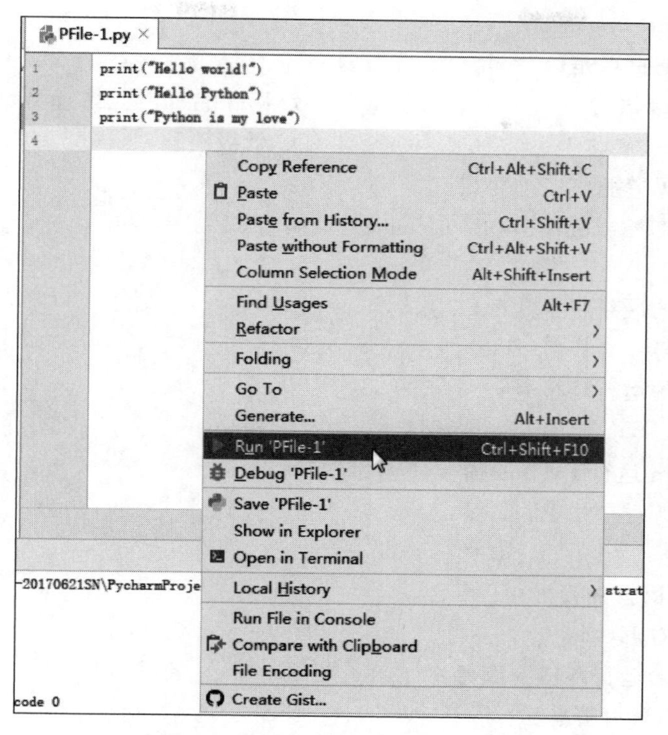

图 1-31　程序编辑区的快捷菜单

项目小结

本项目通过 3 个任务的学习，了解了计算机语言的发展历程；Python 语言的历史以及优于其他编程语言的特点；学会了在不同操作环境下安装 Python，了解集成开发环境，并且学会安装 PyCharm 以及编写和运行 Python 程序。

习题

一、填空题

1. Python 是(　　)年诞生的，由(　　)发明。

2. 计算机语言分为(　　)、(　　)和(　　)三种。

3. Python 属于(　　)类型的语言，可以在 Windows、(　　)、(　　)等操作系统下安装和使用。

4. Python 可以在(　　)、(　　)、(　　)、(　　)等各种集成开发环境下运行。

5. PyCharm 有(　　)和社区版两种。

6. Python 是一门(　　)、(　　)、(　　)、(　　)、(　　)的高级程序设计语言。

二、选择题

1. Python 语言的特点是(　　)。

A. 编译型高级语言　　B. 跨平台、开源、解释型、面向对象等

C. 高级语言　　D. 低级语言

2. Python 源代码遵循(　　)协议。

A. GPL(GNU General Public License)　　B. TCP

C. IP　　D. UNP

3. Python 语言的最新版本是(　　)。

A. 4.0　　B. 5.0　　C. 3.x　　D. 2.0

4. Python 语言的运行环境是(　　)。

A. PyCharm　　B. Notepad＋＋　　C. Eclipse　　D. 以上都可以

5. 利用 PyCharm 运行 Python 需要先创建(　　)。

A. 文件　　B. 工程　　C. 代码　　D. 文档

三、简答题

1. 简述 Python 语言的发展史。
2. Python 语言有哪些特点?
3. Python 语言的运行环境有哪些?
4. 常见的高级语言有哪些?
5. 简述 Python 语言自带集成开发环境(IDLE)有何特点?

项目2

开启编程之旅

学习目标

本项目直接带领初学者进入编程之旅，通过编写一些简单的小程序，实现所学即所用，方便读者根据所学知识实现简单的编程，便于理解和快速掌握 Python 基础知识、常用数据类型、基本运算符以及程序的三种结构。

任务 1　Python 基础——遵守规则

2.1.1　任务说明

新接触 Python 编程语言，首先要熟悉 Python 各种注释、变量的命名规则、基本语句以及实际使用中需要遵循的基本原则。那么如何能快速地识别规则和遵守规则就是现在要解决的问题。

2.1.2　任务展示

遵守规则的程序运行结果如图 2-1 所示。

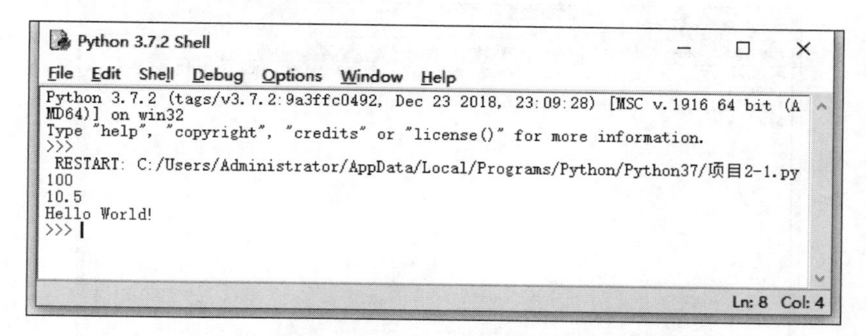

图 2-1　遵守规则的程序运行结果

2.1.3 任务实现

遵守规则具体实现步骤如下。

在项目1任务2中,Windows 10操作系统环境下已经安装了Python 3.7.2。

(1) 选择Windows的“开始”菜单,单击Python 3.7菜单中的IDLE(Python 3.7 64-bit选项),如图2-2所示。

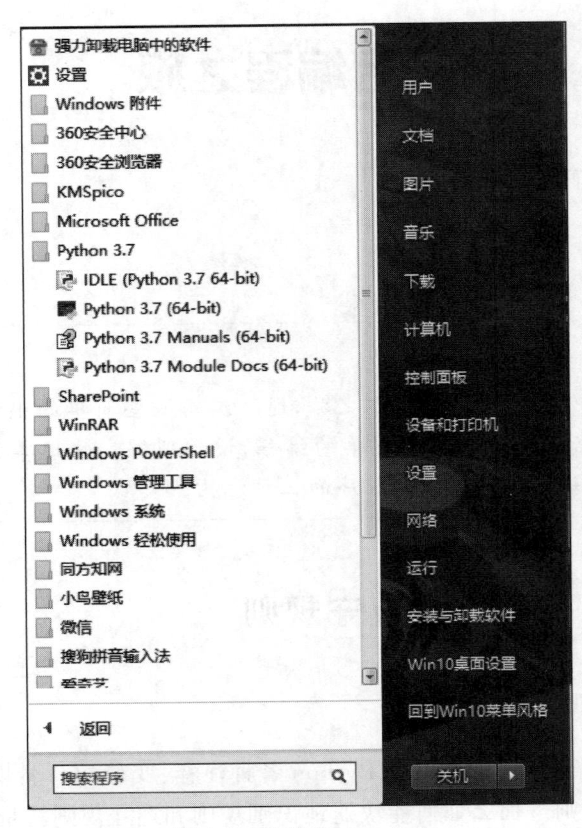

图2-2　启动Python 3.7

(2) 启动IDLE后,Python的Shell(外壳程序)工作界面如图2-3所示。

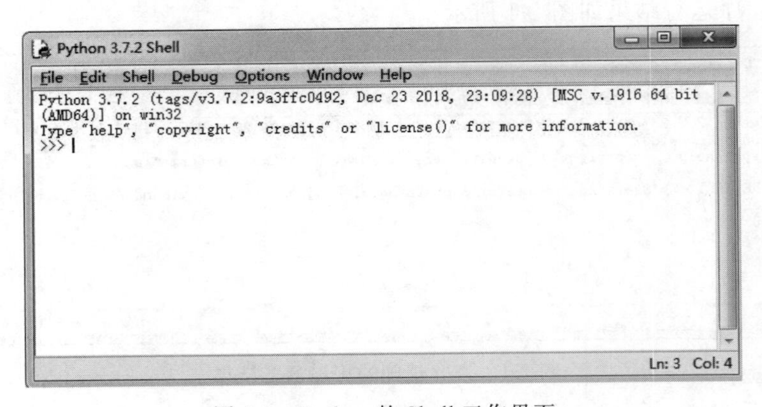

图2-3　Python的Shell工作界面

(3) 在图 2-3 中,选择 File 菜单中的 New File 选项,新建一个文档,默认文件名为 Untitled。建立文档的优点在于,可以将多行命令作为一个整体进行保存和运行,如图 2-4 所示。

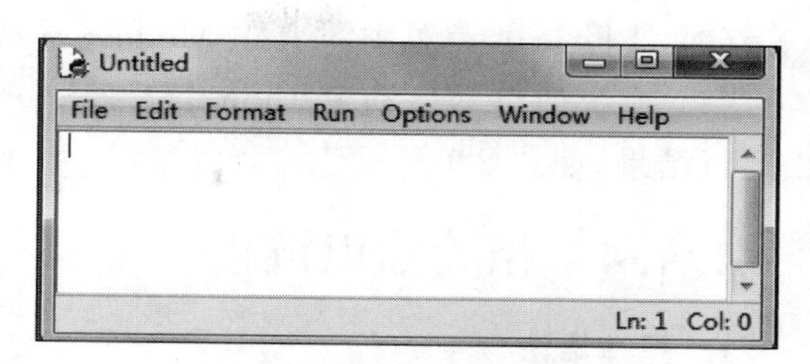

图 2-4 新建工作文档

(4) 选择 File 菜单中的 Save 选项,如图 2-5 所示,指定文件的保存路径和文件名(系统默认以.py 为扩展名),这里保存文件名为"项目 2-1.py"。

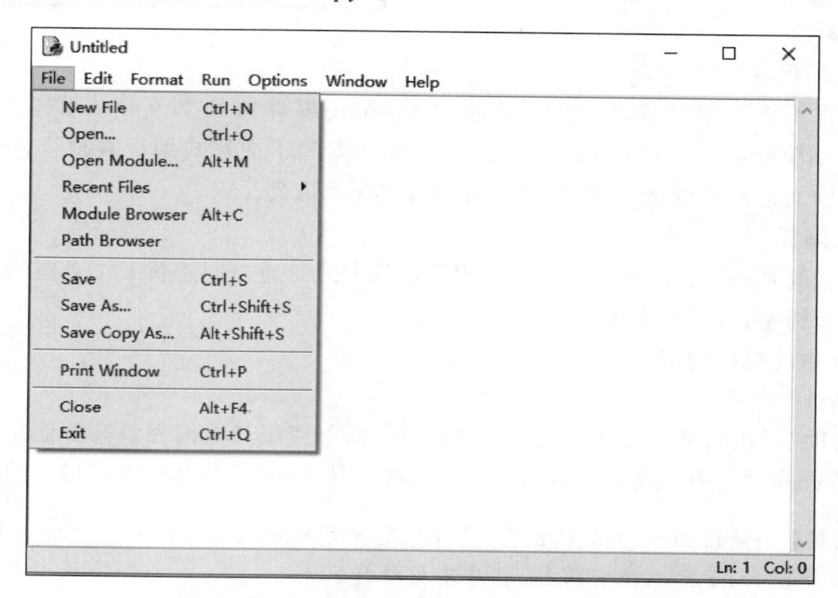

图 2-5 脚本式编程中的 File 菜单

(5) 在如图 2-5 所示的工作文档环境中输入如下程序代码。

```
#这是 Python 的第一个程序,#开头代表单行注释
'''
遵守规则游戏,需要了解注释的三种方法
1. #开头,其后的内容为注释部分
2. 以三个单引号开头和结尾
3. 以三个双引号开头和结尾
'''

'''
以下定义三个变量,分别是 a,b,c
'''
a = 100                 #定义一个变量,名为 a,赋值为整数 100
b = 10.5                #定义一个实数类型变量 b,并且赋值为 10.5
c = 'Hello World!'      #定义一个变量 c,并且赋值字符串 Hello World
print(a)                #输出变量 a
print(b)                #输出变量 b
print(c)                #输出变量 c
```

(6) 选择 Run 菜单中的 Run Module 选项,运行程序,输出结果如图 2-6 所示。

(7) 系统会自动启动 Python 3.7.2 Shell,输出运行结果,如图 2-1 所示。

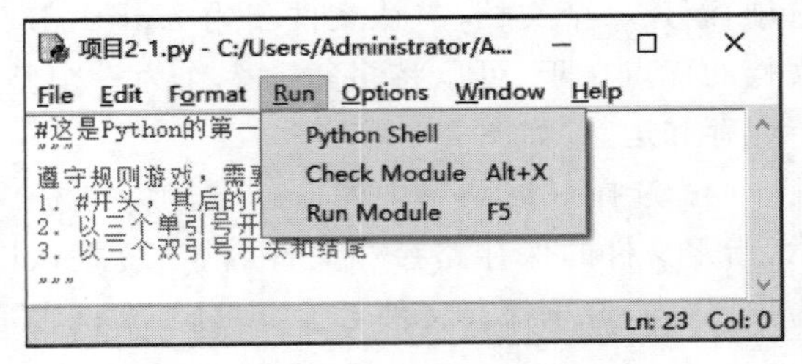

图 2-6 Run 菜单

2.1.4 相关知识链接

1. 基本语法

运行 Python 程序可以采用交互式编程或者脚本式编程两种。

1) 交互式编程

交互式编程不需要创建脚本文件,是通过 Python 解释器的交互模式实现编写代码。在 Windows 操作系统环境下安装 Python 后,就等于成功安装了交互式编程客户端,如图 2-3 所示。其中,“>>>”后面光标插入点是等待用户输入信息,实现人机交互。

2) 脚本式编程

脚本式编程就是项目 2 任务 1 中的编写程序过程方式。通过创建新工作文档,编写脚本,调用解释器开始执行脚本,直到脚本执行完毕。

2. Python 中的编码规范

1) 行和缩进

Python 借助“行和缩进”方式区分不同的代码块,而不使用其他编程语言所使用的大括号{}。Python 最具特色的就是用缩进来表示/划分模块,这也是 Python 与其他语言最大的区别。

【注意】 缩进的空白数量是可变的,但是所有代码块语句必须包含相同的缩进空白数量,这个必须严格执行,否则系统会报错,程序不被执行。

2) 空行

在 Python 语言的函数之间或者各种类的方法之间通常需要用空行分隔,表示一段新的代码的开始;类和函数入口之间也用一行空行分隔,以突出函数入口的开始。

空行和代码缩进不同,空行并不是 Python 语法的一部分,但属于程序代码的一部分。当然在书写时不插入空行,Python 的解释器运行也不会报错,但是建议初学 Python 时要插入空行,保持良好的书写习惯,空行的作用在于分隔两段不同功能或含义的代码,便于日后代码的维护或重构。

3) 一行多写

Python 可以在同一行显示多条语句,语句之间用分号(;)隔开。

例 2-1 定义 a,b,c 三个变量,并且分别赋初始值后输出。

```
a = 10;b = 20;c = 30
```

在交互式编程环境下,运行结果如图 2-7 所示。

【注意】 位于“>>>”之后的内容都是用户输入的 Python 语句,按回车(Enter)键后,系统会立即执行;没有“>>>”的行都是 Python 语句运行时的输出信息。

4) 多行输入一条语句

Python 中一般以新的一行作为语句的结束符,但是可以使用斜杠(\)将一行的语句分为多行的方式进行输入。

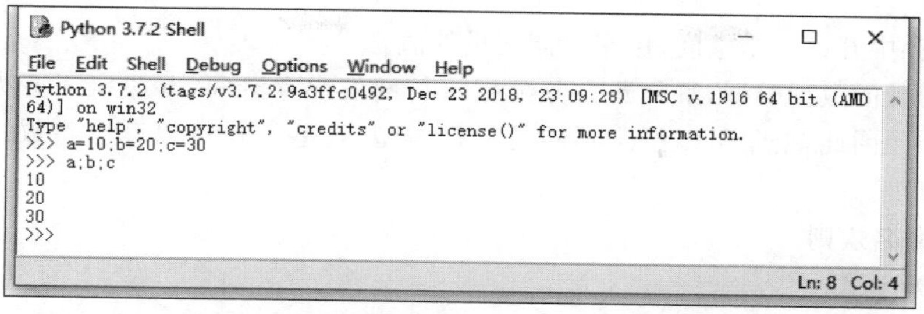

```
Python 3.7.2 Shell
File Edit Shell Debug Options Window Help
Python 3.7.2 (tags/v3.7.2:9a3ffc0492, Dec 23 2018, 23:09:28) [MSC v.1916 64 bit (AMD
64)] on win32
Type "help", "copyright", "credits" or "license()" for more information.
>>> a=10;b=20;c=30
>>> a;b;c
10
20
30
>>>
Ln: 8 Col: 4
```

图 2-7　交互式编程环境下一行输入多条语句

例 2-2　定义 math、chinese、english 三科成绩变量，采用多行输入的方式实现求和。

```
sum = math + \
      chinese + \
      english
```

在交互式编程环境下，运行效果如图 2-8 所示。

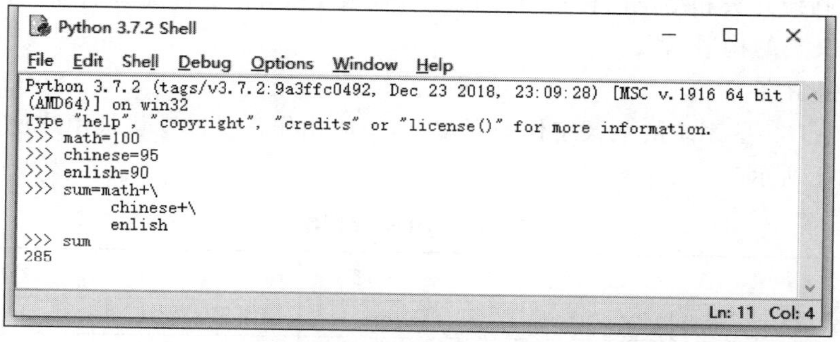

```
Python 3.7.2 Shell
File Edit Shell Debug Options Window Help
Python 3.7.2 (tags/v3.7.2:9a3ffc0492, Dec 23 2018, 23:09:28) [MSC v.1916 64 bit
(AMD64)] on win32
Type "help", "copyright", "credits" or "license()" for more information.
>>> math=100
>>> chinese=95
>>> enlish=90
>>> sum=math+\
        chinese+\
        enlish
>>> sum
285
Ln: 11 Col: 4
```

图 2-8　交互式编程环境下编辑和运行多行输入

如果语句中包含中括号([])、大括号({})或小括号(())就不需要使用多行连接符。

例 2-3　定义 month 列表，对其初始化并输出。

```
month = ['January', 'February ', 'March',
         'April', 'May', 'June']
```

在交互式编程环境下，运行效果如图 2-9 所示。

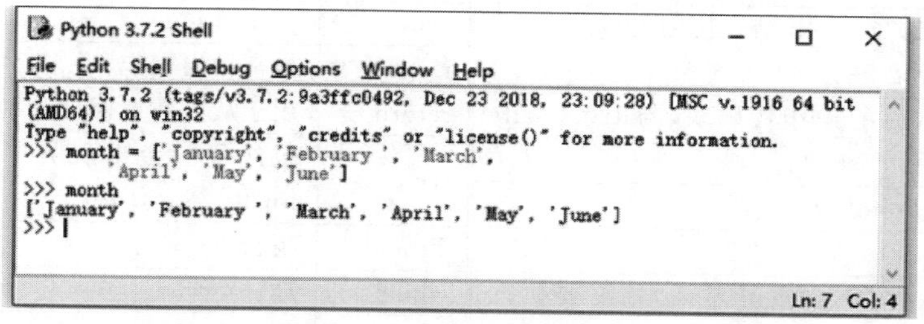

```
Python 3.7.2 Shell
File Edit Shell Debug Options Window Help
Python 3.7.2 (tags/v3.7.2:9a3ffc0492, Dec 23 2018, 23:09:28) [MSC v.1916 64 bit
(AMD64)] on win32
Type "help", "copyright", "credits" or "license()" for more information.
>>> month = ['January', 'February ', 'March',
         'April', 'May', 'June']
>>> month
['January', 'February ', 'March', 'April', 'May', 'June']
>>>
Ln: 7 Col: 4
```

图 2-9　交互式编程环境下编辑和运行列表类型变量

3. 理解 Python 中的变量

程序中可以不断发生变化的量就是变量。变量还可以理解为存储在内存中的值，在创建变量时，系统会在内存中开辟一个空间，用来存储变量的值。

根据不同变量的数据类型，解释器会分配指定长度的内存空间，并决定一些类型的数据可以被存储在内存中。因此，变量可以指定不同的数据类型，这些变量可以存储整数、实数、字符或者列表、元组、字典等。

4. 变量的命名规则

1）Python 标识符

在 Python 中，标识符是由字母、数字、下画线等组成。所有标识符可以包括英文、数字以及下画线，但不能以数字开头。Python 中的标识符区分大小写，例如，字母 a 和 A 表示两个不同的变量。

2）特殊标识符

(1) 以单下画线开头的标识符_foo，代表不能直接被访问的类属性，需要通过类提供的接口进行访问，例如，不能用 from xxx import * 的方式导入需要的类。

(2) 以双下画线开头的标识符__foo，代表类的私有成员。

(3) 以双下画线开头和结尾的标识符__foo__，代表 Python 中特殊方法专用的标识，例如，__init__() 表示定义类的构造函数。

3）Python 保留字

在 Python 中有一些系统的关键字作为保留字，不能用作常量或变量被用户使用，Python 保留字及含义如表 2-1 所示。

表 2-1　Python 保留字

关键字	含　义	关键字	含　义
and	表达式运算，逻辑与操作	from	用来导入模块
as	常用于库名重新命名	global	定义全局变量
assert	断言，用于判断变量或条件表达式的值是否为真	if	条件语句，与 else、elif 结合使用
		import	用于导入模块，与 from 结合使用
break	中断循环语句的执行	in	判断变量是否在序列中
class	定义类	is	判断变量是否为某个类的实例
continue	继续执行下一次循环	lambda	定义匿名函数
def	定义函数或方法	not	表达式运算，逻辑非操作
del	删除变量或序列的值	or	表达式运算，逻辑或操作
elif	条件语句，与 if、else 结合使用	pass	空类、方法或函数的占位符
else	条件语句，与 if、elif 结合使用，也可用于异常和循环语句	print	打印语句
		raise	异常抛出操作
except	捕获异常后的操作代码块，与 try、finally 结合使用	return	用于从函数返回计算结果
exec	执行 Python 语句	try	包含可能会出现异常的语句，与 except、finally 结合使用
False	逻辑假	True	逻辑真
finally	用于异常语句，出现异常后，始终要执行 finally 包含的代码块，与 try、except 结合使用	while	循环语句
		with	简化 Python 的语句
		yield	用于从函数依次返回值
for	循环语句		

在交互式编程环境下，可以通过程序查看它所包含的关键字。

例 2-4 查看 Python 关键字。

```
import keyword        #导入 keyword 模块
keyword.kwlist        #显示所有关键字
```

在交互式编程环境下，运行效果如图 2-10 所示。

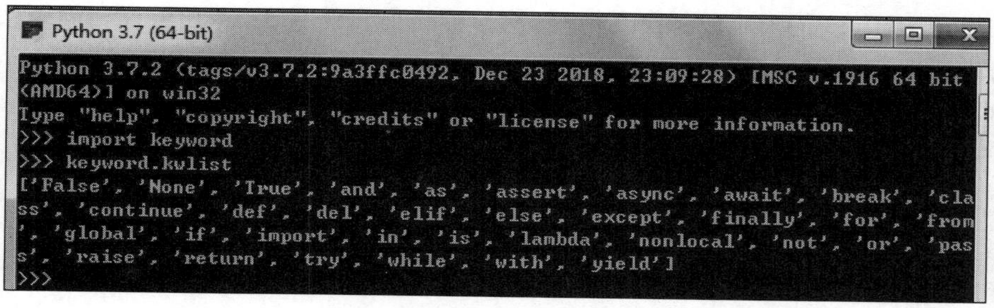

```
Python 3.7 (64-bit)
Python 3.7.2 (tags/v3.7.2:9a3ffc0492, Dec 23 2018, 23:09:28) [MSC v.1916 64 bit
(AMD64)] on win32
Type "help", "copyright", "credits" or "license" for more information.
>>> import keyword
>>> keyword.kwlist
['False', 'None', 'True', 'and', 'as', 'assert', 'async', 'await', 'break', 'cla
ss', 'continue', 'def', 'del', 'elif', 'else', 'except', 'finally', 'for', 'from
', 'global', 'if', 'import', 'in', 'is', 'lambda', 'nonlocal', 'not', 'or', 'pas
s', 'raise', 'return', 'try', 'while', 'with', 'yield']
>>>
```

图 2-10 Python 关键字

5. Python 中的注释

为程序添加注释可以用来解释程序某些代码的作用和功能，提高程序的可读性。除此之外，在某些时候，如果用户不希望编译、执行程序中的某些代码，就可以将这些代码作为注释的形式出现。

通常，Python 源代码的注释有以下两种形式。

1）单行注释

Python 使用"#"表示单行注释的开始，跟在"#"后面直到这行结束为止的代码都将被解释器忽略，不被执行。单行注释就是在程序中注释行代码，在 Python 程序中将"#"放在需要注释的内容之前就可以。

2）多行注释

多行注释是指一次性将程序中的多行代码注释掉。在 Python 程序中，可以使用三个单引号或三个双引号将注释的内容括起来。

例 2-5 利用单引号或双引号实现多行程序注释。

```
'''
这里面的内容,全部是多行注释:
人生苦短,我学 Python
'''
"""
多行注释的第二种方法三个双引号:
以三个双引号开头和结尾
"""
print("开开心心学 Python")
```

此外，添加注释也是调试程序的重要方法。当不确定某段代码可能有问题时，可以先把这段代码注释起来，让 Python 解释器忽略这段代码，再次编译、运行。如果程序可以正常执行，则说明错误就是由这段代码引起的，这样就缩小了错误所在的范围，有利于排错。如果依然出现相同的错误，则说明错误不是由这段代码引起的，同样也缩小了错误所在的范围。

2.1.5 知识拓展

1. 程序注释的位置

以“#”开头的注释可以放置到行开头,表示以“#”开头的本行内容都是注释内容;或者放到程序行的后面,表示以“#”开头,直到本行内容结束之间的内容作为注释内容。

2. 保存文件

可以在启动 Python 的 IDLE 工作文档后,编写程序前先保存文件,也可以在编写代码程序后,运行程序前进行保存。但建议初学者为了避免文件丢失,最好是在编写程序前先保存文件,养成良好的习惯会受益匪浅。

3. 运行程序

脚本式编程环境中,可以在图 2-6 中选择 Run 菜单中的 Run Module 选项,或直接按键盘上的功能键 F5 运行 Python 程序。

4. 行和缩进规则

在 Python 的代码块中必须使用相同数目的行缩进空格数。建议在每个缩进层次使用一个制表符(TAB)或两个空格或四个空格,切记不能混用。

5. 代码的颜色

在 Python 的 IDLE 程序代码中,为了便于使用者区分保留字、注释语句、错误等,系统借助不同的颜色进行区分。在 Python 的 IDLE 程序代码中,不同颜色代表的含义如表 2-2 所示。

表 2-2 程序中不同颜色表示的含义

颜色	含 义	颜色	含 义
橘红色	单行注释部分,起到解释说明的作用	橙色	内置函数
粉红色	关键字,即 Python 的保留字	紫色	方法
绿色	多行注释,起到解释说明的作用或者是字符文本	蓝色	自定义函数的定义
		黑色	正常用户编写的程序代码

视频讲解

任务 2 数据类型——群英荟萃

2.2.1 任务说明

学习编程语言需要熟悉并应用各种不同的数据类型。数据类型就如同游戏中不同的人物,各自有不同的特点、作用,甚至可以实现不同角色的转变。Python 属于弱类型语言,即可以根据实际需要,对同一个变量赋予不同类型的数值。

2.2.2 任务展示

群英荟萃程序的运行结果如图 2-11 所示。

2.2.3 任务实现

群英荟萃具体实现代码如下。

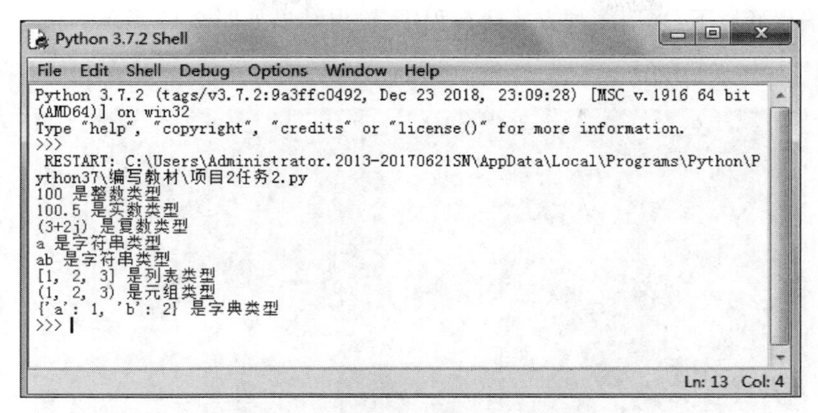

图 2-11 群英荟萃的程序运行结果

```
a = 100   #将整数 100 赋值给变量 a,那么这时变量 a 的值就是 100,其中" = "在语言中通常都表示的是"赋
#值"运算符
b = 100.5   #将实数 100.5 赋值给变量 b,那么这时变量 b 的值就是 100.5
c = 3 + 2j   #将复数 3 + 2j 赋值给变量 c,其中实数为 3,虚数为 2
d = 'a'   #将单个字符 a 赋值给变量 d,其中一对单引号引起来的内容表示字符串,可以是单个字符,也可以
#是多个字符构成的字符串
e = "ab"   #将字符串 ab 赋值给变量 e,其中一对双引号引起来的内容也表示为字符串,即字符串可以用一对
#单引号或者双引号引起来
f = [1,2,3]   #将列表[1,2,3]赋值给变量 f,其中一对[]括起来的内容表示为列表类型的数据
g = (1,2,3)   #将元组(1,2,3)赋值给变量 g,其中一对小括号()括起来的内容表示为元组类型的数据
h = {'a':1,'b':2}   #将字典{'a':1,'b':2}赋值给变量 h,其中一对{}括起来的内容表示为字典类型的数据
if isinstance(a,int)   #逻辑判断变量 a 是否为整数 int 类型,其中 if 是条件判断语句,具体功能和用法详
#见项目 2 任务 4。isinstance()是确定函数,包含两个参数,第一个参数表示需要判断类型的变量,第二个
#参数 int 表示整数类型
print(a,"是整数类型")   #输出变量 a 的值和双引号引起来的字符串,其中 print()是输出函数,具
#体功能和用法详见 2.2.5 节知识拓展
if isinstance(b,float)   #逻辑判断变量 b 是否为实数 float 类型
if isinstance(c,complex)   #逻辑判断变量 c 是否为复数类型
if isinstance(d,str)   #逻辑判断变量 d 是否为字符串 str 类型
if isinstance(f,list)   #逻辑判断变量 f 是否为列表 list 类型
if isinstance(g,tuple)   #逻辑判断变量 g 是否为元组 tuple 类型
if isinstance(h, dict)   #逻辑判断变量 h 是否为字典 dict 类型
```

2.2.4 相关知识链接

1. 整数(int)

Python 3 支持各种整数值,可以很小,也可以很大,既可以是负整数,也可以是正整数。而且 Python 支持 None(空值)。

例 2-6 在交互式环境下,定义三种整数变量并采用多种方式输出。

```
#定义负整数变量,并赋值
a = - 1000000000000
#定义正整数变量,并赋值
b = 9999999999999
```

在交互式编程环境下，采用多种方式运行程序，输出结果如图 2-12 所示。

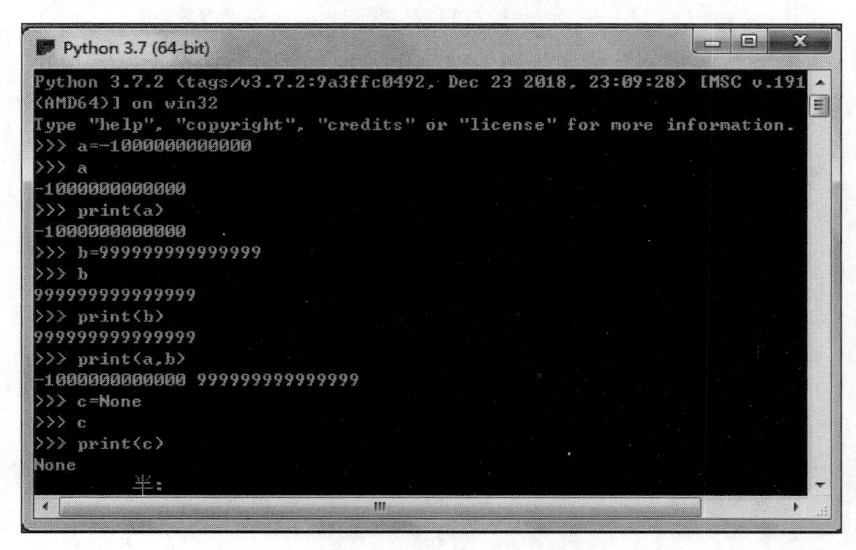

图 2-12　交互式环境下多种方式输出整数

2. 实数(float)

浮点型数值用于保存带小数点的数值。Python 可以用以下两种方式表示浮点数。

1）十进制形式

十进制形式是以一个小数点分隔的整数和小数组成的数值，例如 1.5、2.0 等。

2）科学记数形式

以科学记数法形式描述的数值，其中可以用 e 或者 E 表示，例如 1.2e2(即 1.2×10^2)、5.0E-5(即 5×10^{-5})等。

例 2-7　描述浮点数的数值并输出。

```
#浮点数
a = 10000.0
b = 1.0e4
c = 0.1E5
d = 1.0E - 5
print(a,b,c,d)                           #将多个变量一次性输出
print("变量 a 的数据类型是",type(a))  #输出变量 a 的类型
print("变量 b 的数据类型是",type(b))  #输出变量 b 的类型
print("变量 c 的数据类型是",type(c))  #输出变量 c 的类型
print("变量 d 的数据类型是",type(d))  #输出变量 d 的类型
```

在脚本式编程环境下运行程序，输出结果如图 2-13 所示。

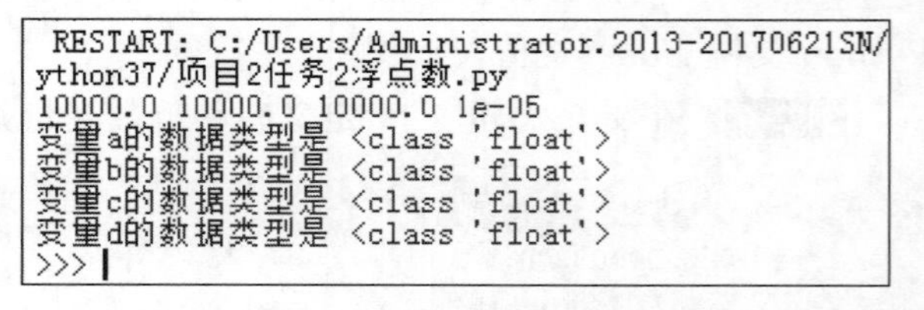

图 2-13　例 2-7 运行结果

3. 复数(complex)

Python 语言支持数学中的复数，复数的虚部用 j 或者 J 表示。例如，3＋2j 表示实部是 3，虚部是 2 的复数。

4. 字符串(str)

字符串的含义就是“一串字符”，是用一对单引号或者双引号引起来的任意字符。字符串的内容可以包含任意字母、数字、空格，各种符号以及汉字等。

例 2-8　输出字符串常量和随机任意字符串。

```
#字符串常量
a = 'Hello Python! '
b = "I like Python best ###"
print("输出变量 a 的内容是",a)
print("输出变量 b 的内容是",b)

#从键盘上随机输入任意内容
c = input("请从键盘上随机输入任意内容：")      #参见 2.2.5 节知识拓展
print("输入的内容是",c)
print("从键盘上随机输入内容的类型是",type(c))
```

运行程序，输出结果如图 2-14 所示。

```
 RESTART: C:/Users/Administrator.2013-20170621SN
ython37/项目2任务2字符串.py
输出变量a的内容是 Hello Python!
输出变量b的内容是 I like Python  best ###
请从键盘上随机输入任意内容：12ab#@!
输入的内容是 12ab#@!
从键盘上随机输入内容的类型是 <class 'str'>
>>>
```

图 2-14　例 2-8 运行结果

5. 列表(list)

列表(list)是一系列按特定顺序排列的元素组成，是 Python 中使用最频繁的数据类型，可以由多个数字、字母甚至可以包含列表(即嵌套)的元素组成。列表用 [ ] 标识，并用逗号来分隔其中的元素，是 Python 最通用的复合数据类型。

1) 访问列表

可以访问整个列表，也可通过索引来访问其中的元素，索引都是从 0 开始。第 1 个元素的索引为 0，第 2 个元素的索引为 1，以此类推；列表还支持使用负数索引，倒数第 1 个元素的索引为−1，倒数第 2 个元素的索引为−2，以此类推。

列表中的每个元素相当于一个个变量，程序既可使用它的值，也可对元素赋予新值。

例 2-9　创建列表并输出。

```
#定义列表
vehicles = ['car','bus','bicycle','motocar','plane','steamship']
print(vehicles) #访问列表，原样输出
print(vehicles[0], vehicles[1], vehicles[2], vehicles[3], vehicles[4], vehicles[5]) #顺序输出列表
print(vehicles[-1], vehicles[-2], vehicles[-3], vehicles[-4], vehicles[-5], vehicles[-6])
                                                                                  #反转输出列表
```

运行程序，输出结果如图 2-15 所示。

```
['car', 'bus', 'bicycle', 'motocar', 'plane', 'steamship']
car bus bicycle motocar plane steamship
steamship plane motocar bicycle bus car
>>>
```

图 2-15　例 2-9 运行结果

2) 使用列表的一部分

访问列表中的一部分，Python 称之为切片。要访问切片，即列表的任何子集，可以指定要使用列

表的第一个元素(起始位置)和最后一个元素的索引(终止位置),但有时起始位置和终止位置可以省略。

例 2-10 在交互式环境下生成列表的子集。

```
>>> vehicles = ['car','bus','bicycle','motocar','plane','steamship'] #定义列表
['car','bus','bicycle','motocar','plane','steamship']
>>> vehicles[:2] #打印列表的一个切片,其中只包含两个元素,即列表第 1 个和第 2 个元素,对应的索引为
#0、1
['car','bus']
>>> vehicles[2:] #打印列表的一个切片,其中包含索引从 2 开始,一直到列表的最后一个元素
['bicycle','motocar','plane','steamship']
>>> vehicles[2:4] #打印列表的一个切片,其中包含索引从 2 开始,一直到列表的第 3 个元素,不包括索引
#为 4 的列表元素
['bicycle','motocar']
>>> vehicles[1:5] #打印列表的一个切片,其中包含索引从 1 开始,一直到列表的第 4 个元素,不包括索引
#为 5 的列表元素
['bus','bicycle','motocar','plane']
>>> vehicles[:] #打印列表的一个切片,其中包含索引从 0 开始,一直到列表的最后一个元素
['car','bus','bicycle','motocar','plane','steamship']
```

6. 元组(tuple)

使用圆括号标识的元素称为元组。定义元组后,可以使用索引来访问其元素,下标从 0 开始,如同访问列表一样。但元组一旦确定,就不能对其内容进行修改了。

例 2-11 创建元组并输出。

```
#定义元组
tuples = ('car','bus','bicycle','motocar','plane','steamship')
print(tuples) #访问元组,原样输出
print(tuples[0], tuples[1], tuples[2], tuples[3], tuples[4], tuples[5]) #输出各个元组
print(tuples[-1], tuples[-2], tuples[-3], tuples[-4], tuples[-5], tuples[-6]) #反转输出元组
```

运行程序,输出结果如图 2-16 所示。

```
('car', 'bus', 'bicycle', 'motocar', 'plane', 'steamship')
car bus bicycle motocar plane steamship
steamship plane motocar bicycle bus car
```

图 2-16 例 2-11 运行结果

7. 字典(dict)

在 Python 中,字典是一系列键-值对的集合。每个键都与一个值相关联,可以使用键访问与之相关联的值。与键相关联的值可以是数字、字符串、列表,甚至可以是字典。

字典用放在一对花括号{}中的一系列键-值对来表示,键和值之间用冒号分隔,而键-值对之间用逗号分隔,字典的长度不受限制。

例 2-12 创建字典并输出。

```
#定义字典
dicts = {'car':1,'bus':'big','bicycle':['yongjiu','feige','shanghai'],'motocar':'red','plane':5,'steamship':6}
print(dicts['car']) #输出字典 dicts 中'car'的值
print(dicts['bicycle']) #输出字典 dicts 中'bicycle'的值
print(dicts['bus']) #输出字典第二个键值
```

运行程序，输出结果如图 2-17 所示。

```
1
['yongjiu', 'feige', 'shanghai']
big
```

图 2-17　例 2-12 运行结果

2.2.5　知识拓展

1. 整数的表示形式

Python 的整型数值有 4 种表示形式，分别是十进制形式、二进制形式、八进制形式和十六进制形式。

1）十进制形式

最普遍使用的整数就是十进制形式的整数，例如−2、−200、3000、4999 等都是十进制形式的整数。

2）二进制形式

以 0b 或 0B 开头，后面的数字只能是 0 或者 1 的整数，例如 0b101、0B01001、0b1101011 等都是二进制形式的整数。

3）八进制形式

以 0o 或 0O 开头，后面的数字只能是 0～7 中任意的整数，例如 0o101、0O4561、0O1101011 等都是八进制形式的整数。

4）十六进制形式

以 0x 或 0X 开头，后面的数字除了可以是 0～9 任意的整数外，还可以用字母 a～f 或者 A～F 代表 10～15 的整数，例如 0x101、0Xa45c、0Xabcdef 等都是十六进制形式的整数。

例 2-13　分别用二进制、八进制和十六进制形式表示整数。

```
#以 0b 或 0B 开头,后面的数字只能是 0 或者 1 的整数表示二进制整数
a = 0b101
b = 0B01001
print(a,b)
#以 0o 或 0O 开头,后面的数字只能是 0～7 中任意的整数表示八进制整数
c = 0o101
d = 0O4567
print(c,d)
#以 0x 或 0X 开头,后面的数字除了可以是 0～9 中任意的整数外,还可以用字母 a～f 或者 A～F 代
#表 10～15 的整数
e = 0xab12
f = 0Xcdef
print(e,f)
```

在脚本式编程环境下运行程序，输出结果如图 2-18 所示。

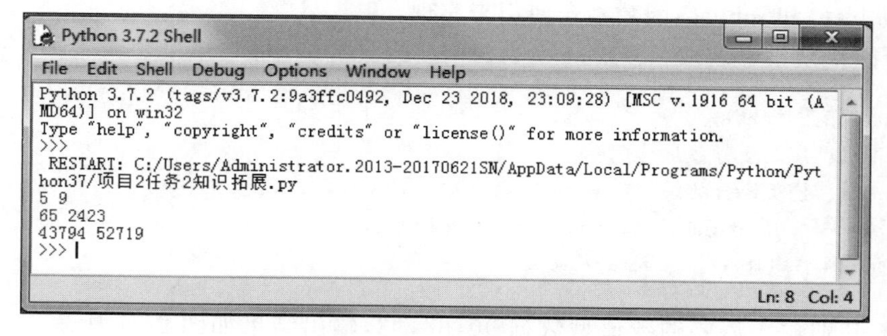

图 2-18　例 2-13 运行结果

2. 科学记数法表示浮点数

可以用 e 或者 E 表示的科学记数法形式描述浮点数，要求 e 或者 E 前后必须有数字，而且 e 或者 E 后面的数字必须是整数，例如，1e、E5、1.0E-0.2 都是错误的描述。

3. 复数

Python 可以描述数学中的复数，例如，z=a+bj 或者 z=a+bJ 都是正确的，并且可以分别利用 z.real 表示复数的实数部分，用 z.imag 表示复数的虚数部分。

例 2-14 定义一个复数，并且分别提取其实数和虚数部分。

```
#定义一个复数
z = 3 + 2j
#分别提取复数的实数和虚数部分
print("复数 z 的实数部分是",z.real)      #提取复数的实数
print("复数 z 的虚数部分是",z.imag)      #提取复数的虚数
```

运行程序，输出结果如图 2-19 所示。

```
>>>
 RESTART: C:/Users/Administrator.2013-20170621SN/
ython37/项目2任务2复数.py
复数z的实数部分是 3.0
复数z的虚数部分是 2.0
>>> |
```

图 2-19 例 2-14 运行结果

4. 字符串输入函数 input()

Python 中需要从键盘随机获取信息时，可以使用 input()函数来实现。

例 2-15 随机从键盘获取信息并输出。

```
vehicle_tool = input("您想乘坐的交通工具是:")
print("您输入的交通工具是",vehicle_tool)
```

运行程序，系统出现光标闪动的插入点，等待用户从键盘上输入需要的内容，例如，这里输入“plane”，则运行程序，输出结果如图 2-20 所示。

```
您想乘坐的交通工具是:plane
您输入的交通工具是 plane
>>> |
```

图 2-20 例 2-15 运行结果

5. 使用 int()获取数值输入

使用函数 input()获得的输入信息，Python 将解读为字符串。在实际编程中，需要数值信息时，则可以借助 int()和 input()函数结合使用来实现。

例 2-16 随机从键盘获取信息并转换为数值实现计算输出。

```
math = input("您数学分数是:")
chinese = input("您语文分数是:")
english = input("您英语分数是:")
average_score = (int(math) + int(chinese) + int(english))/3
print("您的三科平均分数是",average_score)
```

运行程序，分别输入需要的数值型数据 90,88,93，输出结果如图 2-21 所示。

```
您数学分数是:90
您语文分数是:88
您英语分数是:93
您的三科平均分数是 90.33333333333333
```

图 2-21 例 2-16 运行结果

6. 输出函数 print()

print()方法用于打印输出，是 Python 中最常见的一个函数，可以输出任何类型的数据。其基本语法格式如下。

```
print(value1,value2,…,sep=' ',end='\n')
```

参数的含义如表 2-3 所示。

表 2-3 print()输出函数参数含义

参 数	含 义
value	用户要输出的信息，后面的省略号表示一次可以输出多项信息
sep	多个要输出信息之间的分隔符，默认值为一个空格
end	所有输出信息后添加的符号，默认值为换行符

1）字符串格式化输出

print()函数除了前面例子中输出信息的格式外，还可以有其他特殊字符串格式化输出，以%开头，后面接不同的字母，具体的字符串格式化输出及含义如表 2-4 所示。

表 2-4 print()输出函数字符串格式化输出类型及含义

转换类型	含 义
d,i,u	带符号的十进制整数
o	八进制
x,X	十六进制
e,E	科学记数法表示的浮点数
f,F	十进制浮点数
g,G	如果指数大于−4 或者小于精度值则和 e 相同，其他情况和 f 相同
c	格式化字符及其 ASCII 码
r	字符串(使用 repr 转换任意 Python 对象)
s	字符串(使用 str 转换任意 Python 对象)
%	输出字符%

例 2-17 不同字符串格式化输出。

```
a = 'Python is easy' #指定变量 a 的字符串初始值
b = len(a) #len()求解字符串的长度
print("The length of %s is %d" %(a,b)) #将变量 a 以%s 格式输出,变量 b 以%d 格式输出
print("变量 b 对应的字符是 %c " %b)      #将变量 b 以%c 格式输出
PI = -3145926
print("输出 PI 的十进制数值是: %d" %PI)
print("输出 PI 的八进制数值是: %o" %PI)
print("输出 PI 的十进制数值是: %u" %PI)
```

```
print("输出 PI 的十六进制小写字母表示的数值是: %x" %PI)
print("输出 PI 的十六进制大写字母表示的数值是: %X" %PI)
print("输出 PI 的浮点数数值是: %f" %PI)
print("输出 PI 的科学计算法小写字母表示的数值是: %e" %PI)
print("输出 PI 的科学计算法数值是: %g" %PI)
print("输出 PI 的科学计算法大写字母表示的数值是: %G" %PI)
```

运行程序,输出结果如图 2-22 所示。

```
The length of Python is easy is 14
变量b对应的字符是 ♪
输出PI的十进制数值是:-3145926
输出PI的八进制数值是:-14000306
输出PI的十进制数值是:-3145926
输出PI的十六进制小写字母表示的数值是:-3000c6
输出PI的十六进制大写字母表示的数值是:-3000C6
输出PI的浮点数数值是:-3145926.000000
输出PI的科学计算法小写字母表示的数值是:-3.145926e+06
输出PI的科学计算法数值是:-3.14593e+06
输出PI的科学计算法大写字母表示的数值是:-3.14593E+06
```

图 2-22　例 2-17 运行结果

2）格式化操作符辅助指令

print()函数除了前面指定字符串格式化输出外,还可以指定一些格式化操作符辅助指令来限制输出的效果,具体如表 2-5 所示。

表 2-5　print()函数格式化操作符辅助指令

符　号	功　能
*	定义宽度或者小数点精度
—	用于左对齐
+	在正数前面显示加号(+)
<sp>	在正数前面显示空格
#	在八进制数前面显示零('0'),在十六进制数前面显示'0x'或者'0X'(取决于用的是'x'还是'X')
0	显示的数字前面填充'0'而不是默认的空格
%	'%%'输出一个'%'
(var)	映射变量(字典参数)
m.n	m 是显示的最小总宽度,n 是小数点后的位数(如果可用的话)

【注意】 指定的字段宽度中,小数点也占一位。

例 2-18　格式化操作符辅助指令的使用。

```
pi = 3.141592653
print("%10.3f" % pi) #字段宽 10,精度 3
print("pi = %.*f" % (3,pi)) #用*从后面的元组中读取字段宽度或精度
PI = 3.142
print('%010.3f' % PI) #用 0 填充空白
print('%-10.3f' % PI) #左对齐
print('%+f' % PI) #显示正负号
```

运行程序，输出结果如图 2-23 所示。

```
     3.142
pi = 3.142
000003.142
3.142
+3.142000
```

图 2-23　例 2-18 运行结果

3）指定输出多项的间隔

要输出多项信息之间的分隔符，默认值为一个空格，可以根据需要指定不同的分隔符号。

例 2-19　指定多项信息之间的输出间隔符号。

```
pi = 3.141592653
a = 10
b = 20
c = 30
print("变量 a,b,c 的值分别是", a,b,c)
print("变量 a,b,c 的值分别是", a,b,c,sep = ';') #变量值之间用;分隔
print("变量 a,b,c 的值分别是", a,b,c,"下一行的信息会继续输出吗?",sep = ',') #变量值之间用,分隔
print("变量 a,b,c 的值分别是", a,b,c,sep = ',',end = '\r') #变量值之间用,分隔; 输出信息后,不换行
print("紧接着上一行输出的位置继续输出变量 a,b,c 的值分别是", a,b,c)
```

运行程序，输出结果如图 2-24 所示。

```
 RESTART: I:\2020-1-14\2020年度教材编写计划\Python教材编写信息+书稿\Python已提交的书稿2020-4\
编写教材项目1、项目2、项目3、项目6例题\2-19.py
变量a,b,c的值分别是 10 20 30
变量a,b,c的值分别是:10:20:30
变量a,b,c的值分别是,10,20,30,下一行的信息会继续输出吗?
变量a,b,c的值分别是,10,20,30紧接着上一行输出的位置继续输出变量a,b,c的值分别是 10 20 30
>>>
```

图 2-24　例 2-19 运行结果

7. 列表元素

创建的列表元素是可以动态调整的，列表可以增加新的元素、修改已有元素或者删除列表已有元素。

1）修改列表元素

修改列表元素的语法和访问列表元素的语法类似。要修改列表元素，可指定列表名和要修改的元素的索引，再指定该元素的新值。

例 2-20　修改列表元素。

```
#定义列表
vehicles = ['car','bus','bicycle','motocar','plane','steamship']
print(vehicles)
#修改列表
vehicles[0] = 'private car' #利用索引修改列表元素
vehicles[2] = 'yongjiu bicycle' #利用索引修改列表元素
print(vehicles)
```

运行程序，输出结果如图 2-25 所示。

```
['car', 'bus', 'bicycle', 'motocar', 'plane', 'steamship']
['private car', 'bus', 'yongjiu bicycle', 'motocar', 'plane', 'steamship']
```

图 2-25　例 2-20 运行结果

2）添加列表元素

对已有列表增加新的元素。可以在列表的末尾增加新的元素，还可以在列表中增加新的

元素。

(1) 在列表末尾添加元素。使用 append()方法可以在列表末尾添加元素。

例 2-21 在空列表中增加新的列表元素。

```
#定义列表
vehicles = []
print("原始列表为",vehicles)
#使用 append()方法添加新元素
vehicles.append('car')
vehicles.append('bus')
vehicles.append('bicycle')
vehicles.append('motocar')
vehicles.append('plane')
vehicles.append('steamship')
print("增加新的元素后的列表为",vehicles)
```

运行程序,输出结果如图 2-26 所示。

```
原始列表为 []
增加新的元素后的列表为 ['car', 'bus', 'bicycle', 'motocar', 'plane', 'steamship']
```

图 2-26 例 2-21 运行结果

例 2-22 在已有列表末尾增加新的列表元素。

```
#定义列表
vehicles = ['car','bus','bicycle','motocar','plane','steamship']
print(vehicles)
#使用 append()方法添加新元素
vehicles.append('private car')
print(vehicles)
```

运行程序,输出结果如图 2-27 所示。

```
['car', 'bus', 'bicycle', 'motocar', 'plane', 'steamship']
['car', 'bus', 'bicycle', 'motocar', 'plane', 'steamship', 'private car']
```

图 2-27 例 2-22 运行结果

(2) 在列表中插入元素。使用方法 insert()可以在已有列表的任何位置添加新元素。

例 2-23 在已有列表的指定位置增加新的列表元素。

```
#定义列表
vehicles = ['car','bus','bicycle','motocar','plane','steamship']
print(vehicles)
#使用 insert ()方法在索引 0 的位置添加新元素
vehicles.insert(0,'private car')
print(vehicles)
```

运行程序,输出结果如图 2-28 所示。

3) 删除列表元素

除了添加和修改列表外,还可以删除列表元素。可以利用 del 语句、pop()方法以及 remove()

```
['car', 'bus', 'bicycle', 'motocar', 'plane', 'steamship']
['private car', 'car', 'bus', 'bicycle', 'motocar', 'plane', 'steamship']
```

图 2-28　例 2-23 运行结果

方法借助列表元素值删除元素。

（1）使用 del 语句删除元素。如果已知要删除的元素在列表中的位置，可以使用 del 语句将其删除。

例 2-24　删除已有列表指定位置的元素。

```
#定义列表
vehicles = ['car','bus','bicycle','motocar','plane','steamship']
print(vehicles)
#使用 del 语句删除索引 0 的位置元素
del vehicles[0]   #利用索引删除列表元素
print(vehicles)
```

运行程序，输出结果如图 2-29 所示。

```
['car', 'bus', 'bicycle', 'motocar', 'plane', 'steamship']
['bus', 'bicycle', 'motocar', 'plane', 'steamship']
```

图 2-29　例 2-24 运行结果

（2）使用 pop()方法删除元素。使用 pop()方法不仅可以删除列表末尾的元素，还可以将指定位置的列表元素删除，并且可以把被删除的列表元素存储到另一个变量中继续使用。

例 2-25　删除已有列表末尾位置的元素并存储。

```
#定义列表
vehicles = ['car','bus','bicycle','motocar','plane','steamship']
print(vehicles)
#使用 pop()方法删除列表末尾位置元素，并存储到新的变量中
del_vehicles  = vehicles.pop()
#输出被删除元素后的列表
print(vehicles)
#输出被删除元素
print(del_vehicles,"是被删除的列表元素")
```

运行程序，输出结果如图 2-30 所示。

```
['car', 'bus', 'bicycle', 'motocar', 'plane', 'steamship']
['car', 'bus', 'bicycle', 'motocar', 'plane']
steamship 是被删除的列表元素
```

图 2-30　例 2-25 运行结果

例 2-26　删除并使用指定位置的列表元素。

```
#定义列表
vehicles = ['car','bus','bicycle','motocar','plane','steamship']
print(vehicles)
#使用 pop()方法删除列表指定位置的元素，并存储到新的变量中
del_second_vehicles  = vehicles.pop(1)
```

```
#输出被删除元素后的列表
print(vehicles)
#输出被删除元素
print(del_second_vehicles,"是被删除的列表元素")
```

运行程序,输出结果如图 2-31 所示。

```
['car', 'bus', 'bicycle', 'motocar', 'plane', 'steamship']
['car', 'bicycle', 'motocar', 'plane', 'steamship']
bus 是被删除的列表元素
```

图 2-31　例 2-26 运行结果

(3) 根据元素值,使用 remove()方法删除元素。如果只知道要删除的元素的值,而不知道元素在列表中的位置,则可以使用 remove()方法删除元素。

例 2-27　根据元素的值删除列表元素。

```
#定义列表
vehicles = ['car','bus','bicycle','motocar','plane','steamship']
print(vehicles)
#使用 remove ()方法,根据元素值删除列表元素
vehicles.remove('bus')
#输出被删除元素后的列表
print(vehicles)
```

运行程序,输出结果如图 2-32 所示。

```
['car', 'bus', 'bicycle', 'motocar', 'plane', 'steamship']
['car', 'bicycle', 'motocar', 'plane', 'steamship']
```

图 2-32　例 2-27 运行结果

例 2-28　根据元素的值删除列表元素并且使用它。

```
#定义列表
vehicles = ['car','bus','bicycle','motocar','plane','steamship']
print(vehicles)
#使用 remove ()方法,根据元素值删除列表元素
del_vehicle = 'bus' #即将删除的列表元素存储在变量中
vehicles.remove(del_vehicle)
#输出被删除元素后的列表
print(vehicles)
#输出被删除的列表元素
print(del_vehicle,'是被删除的列表元素')
```

运行程序,输出结果如图 2-33 所示。

```
['car', 'bus', 'bicycle', 'motocar', 'plane', 'steamship']
['car', 'bicycle', 'motocar', 'plane', 'steamship']
bus 是被删除的列表元素
```

图 2-33　例 2-28 运行结果

【注意】

如果要从列表中删除一个元素,且不再需要使用该元素时,则使用 del 语句删除。相反则使用 pop()方法删除。

如果要删除的值在列表中出现过多次,直接使用 remove()方法只删除第一个指定的值。当然还可以借助循环来判断是否删除了所有这样的值。

4）排序列表

定义的列表如果是无序的,可以借助 Python 中的 sort()方法按照字母顺序实现排序。

(1) 从小到大正序排序。

例 2-29　使用 sort ()方法正序排序列表元素。

```
#定义列表
vehicles = ['car','bus','bicycle','motocar','plane','steamship']
print(vehicles)
#使用 sort ()方法正序排序列表元素
vehicles.sort()
#输出排序后的列表
print(vehicles,"是被排序后的列表")
```

运行程序,输出结果如图 2-34 所示。

```
['car', 'bus', 'bicycle', 'motocar', 'plane', 'steamship']
['bicycle', 'bus', 'car', 'motocar', 'plane', 'steamship'] 是被正序排序后的列表
```

图 2-34　例 2-29 运行结果

(2) 从大到小逆序排序。

例 2-30　使用 sort ()方法逆序排序列表元素。

```
#定义列表
vehicles = ['car','bus','bicycle','motocar','plane','steamship']
print(vehicles)
#使用 sort ()方法逆序排序列表元素
vehicles.sort(reverse = True)
#输出从大到小逆序排序后的列表
print(vehicles,"是被从大到小逆序排序后的列表")
```

运行程序,输出结果如图 2-35 所示。

```
['car', 'bus', 'bicycle', 'motocar', 'plane', 'steamship']
['steamship', 'plane', 'motocar', 'car', 'bus', 'bicycle'] 是被从大到小逆序排序后的列表
```

图 2-35　例 2-30 运行结果

5）逆序打印列表

如果需要将已创建的列表反转输出列表元素即将列表的元素从后往前输出,可以使用 reverse()方法。

例 2-31　使用 reverse()方法反转输出列表元素。

```
#定义列表
vehicles = ['car','bus','bicycle','motocar','plane','steamship']
```

```
print("原始列表是",vehicles)
#使用 reverse()方法反转输出列表元素
vehicles.reverse()
#反转输出列表
print("被反转后的列表是",vehicles)
```

运行程序,输出结果如图 2-36 所示。

```
原始列表是 ['car', 'bus', 'bicycle', 'motocar', 'plane', 'steamship']
被反转后的列表是 ['steamship', 'plane', 'motocar', 'bicycle', 'bus', 'car']
```

图 2-36　例 2-31 运行结果

6）确定列表长度

使用函数 len()可以获得列表的长度。

例 2-32　求解列表的长度。

```
#定义列表
vehicles = ['car','bus','bicycle','motocar','plane','steamship']
print(vehicles)
#使用 len()方法计算列表长度
print("列表共有",len(vehicles),"个元素")
```

运行程序,输出结果如图 2-37 所示。

```
['car', 'bus', 'bicycle', 'motocar', 'plane', 'steamship']
列表共有 6 个元素
```

图 2-37　例 2-32 运行结果

8. 修改字典

字典是一种动态结构,可以随时对其进行添加、修改或者删除键-值对。

1）添加键-值对

在字典中添加键-值对,可以依次指定字典名、用方括号括起来的键和相关联的值。

例 2-33　创建新字典并添加键-值对再输出。

```
#定义字典
dicts_new = {}
print("原始字典是",dicts_new) #访问字典,输出
dicts_new['xm'] = '王小明'
dicts_new['xb'] = '女'
dicts_new['nl'] = 20
print("增加新值后的字典是",dicts_new) #输出字典值
```

运行程序,输出结果如图 2-38 所示。

```
原始字典是 {}
增加新值后的字典是 {'xm': '王小明', 'xb': '女', 'nl': 20}
```

图 2-38　例 2-33 运行结果

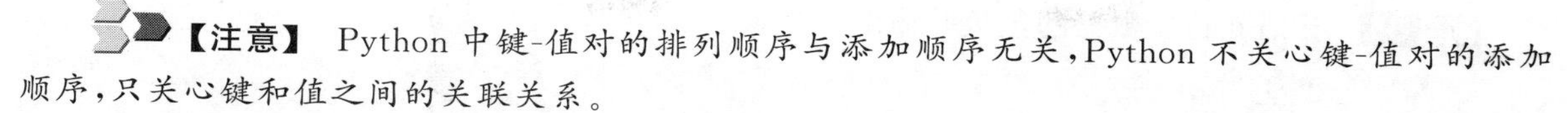

【注意】 Python 中键-值对的排列顺序与添加顺序无关，Python 不关心键-值对的添加顺序，只关心键和值之间的关联关系。

2）修改字典的值

字典中的值可以修改。要修改字典中的值，可以依次指定字典名、用方括号括起来的键以及与该键相关联的新值。

例 2-34 修改字典中的值并输出。

```
#定义字典
dicts_new = {'xm':'王小明','xb':'女','nl':20}
print("原始字典是",dicts_new) #访问字典，输出
dicts_new['xm'] = '陈大明'
dicts_new['xb'] = '男'
dicts_new['nl'] = 40
print("字典被修改后是",dicts_new) #输出字典
```

运行程序，输出结果如图 2-39 所示。

```
原始字典是 {'xm': '王小明', 'xb': '女', 'nl': 20}
字典被修改后是 {'xm': '陈大明', 'xb': '男', 'nl': 40}
```

图 2-39 例 2-34 运行结果

3）删除键-值对

字典中不再需要的值可以将其删除，可以用 del 语句将相应的键-值对彻底删除。使用 del 语句时，必须指定字典名和要删除的键。

例 2-35 删除字典中的值并输出。

```
#定义字典
dicts_new = {'xm':'王小明','xb':'女','nl':20}
print("原始字典是",dicts_new) #访问字典，输出
del dicts_new['xm']
print("被删除后的字典是",dicts_new) #输出字典
```

运行程序，输出结果如图 2-40 所示。

```
原始字典是 {'xm': '王小明', 'xb': '女', 'nl': 20}
被删除后的字典是 {'xb': '女', 'nl': 20}
```

图 2-40 例 2-35 运行结果

9. 简单 if 语句

if 是测试语句，if 后面紧跟条件判断表达式，用来实现条件判断。

if 最简单的形式如下。

```
if <条件>:
    <语句>
```

其基本语义是当条件为真（成立）时，执行其后面缩进的语句；当条件为假（不成立）时，跳过其后面缩进的语句；其中的条件可以是任意类型的表达式。

例 2-36 if 语句检验数据的正负并输出。

```
#从键盘输入一个数值
x = input("请输入一个数值")
x = float(x) #将输入的字符转换为浮点型数据
if x > 0:     #判断 x 是否大于 0
    print("输入的是正数")
if x == 0:    #判断 x 是否等于 0
    print("输入的是零")
if x < 0:     #判断 x 是否小于 0
    print("输入的是负数")
```

运行程序,系统提示输入数值,当输入"30"并按回车键后,输出结果如图 2-41 所示。

```
请输入一个数值30
输入的是正数
```

图 2-41 例 2-36 运行结果

10. isinstance()函数

isinstance()是 Python 的内置函数,用来判断测试对象是否为某类型。所谓内置函数是没有导入任何模块或包时 Python 运行时提供的函数,具体参见项目 3 任务 1。isinstance()函数的语法结构如下。

```
isinstance(object,classinfo)
```

其中,参数 object 表示实例对象;参数 classinfo 可以是直接或间接类名、基本类型或者由它们组成的元组。

如果对象的类型与参数 classinfo 相同,返回的结果为 True(真);否则为 False(假)。

例 2-37 利用 isinstance()函数判断。

```
>>> a = 20
>>> isinstance (a,int)                #判断变量 a 是否为整型
True
>>> isinstance (a,str)                #判断变量 a 是否为字符类型
False
>>> isinstance (a,(str,int,list))     #判断 a 是否是元组中的一种类型
True
```

【注意】

(1) None 是"无"的意思,常用来表示没有值的对象。

(2) True(真)和 False(假)是 Python 的逻辑型数据。

(3) Python 中,逻辑假包括 False、None、0、''(空字符串)、()(空元组)、[](空列表)和{}(空字典)等。

视频讲解

任务 3 Python 中的基本运算符——多功能计算器

2.3.1 任务说明

生活中经常需要做一些数学运算,Python 中的基本运算符可以实现算术计算、比较计算、逻辑

计算等。学习语言，基础知识是实现高级开发编程的基石，需要多练习、常思考。熟悉了 Python 的基本规则、各种常用的数据类型，可以编写稍微复杂些的程序了。通过多功能计算器案例可以进一步深入学习 Python 编程。

2.3.2　任务展示

多功能计算器案例程序运行时，系统会提示用户先选择计算器功能，如图 2-42(a)所示。在光标闪动的位置处，例如，输入“1”，系统提示用户需要输入参加计算的两个数。多功能计算器程序的运行结果如图 2-42(b)所示。

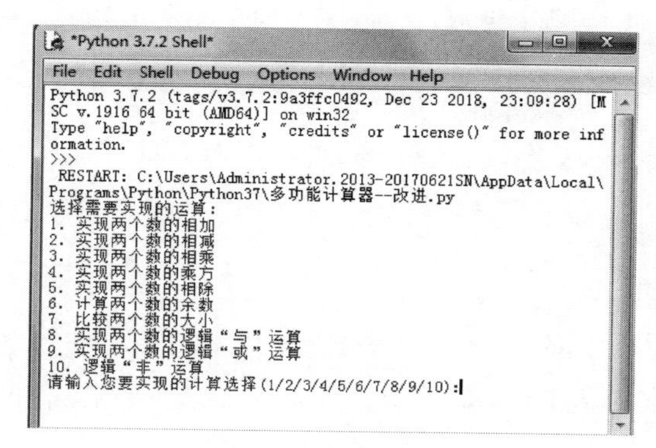

(a) 选择计算器功能

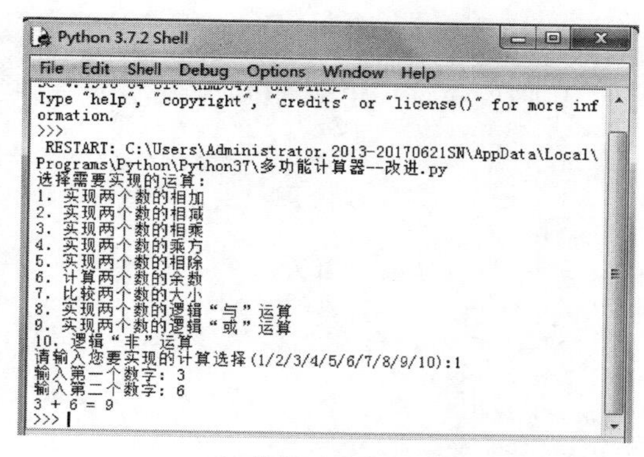

(b) 计算两个数的和

图 2-42　多功能计算器程序运行结果

2.3.3　任务实现

多功能计算器具体实现代码如下。

```
#用户输入需要做的选择
print("选择需要实现的运算：") #输出引号内的字符串信息.
print("1. 实现两个数的相加")
print("2. 实现两个数的相减")
print("3. 实现两个数的相乘")
print("4. 实现两个数的乘方")
print("5. 实现两个数的相除")
print("6. 计算两个数的余数")
print("7. 比较两个数的大小")
print("8. 实现两个数的逻辑'与'运算")
print("9. 实现两个数的逻辑'或'运算")
print("10. 逻辑'非'运算")
choice = input("请输入您要实现的计算选择(1/2/3/4/5/6/7/8/9/10):")#从键盘上输入 1～10 之间的数
#字,并赋值给变量 choice
num1 = int(input("输入第一个数字：")) #从键盘上输入一个数字字符串,转换为整型数字,并赋值给变
#量 num1
if choice!= '10':#判断 choice 是否不等于'10'
   num2 = int(input("输入第二个数字：")) #当 choice 不等于'10'时,从键盘上输入第二个数字字符串,并
#且转换为整型数字,赋值给变量 num2
if choice == '1':#判断 choice 是否等于'1'
```

```
        print(num1," + ",num2," = ", num1 + num2) #当 choice 等于'1'时,将 num1 + num2 的计算结果输出

    elif choice == '2': #判断 choice 是否等于'2'
        print(num1," - ",num2," = ", num1 - num2) #当 choice 等于'2'时,将 num1 - num2 的计算结果输出
    elif choice == '3':#判断 choice 是否等于'3'
        print(num1," * ",num2," = ", num1 * num2) #当 choice 等于'3'时,将 num1 * num2 的计算结果输出
    elif choice == '4':
        print(num1," ** ",num2," = ", num1 ** num2) #当 choice 等于'4'时,将 num1 ** num2 的计算结果输出
    elif choice == '5': #当 choice 不等于前面的'1','2','3','4'时,继续判断 choice 是否等于'5'
        print(num1,"/",num2," = ", num1/num2) #当 choice 等于'5'时,将 num1/num2 的计算结果输出
    elif choice == '6': #判断 choice 是否等于'6'
        print(num1," % ",num2," = ", num1 % num2) #当 choice 等于'6'时,将 num1 % num2 的计算结果输出
    elif choice == '7': #判断 choice 是否等于'7'
        if num1 > num2: #比较判断 num1 是否大于 num2
            print("第一个数大于第二个数")
        elif num1 == num2: #比较判断 num1 是否等于 num2
            print("两个数相等")
        else:
            print("第二个数大于第一个数")
    elif choice == '8': #判断 choice 是否等于'8'
        print(num1,"and",num2," = ", num1 and num2) #当 choice 等于'8'时,将 num1 and num2 的计算结果输出
    elif choice == '9':
        print(num1,"or",num2," = ", num1 or num2) #当 choice 等于'9'时,将 num1 or num2 的计算结果输出
    elif choice == '10':
        print(num1,"的'非'运算结果为", not num1) #当 choice 等于'10'时,将 num1 取反后的计算结果输出
    else:
        print("非法输入")
```

2.3.4 相关知识链接

1. 算术运算符

Python 的算术运算除了可以实现简单的四则运算外,还可以实现一些复杂的算术运算,具体算术运算符及含义如表 2-6 所示。

表 2-6 算术运算符及含义

运 算 符	含 义
+	加法运算,将运算符两边的操作数相加
-	减法运算,将运算符左边的操作数减去右边的操作数
*	乘法运算,将运算符两边的操作数相乘
/	除法运算,用右操作数除左操作数
%	模运算,用右操作数除左操作数并返回余数
**	对运算符实现指数(幂)计算
//	整除,返回商的整数部分。如果其中一个操作数为负数,则结果向负无穷舍入

例 2-38 算术运算实现加、减、乘、除等计算。

```
a = 5
b = 3
c = - 10
d = - 3
```

```
print(a," + ",b," = ",a + b)        #输出两个数的和
print(a," - ",b," = ",a - b)        #输出两个数的差
print(a," * ",b," = ",a * b)        #输出两个数的积
print(a,"/",b," = ",a/b)            #输出两个数的商
print(a," % ",b," = ",a % b)        #输出两个数的余数
print(a," ** ",b," = ",a ** b)      #输出 a 的 b 次幂
print(a,"//",b," = ",a//b)          #输出两个正数 a 除以 b 的整除
print(c,"//",d," = ",c//d)          #输出两个负数的整除
print(c,"//",b," = ",c//b)          #输出一个正数和一个负数的整除
```

运行程序,输出结果如图 2-43 所示。

```
5 + 3 = 8
5 - 3 = 2
5 * 3 = 15
5 / 3 = 1.6666666666666667
5 % 3 = 2
5 ** 3 = 125
5 // 3 = 1
-10 // -3 = 3
-10 // 3 = -4
```

图 2-43　例 2-38 运行结果

2. 比较运算符

比较(关系)运算符用来比较两边对象的值,并确定它们之间的关系。所有的比较运算符返回 True 表示真,返回 False 表示假。具体比较运算符及含义如表 2-7 所示。

表 2-7　比较运算符及含义

运　算　符	含　　义
==	等于,比较对象是否相等
!=	不等于,比较两个对象是否不相等
>	大于,返回左边操作数是否大于右边操作数
>=	大于或等于,返回左边操作数是否大于或等于右边操作数
<	小于,返回左边操作数是否小于右边操作数
<=	小于或等于,返回左边操作数是否小于或等于右边操作数

例 2-39　比较运算符的使用。

```
a = 100
b = 200
c = 0
#判断 a 是否等于 b
if(a == b):
   print("a 等于 b")
#判断 a 是否不等于 b
if (a!= b):
   print("a 不等于 b")
#判断 a 是否小于 b
if (a < b):
   print("a 小于 b")
#判断 a 是否大于 b
if (a > b):
   print("a 大于 b")
```

运行程序，输出结果如图 2-44 所示。

```
a 不等于 b
a小于b
```

图 2-44　例 2-39 运行结果

3. 赋值运算符

Python 的赋值运算符有简单的赋值运算符，还有复合的赋值运算符。具体赋值运算符及含义如表 2-8 所示。

表 2-8　赋值运算符及含义

运 算 符	含　义	运 算 符	含　义
=	简单的赋值运算符	/=	除法赋值运算符
+=	加法赋值运算符	%=	取模赋值运算符
-=	减法赋值运算符	** =	幂赋值运算符
* =	乘法赋值运算符	//=	取整除赋值运算符

例 2-40　赋值运算符的使用。

```
a = 3
b = 20
c = 0
#将 a 和 b 的和赋值给变量 c
c = a + b
print("计算 a + b 后,c 的值为: ", c)
#将 c 和 a 的和赋值给变量 c
c += a
print("计算 c + a 后,c 的值为: ", c )

#将 c 和 a 的乘积赋值给变量 c
c * = a
print("计算 c * a 后,c 的值为: ", c )
#将 c 和 a 的商赋值给变量 c
c / = a
print("计算 c/a 后,c 的值为: ", c )
#将 c 和 a 的余数赋值给变量 c
c % = a
print("计算 c % a 后,c 的值为: ", c)
#将 c 和 a 的幂赋值给变量 c
c ** = a
print("计算 c ** a 后,c 的值为: ", c)
#将 c 和 a 的整除的结果赋值给变量 c
c // = a
print("计算 c//a 后,c 的值为: ", c)
```

运行程序，输出结果如图 2-45 所示。

```
计算a+b后, c 的值为:  23
计算c+a后, c 的值为:  26
计算c*a后, c 的值为:  78
计算c/a后, c 的值为:  26.0
计算c%a后, c 的值为:  2.0
计算c**a后, c 的值为:  8.0
计算c//a后, c 的值为:  2.0
```

图 2-45　例 2-40 运行结果

4. 逻辑运算符

Python 的逻辑运算符有“and”“or”和“not”。具体逻辑运算符及含义如表 2-9 所示。

表 2-9　逻辑运算符及含义

运算符	逻辑表达式	含　义
and	x and y	逻辑“与”,如果 x 计算值为 False,x and y 返回 False,否则返回 y 的计算值
or	x or y	逻辑“或”，如果 x 或者 y 的值有一个是非 0 的值,则返回结果为非零值；如果 x 和 y 均为非零值､则返回 or 前面的变量值
not	not x	逻辑“非”,如果 x 计算值为 True,返回 False；如果 x 计算值为 False,返回 True

例 2-41　逻辑运算符的使用。

```
a = 10
b = 0
#将 a 和 b 的逻辑'与'运算结果赋值给变量 c
c = a and b
print("计算 c= %d and %d 等于" % (a,b), c)
#将 a 和 b 的逻辑'或'运算结果赋值给变量 c
c = a or b
print("计算 c= %d or %d 等于" % (a,b), c)
#将 a 的逻辑非运算结果赋值给变量 c
c = not a
print("计算变量 c= %d 的逻辑'非'运算等于" % a, c)
```

运行程序,输出结果如图 2-46 所示。

```
计算c=10 and 0等于 0
计算c=10 or 0等于 10
计算变量c=10的逻辑“非”运算等于 False
```

图 2-46　例 2-41 运行结果

5. 位运算符

Python 的位运算符是把数值以二进制数的形式进行计算。具体位运算符及含义如表 2-10 所示。

表 2-10　位运算符及含义

运　算　符	含　义	运　算　符	含　义
&	按位与运算符	～	按位取反运算符
|	按位或运算符	<<	左移运算符
^	按位异或运算符	>>	右移运算符

例 2-42　位运算符的使用。

```
a = 6                   #6 = 0000 0110
b = 10                  #10 = 0000 1010
c = 0

c = a & b;              #2 = 0000 0010
print( "取 %d 和 %d 的按位'与'为: " % (a,b), c)

c = a | b;              #14 = 0000 1110
print ("取 %d 和 %d 的按位'或'为: " % (a,b),c)
c = a ^ b                      #12 = 0000 1100
print( "取 %d 和 %d 的按位'异或'为: " % (a,b), c)
c = ～a;                       #-7 = 1111 1001
```

```
print( "取 %d 的按位'反'为: " %a, c)
c = a << 2;                    #24 = 0011 0000
print( "将 %d 左移 2 位后的值为: " %a, c)
c = a >> 2;                    #1 = 0000 0001
print( "将 %d 右移 2 位后的值为: " %a, c)
```

```
取6和10的按位“与”为:  2
取6和10的按位“或”为:  14
取6和10的按位“异或”为:  12
取6的按位“反”为:  -7
将6左移2位后的值为:  24
将6右移2位后的值为:  1
```

图 2-47　例 2-42 运行结果

运行程序,输出结果如图 2-47 所示。

6. 成员运算符

除了以上的一些运算符之外,Python 还支持成员运算符。判断测试实例中是否包含指定的成员,测试实例可以是字符串、列表或元组。如果测试存在则返回 True(真),不存在则返回 False(假)。具体成员运算符及含义如表 2-11 所示。

表 2-11　成员运算符及含义

运　算　符	含　　义
in	如果在指定的序列中找到值,返回 True,否则返回 False
not in	如果在指定的序列中没有找到值,返回 True,否则返回 False

例 2-43　成员运算符的使用。

```
list_a = [1,2,3]
list_b = ['a','b','c']
print("数字 1 在 list_a 中吗?",1 in list_a)    #数字 1 是 list_a 中的成员,返回 True
print("数字 1 在 list_b 中吗?",1 in list_b)    #数字 1 不是 list_b 中的成员,返回 False
print("字符'a'在 list_a 中吗?",'a' in list_a) #字符 a 是 list_a 中的成员,返回 True
print("字符'a'在 list_b 中吗?",'a' in list_b) #字符 a 不是 list_b 中的成员,返回 False
```

运行程序,输出结果如图 2-48 所示。

7. 身份运算符

身份运算符用于比较两个对象的存储单元是否指向同一个对象,相同则返回 True(真),不同则返回 False(假)。具体身份运算符及含义如表 2-12 所示。

```
数字1在list_a中吗? True
数字1在list_b中吗? False
字符'a'在list_a中吗? False
字符'a'在list_b中吗? True
```

图 2-48　例 2-43 运行结果

表 2-12　身份运算符及含义

运　算　符	含　　义
is	判断两个标识符是不是引用自同一个对象
is not	判断两个标识符是不是引用自不同对象

例 2-44　成员运算符的使用。

```
x = 3
y = 4
print("判断 x is y 吗?",x is y)    #x 与 y 不指向同一个对象,结果为 False
print("判断 x is not y 吗?",x is not y)
z = x
```

```
print("判断 x is z 吗?",x is z)                    #x 与 z 指向同一个对象,结果为 True
print("判断 x is not z 吗?",x is not z)
```

运行程序,输出结果如图 2-49 所示。

```
判断x is y吗? False
判断x is not y吗? True
判断x is z吗? True
判断x is not z吗? False
```

图 2-49 例 2-44 运行结果

8. 运算符的优先级

Python 中各类运算符在一起实现混合计算时,需要考虑各自运算符的优先顺序。具体各类运算符的优先顺序如表 2-13 所示。

表 2-13 Python 运算符优先级

运 算 符	含 义
**	幂(最高优先级)
~、+、-	按位取反、正、负
*、/、%、//	乘、除、取模和取整除
+、-	加法、减法
>>、<<	右移、左移
&	按位与
^、|	位运算符
<=、<、>、>=	比较运算符
==、!=	等于、不等于
=、%=、/=、//=、-=、+=、*=、**=	赋值运算符
is、is not	身份运算符
in、not in	成员运算符
not、and、or	逻辑运算符

2.3.5 知识拓展

if 语句用于实现条件判断,除了 2.2.5 节中介绍的最简单的 if 语句格式外,还有复杂的 if 语句,用于实现更多功能。

1. 一个条件两种结论

语法结构形式如下。

```
if <条件>:
    <语句 1>
else:
    <语句 2>
```

其基本功能是:当条件为真(成立)时,执行其后面缩进的语句 1;当条件为假(不成立)时,执行其后面缩进的语句 2;其中的条件可以是任意类型的表达式。

例 2-45 用 if 语句实现判断数据是否是正数。

```
x = input("从键盘上输入一个任意的数值")
x = float(x)
if x > 0:
    print("输入的数据是正数")
else:
    print("输入的数据不是正数")
```

运行程序，输出结果如图 2-50 所示。

```
从键盘上输入一个任意的数值2
输入的数据是正数
```

图 2-50　例 2-45 运行结果

2. 多个条件多个结论

语法结构形式如下。

```
if <条件 1>:
    <语句 1>
elif <条件 2>
    <语句 2>
⋮
else:
    <语句 n+1>
```

其基本功能是：当条件 1 为真(成立)时，执行其后面缩进的语句 1；当条件 1 为假(不成立)时，继续判断条件 2；当条件 2 为真(成立)时，执行其后面缩进的语句 2；以此类推，当所有的条件都为假(不成立)时，则执行语句 n+1。其中的条件可以是任意类型的表达式。

例 2-46　用 if 语句实现判断成绩等级(判断条件有规律)。

```
x = input("从键盘上输入一个 0~100 的数值")
x = float(x)
if x >= 90:
    print("成绩优秀")
elif x >= 80:
    print("成绩良好")
elif x >= 70:
    print("成绩中等")
elif x >= 60:
    print("成绩及格")
else:
    print("输入的成绩不及格")
```

运行程序，输出结果如图 2-51 所示。

```
从键盘上输入一个0~100的数值78
成绩中等
```

图 2-51　例 2-46 运行结果

【注意】　例 2-46 中的 if 语句条件判断是从大到小实现的判断，即先判断大于或等于 90(>=90)，再判断大于或等于 80(>=80)，然后判断大于或等于 70(>=70)，以此类推。那么能否实现任意顺序判断呢？

例 2-47　用 if 语句实现判断成绩等级(判断条件无规律)。

```
x = input("从键盘上输入一个 0~100 的数值")
x = float(x)
if x >= 90:
    print("成绩优秀")
elif x >= 70 and x < 80:
    print("成绩中等")
elif x >= 60 and x < 70:
    print("成绩及格")
elif x >= 80 and x < 90:
    print("成绩良好")
else:
    print("输入的成绩不及格")
```

运行程序，输出结果如图 2-52 所示。

```
从键盘上输入一个 0~100 的数值95
成绩优秀
>>>
 RESTART: E:\2020-1-14\2020年度教材编写+书稿\Python已提交的书稿2020-4\编写教材目6例题\2-47.py
从键盘上输入一个 0~100 的数值78
成绩中等
```

图 2-52　例 2-47 运行结果

3. if 语句的嵌套

if 语句除了可以是前面的简单形式、一个条件两种结论和多个条件多个结论情况外，还可以是各种 if 语句形式的相互嵌套情况。其基本语法结构如下。

```
if <条件 1>:
    if <条件 2>:
      <语句 1>
    elif <条件 2>
        <语句 2>
else:
    if <条件 3>:
      <语句 3>
    elif <条件 4>
        <语句 4>
  ⋮
```

当然，还可以写出许多其他不同的嵌套形式和多重嵌套。

例 2-48　用嵌套 if 语句实现判断成绩等级。

```
x = input("从键盘上输入一个 0～100 的数值")
x = float(x)
if x > 100 or x < 0:
    print("您输入的成绩无效")
else:
    if x >= 90:
        print("成绩优秀")
    elif x >= 80:
        print("成绩良好")
    elif x >= 70:
        print("成绩中等")
    elif x >= 60:
        print("成绩及格")
    else:
        print("输入的成绩不及格")
```

运行程序，输出结果如图 2-53 所示。

```
从键盘上输入一个0~100的数值200您输入的成绩无效
>>>
 RESTART: C:/Users/Administrator.2013-2ython37/2-47.py
从键盘上输入一个0~100的数值98 成绩优秀
```

图 2-53　例 2-48 运行结果

任务 4　程序设计基础——猜单词游戏

视频讲解

日常生活中需要根据各种情况解决实际问题，有时需要按部就班地完成，有时需要根据不同的情况选择不同的方式或者需要重复性地实现某些动作。计算机程序在解决生活中的实际问题时，就是根据实际问题选择不同的解决方式，即程序设计中的三种执行结构：顺序结构、选择结构和循环结构。

顺序结构程序设计就是按照书写的先后顺序执行；选择结构是根据条件是否成立而改变程序的动态走向；那么循环结构就是具有规律性的重复性动作。

2.4.1 任务说明

生活中经常会遇到英语单词拼写错误导致词义出现歧义的情况。本任务将利用 Python 编写程序练习拼写并记忆单词，提高单词拼写的准确率，从而激发学习英语的兴趣。

2.4.2 任务展示

运行程序，系统首先提示用户选择是否进入猜单词游戏，如图 2-54(a)所示，当用户输入“y/Y”时，猜单词程序的运行效果如图 2-54(b)所示。

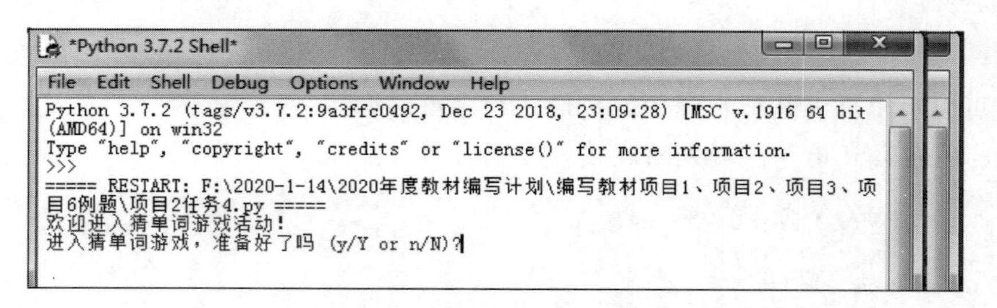

(a) 运行猜单词游戏程序的系统提示

```
*Python 3.7.2 Shell*
File Edit Shell Debug Options Window Help
Python 3.7.2 (tags/v3.7.2:9a3ffc0492, Dec 23 2018, 23:09:28) [MSC v.1916 64 bit
(AMD64)] on win32
Type "help", "copyright", "credits" or "license()" for more information.
>>>
===== RESTART: F:\2020-1-14\2020年度教材编写计划\编写教材项目1、项目2、项目3、项
目6例题\项目2任务4.py =====
欢迎进入猜单词游戏活动!
进入猜单词游戏，准备好了吗 (y/Y or n/N)?y
在提供的单词字母中拼成正确的单词，并且每次只有5次机会!，准备好了吗
你要猜测的单词为:  iysphsc
请输入你的答案: phycis
输入的单词错误，请重新输入: physics
输入的单词正确，正确单词为:  physics
是否继续，Y/N:
```

(b) 猜单词游戏运行结果

图 2-54 猜单词游戏程序运行结果

2.4.3 任务实现

猜单词游戏具体实现代码如下。

```
import random   #表示导入 random 模块,即导入 Python 内置的随机函数模块。具体参见 2.3.4 节相关知识
#链接
WORDS = ("math","english","history","chinese","physics","chemistry","fine arts", "politics",
"biology","sport")  #表示将一个由 10 个常见课程科目单词组成的元组,赋值给变量 WORDS
right = 'Y'
```

```
print("欢迎进入猜单词游戏活动!")
ready = input("进入猜单词游戏,准备好了吗 (y/Y or n/N)?")   #表示根据 ready 的值是否等于'y'
#或者'Y'进行判断条件是否成立。当条件成立时,则执行 if 语句后面紧跟着的语句体
if ready == 'y'or ready == 'Y':   #大写、小写字母 y 均可
   print("在提供的单词字母中拼成正确的单词,并且每次只有 5 次机会!,准备好了吗")
   while right == 'Y' or right == 'y':    #while 是循环语句,判断变量 right 是否等于'Y'或者
#'y'循环条件。当条件成立时,则进入该语句后面紧跟着的循环体
       word = random.choice(WORDS)   #表示利用随机函数的 choice()方法实现将参数 WORDS 中随机选择
#任意一个单词,并赋值给变量 word
       correct = word
       newword = ''
       while word:   #while 是循环语句,根据变量 word 是否为空值(None)循环条件。当条件成立时,则
#进入该语句后面紧跟着的循环体
           pos = random.randrange(len(word))   #表示利用随机函数的 randrange()方法实现根据参数
#word 的长度,产生任意 0~len(word)的随机数赋值给变量 pos
           newword += word[pos]
         #将 word 单词下标为 pos 的字母去掉,取 pos 前面和后面的字母组成新的 word
           word = word[:pos] + word[(pos + 1):]   #保证随机字母出现不会重复
       print("你要猜测的单词为:",newword)
       guess = input("请输入你的答案:")
       count = 1
       while count < 5:   #循环统计用户可以实现 5 次输入正确单词机会
           if guess!= correct:   #条件判断输入猜测的单词是否正确
               guess = input("输入的单词错误,请重新输入:")   #表示用户输入单词出现错误时的内
#容提示
               count += 1   #统计计数 count 的值
           else :
               print("输入的单词正确,正确单词为:",correct)
               break
       if count == 5:   #表示条件判断变量 count 是否等于 5,如果 count 等于 5 成立时,则显示"您已猜
#错 5 次,正确的单词为:正确单词"
           print("您已猜错 5 次,正确的单词为:",correct)

       right = input("是否继续,y/n:")   #一轮猜单词结束,提示是否继续猜单词
else:
   print("很遗憾,需要继续考虑,期待下次进入!")
```

2.4.4 相关知识链接

1. 循环语句

Python 的循环语句有两种：for 语句和 while 语句。

1）for 语句

Python 中的 for 语句是通过循环遍历某一序列对象（如元组、列表、字典等）来构成循环，循环结束的条件就是对象被全部遍历完成。

（1）简单 for 语句的形式如下。

```
for <循环变量> in <遍历对象>
    <语句 1>
```

基本功能是：遍历 for 语句中的遍历对象，每次循环，循环变量会得到遍历对象中的一个值，执行循环体(语句 1)；当遍历对象中的值全部用完时，系统会自动退出循环。循环的执行次数就是遍历对象中值的数量。

(2) for…else 语句的形式如下。

```
for <循环变量> in <遍历对象>
    <语句 1>
else:
    <语句 2>
```

基本功能是：遍历 for 语句中的遍历对象，每次循环，循环变量会得到遍历对象中的一个值，执行循环体(语句 1)；当遍历对象全部被执行完毕，循环正常结束时，则执行 else 后面的语句 2。循环的执行次数也是遍历对象中值的数量。

例 2-49 利用 for 循环语句实现求 1＋2＋3＋…＋10 的和。

```
#for 语句实现求 1 + 2 + 3 + … + 10 的和
sum = 0
for i in [1,2,3,4,5,6,7,8,9,10]:
    sum = sum + i
print("1 + 2 + 3 … … 10 的和: ",sum)
```

运行程序，输出结果如图 2-55 所示。

```
1+2+3……10的和： 55
```

图 2-55 例 2-49 运行结果

例 2-50 利用 for…else 语句判断元组(1,2,3,4,…,10)中数据的奇偶性。

```
#for … else 语句判断元组(1,2,3,4, … ,10)中数据的奇偶性.
for i in (1,2,3,4,5,6,7,8,9,10):
    if i % 2 == 0:
        print(" % d 是偶数" % i)
    else:
        print(" % d 是奇数" % i)
else:
        print("整个循环结束")
```

运行程序，输出结果如图 2-56 所示。

```
1是奇数
2是偶数
3是奇数
4是偶数
5是奇数
6是偶数
7是奇数
8是偶数
9是奇数
10是偶数
整个循环结束
```

图 2-56 例 2-50 运行结果

2) while 语句

while 语句也是 Python 语言中构造循环结构程序的语句之一，在编程实现循环重复解决实际问题中，既可以用 for 语句，也可以用 while 语句。但有时需要构造一种类似无限循环的程序结构或以某种不确定运行次数的循环，则需要使用 while 语句来实现。

(1) 简单 while 语句的基本形式如下。

```
while <条件>:
     <语句 1>
```

基本功能是：首先判断条件，当条件为 True(真)时，执行循环体语句 1；如果条件为 False(假)则结束循环。在 while 语句的循环体中一定要包含改变测试条件的语句，用以保证循环趋向于结束条件，避免出现死循环。

(2) while…else 语句的基本形式如下。

```
while <条件>:
    <语句 1>
else:
    <语句 2>
```

基本功能是：首先判断条件，当条件为 True(真)时，执行循环体语句 1；如果条件为 False(假)则结束循环；当所有的循环全部正常结束后执行 else 后面的语句 2。在 while 语句的循环体中一定要包含改变测试条件的语句，用以保证循环趋向于结束条件，避免出现死循环。

例 2-51　利用 while 循环语句实现求 1+2+3+…+100 的和。

```
#用 while 语句实现求 1 + 2 + 3 + … + 100 的和
sum = 0                    #用来存储"和",初始值为 0
i = 1                      #设定循环变量的初始值
while i <= 100:            #设定循环变量的条件
    sum = sum + i          #累计求和
    i = i + 1              #改变循环变量,使其趋向于 100
print("1 + 2 + 3 … + 100 的和: ",sum)
```

运行程序，输出结果如图 2-57 所示。

```
1+2+3…+100的和:  5050
```

图 2-57　例 2-51 运行结果

例 2-52　利用 while…else 循环语句实现求 1+2+3+…+100 的和。

```
#用 while…else 语句实现求 1 + 2 + 3 + … + 100 的和
sum = 0                    #用来存储"和",初始值为 0
i = 1                      #设定循环变量的初始值
while i <= 100:            #设定循环变量的条件
    sum = sum + i          #累计求和
    i = i + 1              #改变循环变量,使其趋向于 100
else:
    print("循环结束,得出结论")
print("1 + 2 + 3 … + 100 的和: ",sum)
```

运行程序，输出结果如图 2-58 所示。

```
循环结束，得出结论
1+2+3…+100的和:  5050
```

图 2-58　例 2-52 运行结果

3) for 和 while 综合语句

在编写程序时，经常需要混合使用两种循环语句。

例 2-53 生成 1～100 的元素列表,并且以每行 5 个元素的形式右对齐输出。

```
#先用 while 生成列表元素
list = []                                   #定义一个空列表
sum = 0                                     #用来存储"和",初始值为 0
i = 1                                       #设定循环变量的初始值
k = 0                                       #用以设定每行输出 5 个
while i <= 100:                             #设定循环变量的条件
    list.append(i)                          #增加列表元素从 1 到 100
    i = i + 1                               #改变循环变量,使其趋向于 100
#利用 for 语句实现列表元素的输出
for i in list:
    print(" % 4d" % list[i - 1]," ",end = '\r')      #每个元素占 4 列,元素之间不换行
    k = k + 1
    if k % 5 == 0:                          #每行输出 5 个元素后换行
        print()
```

运行程序,输出结果如图 2-59 所示。

```
   1     2     3     4     5
   6     7     8     9    10
  11    12    13    14    15
  16    17    18    19    20
  21    22    23    24    25
  26    27    28    29    30
  31    32    33    34    35
  36    37    38    39    40
  41    42    43    44    45
  46    47    48    49    50
  51    52    53    54    55
  56    57    58    59    60
  61    62    63    64    65
  66    67    68    69    70
  71    72    73    74    75
  76    77    78    79    80
  81    82    83    84    85
  86    87    88    89    90
  91    92    93    94    95
  96    97    98    99   100
```

图 2-59 例 2-53 运行结果

【注意】

(1) for 或者 while 语句中循环体执行语句可以是一条语句或者多条语句组成的语句块。

(2) 循环判断的条件可以是任何表达式,任何非零或非空(null)的值均为 True(真)。

(3) 不论是 for…else,还是 while…else 语句,如果循环遇到强制中断不是正常执行结束时,else 后面的语句体可能不会被执行。

2. 中断语句

循环执行过程中,可以借助 break 和 continue 语句实现提前终止循环继续进行。

1) break 语句

break 语句的作用是强制中断循环的继续执行,即强制结束循环。主要应用于当检测到某个条件时及时退出循环,从而提前结束循环的执行。

2) continue 语句

continue 语句的作用是提前停止循环体的执行,开始下一轮循环的开始。

例 2-54 循环实现求元组(1,2,3,…,10)中奇数元素的平方,偶数原样输出。

```
tuple = (1,2,3,4,5,6,7,8,9,10)
for i in tuple:                     #循环元组
    if i % 2 == 1:                  #被 2 除,余数为 1,说明是奇数
        print(" % d 的平方是" % i,i * i)
    else:                           #被 2 除,余数不为 1,说明是偶数
        print(" % d 是偶数,则原样输出" % i)
        continue                    #继续进行下一次的循环判断
```

运行程序,输出结果如图 2-60 所示。

```
1 的平方是 1
2是偶数，则原样输出
3 的平方是 9
4是偶数，则原样输出
5 的平方是 25
6是偶数，则原样输出
7 的平方是 49
8是偶数，则原样输出
9 的平方是 81
10是偶数，则原样输出
```

图 2-60　例 2-54 运行结果

例 2-55　循环实现求元组(1,2,3,…,10)中元素的奇数平方,偶数原样输出,并且当遇到 6 的倍数时则强制结束。

```
tuple = (1,2,3,4,5,6,7,8,9,10)
for i in tuple:
    if i % 2 == 1:
        print(" %d 的平方是" % i,i * i)
    else:
        if i % 6 == 0:                          #能被 6 整除,说明是 6 的倍数
            break                               #强制结束循环
        else:
            print(" %d 是偶数,则原样输出" % i)  #不能被 6 整除的偶数,原样输出
            continue                            #继续进行下一次的循环判断
```

```
1 的平方是 1
2是偶数，则原样输出
3 的平方是 9
4是偶数，则原样输出
5 的平方是 25
```

图 2-61　例 2-55 运行结果

运行程序,输出结果如图 2-61 所示。

3. pass 语句

pass 是空语句,通常是为了保持程序结构的完整性而被使用。pass 不做任何事情,只用于占位。

例 2-56　输出字符串“Python is easy”中的每个字母,在每个字母'y'前面空行。

```
for letter in 'Python is easy':
    if letter == 'y':
        pass
        print '这是 pass 块'
    print '当前字母 :', letter
```

运行程序,输出结果如图 2-62 所示。

```
当前字母 : P
这是 pass 块
当前字母 : y
当前字母 : t
当前字母 : h
当前字母 : o
当前字母 : n
当前字母 :
当前字母 : i
当前字母 : s
当前字母 :
当前字母 : e
当前字母 : a
当前字母 : s
这是 pass 块
当前字母 : y
```

图 2-62　例 2-56 运行结果

2.4.5　知识拓展

1. for 语句遍历字典

for 语句遍历列表、元组、字符串的基本形式是相同的,但遍历字典时不同。因为字典既有键又有值,在遍历时不能直接对字典进行遍历而是通过字典的 items()、keys()、values()等方法分别遍历其键和值、键、值。如果需要同时遍历键和值,在遍历时可以使用两个循环变量分别接收键和值。

例 2-57 用 for 分别遍历字典的键和值、键、值。

```
subjects = {'math':90,'english':96,'chinese':88,'computer':99,'science':92}
#输出字典的键和值
print("字典的键和值：")
for key,value in subjects.items():
    print(key,":",value)
#输出字典的键
print("字典的键分别是:")
for key in subjects.keys():
    print(key,end = ',')
#输出字典的值
print()
print("字典的值分别是:")
for value in subjects.values():
    print(value,end = ',')
```

```
字典的键和值：
math : 90
english : 96
chinese : 88
computer : 99
science : 92
字典的键分别是:
math,english,chinese,computer,science,
字典的值分别是:
90,96,88,99,92,
```

图 2-63 例 2-57 运行结果

运行程序，输出结果如图 2-63 所示。

2. 循环的嵌套

当解决复杂问题，使用单层循环不能实现时，可以借助循环中套用循环的方式解决，即循环的嵌套。

可以在 for 语句中套用 for，while 语句中套用 while，还可以在 for 语句中套用 while 或者在 while 语句中套用 for 等。

例 2-58 将随机输入两个正整数之间的所有素数输出。

```
ready = True
while ready:                     #用 while 循环实现输入的两个非 1 的正整数
    x = input("请输入开始值(正整数)")
    x = int(x)                   #转换为整数
    y = input("请输入结束值(正整数)")
    y = int(y)                   #转换为整数
    if x == 1 or y == 1:         #如果输入的正整数有一个是 1,则需要重新输入
        print("请重新输入")
        continue
    ready = False
x1 = min(x,y)                    #获得两个整数中较小的数
x2 = max(x,y)                    #获得两个整数中较大的数
#循环的嵌套开始
for i in range(x1,x2 + 1):       #range()函数产生一个整数列表
    for j in range(2,i - 1):
        if i % j == 0:
            break
    else:
            print(i,"是素数")
```

运行程序，输出结果如图 2-64 所示。

```
请输入开始值（正整数）1
请输入结束值（正整数）20
请重新输入
请输入开始值（正整数）2
请输入结束值（正整数）20
2 是素数
3 是素数
5 是素数
7 是素数
11 是素数
13 是素数
17 是素数
19 是素数
```

图 2-64　例 2-58 运行结果

3. range()函数

range()函数可以产生一个由起始点到终止点的整数列表。具体形式如下。

range([start,]stop[,step])

（1）start 是可选参数，起始数，默认值为 0。

（2）stop 是终止数，如果 range 只有一个参数 stop，则 range()会产生从 0 到 stop－1 的整数列表。

（3）step 是可选参数，步长，即每次循环序列的增长值。

例 2-59　测试 range()函数有不同个数参数的效果。

```
print("range()只有 1 个参数")
for i in range(5):
    print(i)
print("range()有 2 个参数")
for i in range(1,5):
    print(i)
print("range()有 3 个参数")
for i in range(1,5,2):
    print(i)
```

运行程序，输出结果如图 2-65 所示。

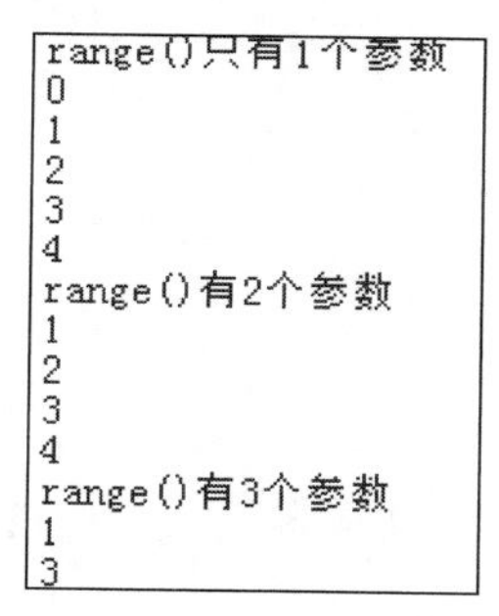

图 2-65　例 2-59 运行结果

4. random()随机函数

random()可以随机生成一个[0,1)范围内的实数。random()方法不能直接被访问，需要导入 random 模块，然后通过 random 静态对象调用该方法。

（1）random.randint(start,stop)：用于生成一个指定范围内的整数。其中，参数 start 是下限，参数 stop 是上限，生成的随机数 n 的取值范围是 start≤n≤stop。

（2）random.random()：用于生成一个从 0 到 1 的随机浮点数：0≤n＜1.0。

（3）random.randrange([start],stop[, step])：用于在指定范围内，按指定基数递增的集合中获取一个随机数。

（4）random.choice(sequence)：该方法用于返回一个列表、元组或字符串的随机项。参数 sequence 表示一个有序类型。sequence 在 Python 中不是一种特定的类型，而是泛指一系列的类型。列表(list)、元组(tuple)、字符串(str)都属于 sequence。

例 2-60　交互式环境下测试 random()函数的不同用法。

```
>>> import random                #random()方法不能直接访问,需要导入 random 模块
>>> random.random()              #通过 random 静态对象调用该 random()方法
0.7575216568510096
>>> random.random()              #不同时候调用,随机产生的结果不同
0.7029938881551914
```

```
>>> random.randint(1,5)                       #在1～5的整数中随机选取其中一个整数输出
3
>>> random.randrange(1,10,2)                  #在1,3,5,7,9中随机选取其中一个整数输出
1
>>> random.choice("学习 python")               #在字符串中随机选取其中一个字母或者汉字输出
'n'
>>> random.choice(("tuple","list","dict"))    #在多个字符串中随机选取其中一个字符串输出
'tuple'
>>>
```

项目小结

本项目通过4个任务的学习和实践，能熟练掌握Python的两种注释方式，变量的命名规则，常用的输入、输出基本语句，以及可以利用程序设计中的分支结构编写简单的程序，利用for或者while语句实现循环程序设计，并可以在两种环境下运行，即交互式环境和脚本式环境。

习题

一、填空题

1. Python常用注释有单行注释和(　　)两种。

2. 运行Python程序可以采用交互式编程和(　　)两种。

3. 标识符是由(　　)、(　　)和下画线组成。

4. Python的标识符(　　)大小写。

5. 编写Python程序，建议在每个缩进层次使用一个(　　)或两个(　　)或四个(　　)，切记不能混用。

6. Python常见数据类型有(　　)、(　　)、(　　)、列表、字典等。

7. Python的整型数值有4种表示形式，分别是(　　)、(　　)、(　　)和十六进制形式。

8. 可以用(　　)或者(　　)表示的科学记数法形式描述浮点数。

9. Python的运算符分为(　　)、(　　)、(　　)、(　　)、成员运算符、身份运算符等。

10. 程序的三种结构分别是(　　)、(　　)和循环结构。

二、选择题

1. Python语言的单行注释用(　　)开头。

   A. #　　B. 双引号　　C. 单引号　　D. &

2. 在IDLE编辑环境中，Python关键字即Python的保留字，通常是(　　)颜色。

   A. 红色　　B. 粉红色　　C. 绿色　　D. 蓝色

3. Python语言支持数学中的复数，复数的虚部用(　　)表示。

   A. a或A　　B. b或B　　C. j或J　　D. k或K

4.（　　）语句的作用是强制中断循环的继续执行，即强制结束循环。

A. pass　　B. continue　　C. break　　D. if

5.（　　）函数可以随机产生由起始点到终止点的整数。

A. random()　　B. range()　　C. for　　D. while

6. 使用 input()函数可以从键盘上获得（　　）。

A. 字符串、数字、各种符号等　　B. 只能是字符串

C. 只能是数字　　D. 只能是各种符号

7. 算术运算符中表示指数幂运算的是（　　）。

A. ＋　　B. －　　C. *　　D. **

8. 表达式 3 > 5 的结果是（　　）。

A. 成立　　B. 不成立　　C. True　　D. False

9. isinstance (100,int)的结果是（　　）。

A. 成立　　B. 不成立　　C. False　　D. True

10. 为了保持程序结构的完整性，但不做任何操作意义时，通常会使用（　　）。

A. for　　B. pass　　C. while　　D. break

三、简答题

1. 简述 Python 语言常见数据类型有哪些。

2. 简述 Python 语言有哪些运算符。

3. Python 语言如何获取随机整数？

4. 简述修改列表元素的方法。

5. 简述 Python 语言运算符的优先级。

四、编程题

1. 从键盘随机输入一个整数，判断该数字能否被 3 和 5 同时整除，输出相应信息。

2. 编程实现打印出所有的“水仙花数”。“水仙花数”是指一个 3 位整数，其各位数字立方和等于该数本身。例如，153 是一个水仙花数，因为 $153=1^3+5^3+3^3$。

3. 编程实现从键盘上随机输入用户名和密码，当用户名为“HELLO”且密码为“hello”时，显示登录成功，否则登录失败。

4. 编程实现输出 1～100 中不能被 5 整除的数，每行输出 5 个数字，要求应用字符串格式化方法（任何一种均可）美化输出格式。

5. 编程实现打印完数。一个数如果恰好等于它的因子之和，这个数就称为“完数”。例如，6 的因子为 1,2,3，而 6＝1＋2＋3，因此 6 是“完数”。编程序找出 1000 之内的所有完数。

项目3

高级编程之路

学习目标

通过前面的基本编程实践练习，读者已经掌握了 Python 的基本功能，在今后的学习中可以尝试在多种平台上做更深入的高级编程。Python 之所以功能强大，原因就是有许多函数，除了系统自带的内置函数，还可以导入许多外接函数，甚至用户可以根据需要自定义函数，用于简化输入，避免重复编写代码，解决程序冗余问题。

下面通过编写复杂一些的程序，深入理解 Python 的函数、模块以及文件的输入和输出等功能。

视频讲解

任务1 函数——摇骰子游戏

3.1.1 任务说明

1997 年，IBM 公司的"深蓝"战胜了世界第一棋手——加里·卡斯帕罗夫；2016 年，举世瞩目的机器人"阿尔法狗"击败围棋世界冠军李世石。在人机大战中，机器人真的这么厉害吗？通过 Python 编写函数，实现人机对抗赛的挑战。

3.1.2 任务展示

摇骰子游戏程序的运行效果如图 3-1 所示。

3.1.3 任务实现

摇骰子游戏具体实现代码如下。

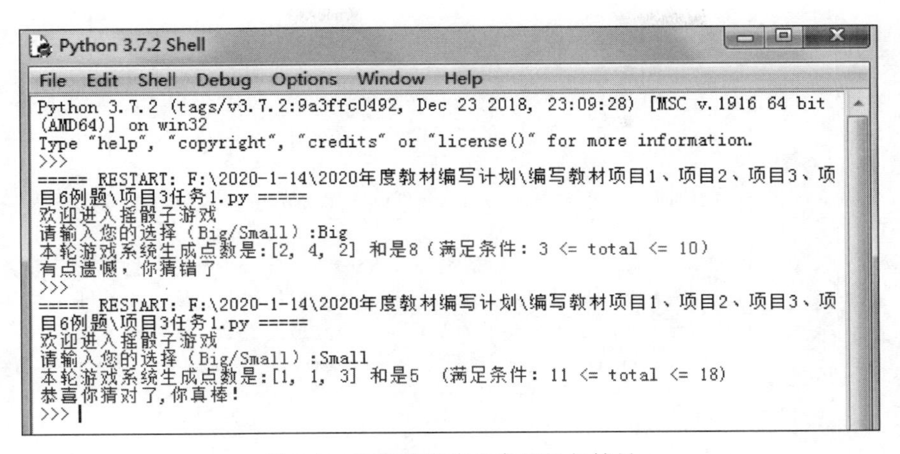

图 3-1　摇骰子游戏程序的运行结果

```
'''
摇骰子游戏规则:
1. 有 3 个骰子,每个骰子有 6 个面,每个面分别标有 1,2,3,…,6 的点数
2. 游戏时,每次摇 3 个骰子,骰子停止滚动之后,计算 3 个骰子朝上一面的点数之和
3. 先输入猜测的内容,Big(大)还是 Small(小)
4. 系统自动随机生成由 3 个 1～6 的数组成的列表
5. 将从 1～6 随机产生的 3 个数字累加
6. 如果累加和为 11～18 为"大"; 如果累加和为 3～10 则为"小"
7. 输出系统生成的列表,并将"和"输出,得出结论"猜对/猜错"
'''
import random #导入 random 模块,具体参见项目 3 任务 2
#系统一次摇 3 个骰子并将结果存在列表中
def role_a_dice(num = 3, yaopoint = None ):#定义一个名为 role_a_dice 的函数,包含两个参数,并且参
#数 num 的默认值为 3,参数 yaopoint 的默认值为空
    print('本轮游戏系统生成',end = '\r') #输出字符串"本轮游戏系统生成"并且不换行
    yaopoint = [] #定义一个空列表变量
    while num > 0: #借助 while 循环,循环条件 num 大于 0 时就要执行循环体
        yaopoint.append(random.randint(1, 6)) #当 while 的循环条件成立时,列表 yaopoint 增加新的元
#素,元素值是 1～6 中任意的整数
        num = num - 1 #循环变量自动减 1
    return yaopoint #函数 role_a_dice 的返回值
#将结果转换成'大小'字符串
def dice_result(total): #定义一个名为 dice_result 的函数,包含一个参数 total
    isBig = 11 <= total <= 18 #变量 total 的值如果在 11～18 的范围内成立即为 True(真),赋值给变量
#isBig
    isSmall = 3 <= total <= 10 #变量 total 的值如果在 3～10 的范围内成立即为 True(真),赋值给变量
#isSmall
    if isBig: #isBig 为真时,返回结果"Big"
        return "Big"
    if isSmall:
```

```
        return "Small" #isSmall 为真时,返回结果"Small"
def start_game(): #定义一个函数名为 start_game,里面不包含任何参数
    print("欢迎进入摇骰子游戏")
    choices = ['Big', 'Small'] #定义了一个包含两个元素,分别是字符串"Big""Small"的列表,并且赋值
#给变量 choices
    your_choices = input('请输入您的选择(Big/Small):') #提示用户从键盘上随机输入字符串"Big"或
#者"Small"
    if your_choices in choices: #如果输入的是字符串"Big"或者"Small"成立时,执行后面紧跟着的语句
        points = role_a_dice() #调用函数 role_a_dice(),实现摇骰子得到 3 个骰子的结果
        totals = sum(points) #将摇 3 次骰子的结果相加得到最终点数
        results = dice_result(totals) #调用函数 dice_result(),得到将最终点数转换成对应的结果字
#符串
        if your_choices == results: #根据骰子和的大小,得出对应的结果
            print('点数是:{}'.format(points),"和是 %d (满足条件: 11 <= total <= 18)" % totals)
            print("恭喜你猜对了,你真棒!")
        else:
            print('点数是:{}'.format(points),"和是 %d(满足条件: 3 <= total <= 10)" % totals)
            print("有点儿遗憾,你猜错了")
    else: #输入的内容既不是"Big",也不是"Small"
        print('输入的结论无效,请重新输入(Big/Small)')
        start_game() #重新开始调用函数 start_game()
start_game() #调用函数 start_game()
```

3.1.4 相关知识链接

1. 内置函数

内置函数是没有导入任何模块或包时 Python 运行系统自行提供的函数。常用的内置函数及含义如表 3-1 所示。

表 3-1 常用内置函数

分类	函数	含义	示例
数学函数	abs()	求数值的绝对值	>>> abs(−2) 结果：2
	divmod()	返回两个数值的商和余数	>>> divmod(10,3) 结果：(3,1)
	max()	返回可迭代对象元素中的最大值或者所有参数的最大值	>>> max(−1,3,2,5,4) 结果：5
	min()	返回可迭代对象元素中的最小值或者所有参数的最小值	>>> min('1234545') 结果：1
	pow()	取两个值的幂运算值	>>> pow(2,3) 结果：8
	round()	对浮点数进行四舍五入求值	>>> round(3.14159,2) 结果：3.14
	sum()	对元素类型是数值的可迭代对象中的每个元素求和	>>> sum([1,2,3,4]) 结果：10

续表

分类	函数	含 义	示 例
类型转换	int()	根据传入的参数创建一个新的整数	>>> int(3.66) 结果：3
	iter()	根据传入的参数创建一个新的可迭代对象	>>> iter('abcde') 结果：<str_iterator object at 0x0000000003151438>
	float()	根据传入的参数创建一个新的浮点数	>>> float(3) 结果：3.0
	complex()	根据传入的参数创建一个新的复数	>>> complex('1+2j') 结果：(1+2j)
	str()	返回一个对象的字符串表现形式(给用户)	>>> str(123) 结果：'123'
	ord()	返回 unicode 字符对应的整数	>>> ord('a') 结果：97
	chr()	返回整数所对应的 unicode 字符	>>> chr(97) 结果：'a'
	bin()	将整数转换成二进制字符串	>>> bin(8) 结果：'0b1000'
	oct()	将整数转换成八进制字符串	>>> oct(10) 结果：'0o12'
	hex()	将整数转换成十六进制字符串	>>> hex(15) 结果：'0xf'
	tuple()	根据传入的参数创建一个新的元组	>>> tuple() 结果：()
	list()	根据传入的参数创建一个新的列表	>>> list() 结果：[]
	dict()	根据传入的参数创建一个新的字典	>>> dict() 结果：{}
	range()	根据传入的参数创建一个新的 range 对象	>>> range(2) 结果：range(0, 2)
	object()	创建一个新的 object 对象	>>> a =object() 结果：创建一个对象 a
序列操作	all()	判断可迭代对象的每个元素是否都为 True 值	>>> all([0,1,2]) 结果：False
	any()	判断可迭代对象的元素是否有值为 True 的元素	>>> any([0,1,2]) 结果：True
	next()	返回可迭代对象中的下一个元素值	>>> next(iter('ab')) 结果：'a'

	reversed()	反转序列生成新的可迭代对象	>>> a=reversed(range(4))
			>>> list(a)
			结果：[3, 2, 1, 0]

续表

分类	函数	含　义	示　　例

序列操作	sorted()	对可迭代对象进行排序,返回一个新的列表	>>> a = ['a','b','d','b']
			>>> sorted(a)
			结果:['a', 'b', 'b', 'd']

对象操作	help()	返回对象的帮助信息	>>> help(str) 结果:help on class str in module builtins:…
	type()	返回对象的类型,或者根据传入的参数创建一个新的类型	>>> type(1) 结果:<class 'int'>
	len()	返回对象的长度	>>> len('abcd') 结果:4
	format()	格式化显示值	>>> format(97,'c') 结果:'a'
反射操作	isinstance()	判断对象是否是类或者类型元组中任意类元素的实例	>>> isinstance(1,int) 结果:True
	issubclass()	判断类是否是另外一个类或者类型元组中任意类元素的子类	>>> issubclass(bool,str) 结果:False
交互操作	print()	打印输出	>>> print('python is easy') 结果:python is easy
	input()	读取用户输入值	>>> input("please input your data") please input your data20 结果:'20'
文件操作	open()	使用指定的模式和编码打开文件,返回文件读写对象	>>> open('摇骰子.py','rt') 结果:<_io.textiowrapper name='摇骰子.py' mode='rt' encoding='cp936'>

2. 外接函数

Python语言中除了系统内置函数外的其他函数都称为外接函数。外接函数分为两类,一类是调用他人已经编写好的函数,另一类是用户自定义函数。用户自定义函数,实现将需要重复执行的语句编写成函数,完成一次编写多次调用的效果,避免重复性地编写代码。

1) 声明函数

在Python中,使用def可以声明一个函数,完整的函数是由函数名、参数以及函数实现语句(函数体)组成。在声明函数时,也要使用缩进格式来表示属于函数体的语句。

声明函数的一般形式如下。

```
def <函数名>([参数列表]):
    <函数语句>
    [return <返回值>]
```

具体功能是:自定义了一个函数,具有0个或多个参数列表,实现函数语句的功能。

【注意】

(1) 如果函数有返回值,需要在函数中使用return语句返回计算结果。

(2) 参数列表和返回值不是必需的,return后也可以不跟返回值,甚至连return语句也可以没有。

(3) 即使没有参数,包含参数的圆括号及圆括号后面的冒号(:)也要写上,不能省略。

2）调用函数

调用指定的函数和调用 Python 内建函数一样，就是在语句中使用函数名，并且在函数名之间用圆括号将调用参数括起来，多个参数之间则用逗号隔开。调用自定义函数和内建函数的不同在于自定义函数调用前必须先声明函数。

用户自定义函数的使用还有更多强大的作用和用法，具体参见项目 6。

例 3-1 声明自定义函数并且调用该函数实现不同类型数据的求和或连接。

```
def type_sum(x,y):
    """
    1. 如果参数是数值,可以实现两个数据的和
    2. 如果参数是列表,则可以连接成新列表
    """
    return x + y
#计算已知数的和
print("计算两个已知整数的和: ",type_sum(10,20))
print("计算两个已知实数的和: ",type_sum(10.5,20.3))
print("计算两个已知复数的和: ",type_sum(10 + 2j,20 + 3j))
print("计算两个已知列表的连接: ",type_sum([1,2],[3,4]))
```

运行程序，输出结果如图 3-2 所示。

```
计算两个已知整数的和:  30
计算两个已知实数的和:  30.8
计算两个已知复数的和:  (30+5j)
计算两个已知列表的连接:  [1, 2, 3, 4]
```

图 3-2 例 3-1 运行结果

3. 默认值参数

在 Python 中，可以在声明函数的时候，预先为一个或多个参数设置默认值。当调用函数时，可以省略为该参数传入参数值，而是直接使用该参数的默认值。

声明一个参数具有默认值的函数形式如下。

```
def <函数名>([参数], … 参数 = 默认值,[参数 = 默认值 … ]):
    <函数语句>
    [return <返回值>]
```

具体功能是：自定义了一个函数，至少具有一个带有默认值的参数，实现函数语句的功能，可以具有返回值，也可以没有返回值。

【注意】

（1）如果声明一个函数时，其参数列表中既包含无默认值参数，又有默认值的参数，那么在声明函数的参数时，必须先声明无默认值参数，后声明有默认值的参数。

（2）有默认值的参数可以有一个，也可以有多个。

例 3-2 声明带有一个默认值的自定义函数并且使用该函数。

```
def mysum(x,y = 10):
    if y == 10:
        print("只传递一个整数参数 x 的值, %d+ %d= "%(x,y),x + y)
    else:
        print("分别传递两个整数参数 x 和 y 的值, %d+ %d= "%(x,y),x + y)
```

```
mysum(3)
mysum(3,5)
mysum(5)
mysum(5,8)
```

运行程序,输出结果如图 3-3 所示。

```
只传递一个整数参数x的值,3+10=  13
分别传递两个整数参数x和y的值,3+5=  8
只传递一个整数参数x的值,5+10=  15
分别传递两个整数参数x和y的值,5+8=  13
```

图 3-3　例 3-2 运行结果

4. 不定长参数传递

在自定义函数时,如果参数名前有一个星号(*),则表示该参数就是一个不定长参数,即参数的个数不是固定的,是可以变化的。在调用该函数时,该参数可接收多个参数值,多个参数值被当作一个元组传入,元组的名称就是前面带星号的参数名。

例 3-3　声明带有一个默认值的自定义函数,并且使用该函数实现不同个数的参数求和。

```
#定义函数
def mychange_para_sum(*x):
    sum = 0
    for i in x:
        sum = sum + i
    return sum
#调用函数
print("0 个参数的和",mychange_para_sum())           #没有参数
print("1 个参数的和",mychange_para_sum(1))          #1 个参数
print("2 个参数的和",mychange_para_sum(1,2))        #2 个参数
print("3 个参数的和",mychange_para_sum(1,2,3))      #3 个参数
print("4 个参数的和",mychange_para_sum(1,2,3,4))    #4 个参数
```

运行程序,输出结果如图 3-4 所示。

```
0个参数的和 0
1个参数的和 1
2个参数的和 3
3个参数的和 6
4个参数的和 10
```

图 3-4　例 3-3 运行结果

例 3-4　声明带有默认值和可变数量参数的自定义函数(可变长度参数放在参数的最后面)。

```
#定义函数——带默认值和可变数量参数
def mychange_test(a,num = 100, *x):
    print("第 %d" % a,"次调用")
    print("需要订购的数量是",num)
    print("书名是")
    for i in x:
        print(i,end = ',')
    print()
#调用函数
mychange_test(1,100,'Python 项目化教程')
mychange_test(2,200,'Python 项目化教程','疯狂 Python')
mychange_test(3,300,'Python 项目化教程','疯狂 Python','艾伯特父与子 Python','天才 Python')
mychange_test(4,600,'Python 项目化教程','疯狂 Python','艾伯特父与子 Python','天才 Python','Python 编
程金典')
```

运行程序，输出结果如图 3-5 所示。

```
第1 次调用
需要订购的数量是 100
书名是
Python项目化教程，
第2 次调用
需要订购的数量是 200
书名是
Python项目化教程，疯狂Python，
第3 次调用
需要订购的数量是 300
书名是
Python项目化教程，疯狂Python，艾伯特父与子Python，天才Python，
第4 次调用
需要订购的数量是 600
书名是
Python项目化教程，疯狂Python，艾伯特父与子Python，天才Python，Python编程金典，
```

图 3-5　例 3-4 运行结果

【注意】

当自定义函数的参数中既有可变数量的参数，也有其他参数时，通常把可变数量的参数放到参数列表的最后；如果把可变数量的参数放在普通参数的前面，那么在调用的时候需要对普通参数指定关键字。

例 3-5　声明带有默认值和可变数量参数的自定义函数(可变长度参数放在参数的最前面)。

```
#定义函数——带默认值和可变数量参数
def mychange_test( * x,a,num = 100):
    print("第 % d" % a,"次调用")
    print("需要订购的数量是",num)
    print("书名是")
    for i in x:
        print(i,end = ',')
    print()
#调用时必须出现变量名
mychange_test('Python 项目化教程',a = 1,num = 100)
mychange_test('Python 项目化教程','疯狂 Python',a = 2,num = 200)
mychange_test('Python 项目化教程','疯狂 Python','艾伯特父与子 Python','天才 Python',a = 3,num = 300)
mychange_test('Python 项目化教程','疯狂 Python','艾伯特父与子 Python','天才 Python','Python 编程金
典',a = 4,num = 600)
```

运行程序，输出结果如图 3-5 所示。

5. 收集关键字参数

如果要收集不定数量的关键字参数，可以在自定义函数的参数前添加两颗星(**)，这样可以不用把大量的默认值全部放到函数声明的参数中，为函数中使用大量的默认值提供了方便。

例 3-6　声明带有收集关键字参数的自定义函数(以字典形式存储到变量中)。

```
#定义函数——注意两个星号
def mychange_num_test(color, ** mydict):
    print(" % s 及对应的数值" % color)
    print("对应的结果",mydict)
    #all_mydict.update(mydict)
#调用函数
```

```
mychange_num_test('颜色',red = 1,orange = 2,yellow = 3,green = 4,blue = 5)
mychange_num_test('ASCII',a = 97,b = 98,c = 99,d = 100,A = 65,B = 66,space = 32)
```

运行程序,输出结果如图 3-6 所示。

```
颜色及对应的数值
对应的结果 {'red': 1, 'orange': 2, 'yellow': 3, 'green': 4, 'blue': 5}
ASCII及对应的数值
对应的结果 {'a': 97, 'b': 98, 'c': 99, 'd': 100, 'A': 65, 'B': 66, 'space': 32}
```

图 3-6 例 3-6 运行结果

6. 传递可变对象参数

在 Python 函数调用中,数值、字符、元组类型是不可更改的对象,而列表、字典类型则是可以更改的对象。

例 3-7 函数调用传递可变和不可变参数。

```
#定义函数——包含可变和不可变参数
def change_para(cstr,clist):
    cstr = 'Python is my love'
    clist[0] = 0
    clist.append(5)
    print("函数调用中 cstr 的值: ",cstr)
    print("函数调用中 clist 的值: ",clist)
#调用函数前
cstr = 'Python'
clist = [1,2,3,4]
print("调用函数前 cstr 的值: ",cstr)
print("调用函数前 clist 的值: ",clist)
#调用函数
change_para(cstr,clist)
#调用函数后
print("调用函数后 cstr 的值: ",cstr)
print("调用函数后 clist 的值:",clist)
```

运行程序,输出结果如图 3-7 所示。

```
调用函数前cstr的值:  Python
调用函数前clist的值:  [1, 2, 3, 4]
函数调用中cstr的值:  Python is my love
函数调用中clist的值:  [0, 2, 3, 4, 5]
调用函数后cstr的值:  Python
调用函数后clist的值: [0, 2, 3, 4, 5]
>>> |
```

图 3-7 例 3-7 运行结果

7. 拆解序列的函数调用

函数的参数可以是位置参数或者关键字参数。在调用函数时,还可以把元组和字典类型的参数进行分开拆解调用。

拆解元组的方法是在调用函数时,在提供的参数前面添加一个星号(*),而要拆解字典必须在提供的调用参数前面添加两个星号(**)。

例 3-8 拆解序列(元组、字典)的函数调用。

```
#定义函数——包含三个参数
def myscore_sum(math,chinese,english = 0):
    return math + chinese + english

#拆解函数调用
```

```
print("拆解元组调用",myscore_sum( * (90,88,94)))
print("拆解字典调用",myscore_sum( ** ({'math':90,'chinese':88,'english':94})))
```

运行程序,输出结果如图 3-8 所示。

```
拆解元组调用 272
拆解字典调用 272
```

图 3-8　例 3-8 运行结果

3.1.5　知识拓展

1. 递归函数

在一个函数体内调用它自身,被称为递归函数。递归函数包含一种隐式的循环,它会重复执行某段代码,但这种重复执行是不需要循环语句控制实现的。

例 3-9　斐波那契兔子繁殖问题:第一个月只有一只母兔子,第二个月又来了一只公兔子,从第三个月开始迅速繁殖生下兔子,即 f(1)=1,f(2)=1,f(3)= f(1)+ f(2),f(4)=f(3)+f(2)+…+f(n)=f(n−1)+f(n−2),求第 N 个月共有多少只兔子。

```
#定义递归函数
def fn(n):
    if n == 1:
        return 1
    elif n == 2:
        return 2
    else:
        return fn(n - 1) + fn(n - 2)          #递归调用自身
#调用函数
n = input("请输入需要计算兔子数量的月数")      #从键盘上随机输入兔子数的第 N 个月
n = int(n)                                    #将字符转换为数值
print("第 10 个月的兔子数量是",fn(n))
```

运行程序,输出结果如图 3-9 所示。

```
请输入需要计算兔子数量的月数10
第10个月的兔子数量是 89
```

图 3-9　例 3-9 运行结果

2. 匿名函数

lambda 可以用来创建匿名函数,也可以将匿名函数赋值给一个变量供调用,它是 Python 中一种比较特殊的声明函数的方式。

其语法格式如下。

```
lambda[参数列表]:
    表达式
```

其中,参数列表可以有参数,也可以没有参数;如果有多个参数,那么多个参数之间用逗号分隔。

例 3-10　在交互式编程环境下使用 lambda 匿名函数。

```
>>> a = lambda x,y:x + y
>>> a(2,3)
5
>>> a(5,4)
9
```

【注意】

(1) 声明自定义函数 def add(x,y):return x+y,如果用匿名函数来标识,则可以描述为

lambda x,y:x+y,简化了书写,同样可以实现其功能。

(2) 对于不需要多次调用的函数,使用 lambda 表达式可以在用完后立即释放,提高系统的性能。

3. 变量的作用域

在程序中定义的变量,都有一定的生命周期,即作用范围,变量的作用范围被称为它的作用域。根据变量定义的位置,变量分为局部变量和全局变量两种。

1) 局部变量

在函数中定义的变量,包括参数,都被称为局部变量。

2) 全局变量

在函数外定义,全局范围内定义的变量,被称为全局变量。

每次执行函数时,系统都会为该函数分配一块"临时内存空间",所有的局部变量都被保存在这块临时内存空间内。当函数执行完成后,这块临时内存空间就被系统释放,里面的局部变量也就失效了,换句话说,局部变量脱离函数是不能被访问的。同一函数不同时间运行,其作用域是独立的,不同的函数也可以有相同参数名,其作用域也是独立的。而全局变量的作用范围是可以在所有函数内被访问。

例 3-11 同名不同作用域变量。

```
#定义函数
def myfun():
    x = 100                    #局部变量
    print("函数中调用 x 的值",x)
#函数外
x = 'Python is my love'       #全局变量
print("调用函数前 x 的值是",x)
#调用函数
myfun()
#调用函数后
print("调用函数后 x 的值",x)
```

运行程序,输出结果如图 3-10 所示。

```
调用函数前x的值是 Python is my love
函数中调用x的值 100
调用函数后x的值 Python is my love
```

图 3-10 例 3-11 运行结果

3) 在函数中声明全局变量

如果需要在函数中使用全局变量,则可以借助关键字 global 实现。

例 3-12 函数中使用全局变量。

```
#定义函数
def myfun():
    global x
    x = 100
    print("函数中调用 x 的值",x)
#函数外
x = 'Python is my love'
print("调用函数前 x 的值是",x)
#调用函数
myfun()
```

```
#调用函数后
print("调用函数后 x 的值",x)
```

运行程序,输出结果如图 3-11 所示。

```
调用函数前x的值是 Python is my love
函数中调用x的值 100
调用函数后x的值 100
```

图 3-11　例 3-12 运行结果

任务 2　模块——三阶拼图游戏

视频讲解

3.2.1　任务说明

当编写一个简单应用程序时,将程序代码全部写入一个文件即可。但如果应用程序功能较多或者项目比较复杂,把程序代码都写入一个文件中,会出现文件过长或过大等问题,而且通常一个比较大的项目需要多人完成,所以需要将程序按照功能保存到不同的文件中。这个不同的代码文件就是不同的模块。

拼图玩具已经有约二百六十年的历史了,拼图游戏可以锻炼人的耐心、细心、专心以及观察力、智力等。借助 Python,同样可以编写拼图游戏,将生活中的图片融入游戏中,从而实现从字符界面到图形界面的过渡。

3.2.2　任务展示

三阶拼图游戏程序的运行结果如图 3-12 所示。

图 3-12　三阶拼图游戏的程序运行结果

3.2.3　任务实现

三阶拼图游戏具体实现代码如下。

```
import random     #导入随机库 random,用于产生随机数值
import tkinter    #导入 tkinter 模块,用于游戏运行时出现弹窗
import tkinter.messagebox    #导入 tkinter 的弹窗库,用于拼图程序成功时的提示框
import pygame    #导入 pygame 模块
from goto import with_goto    #导入 goto 模块,用于循环判断下一轮拼图游戏是否开始
pygame.init()    #初始化所有 pygame 模块
pygame.display.set_caption('三阶拼图游戏开始了!')    #创建一个窗口,左上角标题内容为"三阶拼图游
#戏开始了!"
s = pygame.display.set_mode((1200, 600))    #定义窗口大小,x 轴 1200px,y 轴 600px
pintu_picture = [
    [0, 1, 2],
    [3, 4, 5],
    [6, 7, 8]
    ]    #创建一个矩阵,将需要拼图的图片分割为九个小块,对应矩阵数字分别为 0~8
yuantu_picture = [
    [0, 1, 2],
    [3, 4, 5],
    [6, 7, 8]
]    #创建第二个矩阵,该矩阵用于保存打乱之前的图像,用于判断是否拼图成功
def move(x, y, picture):    #定义一个名为 move 的函数,包含 3 个参数,分别是 x、y、picture
    if y - 1 >= 0 and picture[y - 1][x] == 6:#根据 randpicture 函数传来的参数选择语句,进行赋值,
#目的是改变矩阵的数值位置; 第二次调用时是后面通过鼠标移动事件,传入当前的位置,#进行图块移动,
#本质也是矩阵数字的改变
        picture[y][x], picture[y - 1][x] = picture[y - 1][x], picture[y][x]    #根据鼠标移动的位
#置,改变被移动图像的位置。若空白图像块不在最左边,则将空白块左边的块移动到空白块位置
    elif y + 1 <= 2 and picture[y + 1][x] == 6:
        picture[y][x], picture[y + 1][x] = picture[y + 1][x], picture[y][x]    #若空白图像块不在
#最右边,则将空白块右边的块移动到空白块位置
    elif x - 1 >= 0 and picture[y][x - 1] ==6:    #若空白图像块不在最上边,则将空白块上边的块移
#动到空白块位置
        picture[y][x], picture[y][x - 1] = picture[y][x - 1], picture[y][x]
    elif x + 1 <= 2 and picture[y][x + 1] == 6:    #若空白图像块不在最下边,则将空白块下边的块移
#动到空白块位置
        picture[y][x], picture[y][x + 1] = picture[y][x + 1], picture[y][x]
def randPicture(picture):    #定义一个名为 randPicture 的函数,包含一个参数 picture,用于打乱拼图
    for i in range(100):    #循环 100 次
        x = random.randint(0, 2)    #创建随机数,范围为 0~2 的闭区间
        y = random.randint(0, 2)    #创建随机数,范围为 0~2 的闭区间
        move(x, y, picture)    #调用 move()函数
@with_goto    #加载 goto 模块,goto 模块使用前需要声明
def playnow():    #定义一个名为 Playnow 的无参数的函数
        img = pygame.image.load('拼图图片.jpg')    #用于读取用来拼图的图片,图片名称为"拼图图片
#.jpg",需要与本程序位于同一目录下,否则需要使用绝对路径,具体实现参见 3.2.5 节
        randPicture(pintu_picture)    #调用打乱拼图的函数,函数开始执行
        while True:    #循环语句开始,用于游戏主循环开始
            pygame.time.delay(32)    #使程序暂停一段时间,类似于游戏加载
            for event in pygame.event.get():    #监听用户信息,event 里面保存的是鼠标操作
                if event.type == pygame.QUIT: #用于窗口的关闭事件 pygame.QUIT,相当于用户单击右上角叉号
                    exit()    #关闭程序
```

```
                elif event.type == pygame.MOUSEBUTTONDOWN:    #判断单击的范围,如果在图片范围内,
#则单击有效
                    if pygame.mouse.get_pressed() == (1, 0, 0):    #鼠标左键按下
                        mx, my = pygame.mouse.get_pos()    #获得当前鼠标坐标,在二维平面内,返回
#的是(x,y),分别存入 mx、my
                        if mx < 498 and my < 498:    #判断鼠标是否在操作范围内,其中 498 是窗口左侧
#可移动图块的极限位置
                            x = int(mx / 166)    #计算单击到了哪个图块,由于一个图块的宽度应该
#是 498/3,所以除以 166,用以判断是矩阵的哪个位置
                            y = int(my / 166)    #y 轴方向同 x 相同,强制转换为整数形式
                            move(x, y, pintu_picture) #调用移动鼠标单击事件,x、y 只能为 0~2
                            if pintu_picture == yuantu_picture:    #如果当前拼图情况和胜利情况
#相同,就打印成功字样,就是将随机数打乱后的矩阵,再次恢复到 0~8
                                a = tkinter.messagebox.askokcancel('游戏结束提示框', '恭喜您,拼
#图成功,是否需要继续!')    #弹出消息框,如果选择重新开始,函数返回 True,否则返回 False
                                if a:    #判断弹出消息框的返回值
                                    print("重新开始")
                                else:
                                    exit()
            s.fill((0, 255, 0))    #设置拼图窗口的填充颜色为绿色
            for y in range(3):    #绘制拼图原图
                for x in range(3):
                    i = pintu_picture[y][x]    #在矩阵移动的同时使图片跟随移动
                    if i == 6:    #为了使图片能够移动,将第 6 块图设为不存在,类似华容道原理
                        continue    #当第 6 块图块存在,则重新开始
                    dx = (i % 3) * 166    #计算绘图偏移量
                    dy = (int(i / 3)) * 166
                    s.blit(img, (x * 166, y * 166), (dx, dy, 166, 166))

            for i in range(4):
                pygame.draw.line(s,(255,0,0), (i * 166, 0), (i * 166, 498))    #绘制一条黑色线,利
#用循环,可以绘制三条线,作为拼图图片的黑色边框
            for i in range(4):
                pygame.draw.line(s,(255,0,0), (0, i * 166), (498, i * 166))    #函数参数为:图
#片、线段颜色、线段起始位置、线段结束位置。绘图完毕,横线三条,纵线三条,产生一个九宫格
            pygame.transform.scale(img, (70, 70))    #在屏幕的右侧画参考图片
            s.blit(img, (600,0)) #第二个参数为 left 和 top
            pygame.display.flip()
playnow()    #调用 playnow()函数,游戏开始
```

3.2.4 相关知识链接

1. 模块概述

Python 中的模块实际上就是包含函数或者类的 Python 程序,它以“.py”为扩展名,即每个“.py”文件就是一个个的模块。

使用模块可以大大简化一个程序文件过长或者过大的问题,而且也方便多人分写一个项目的不同功能,同时也实现了一个模块可以被多个程序调用、共享等问题。

2. 导入模块

使用模块中的代码,需要先导入模块,然后再使用模块中提供的函数或者数据。

在 Python 中导入模块或者模块中的函数,可以使用以下三种方法。

1) import 模块名

表示将整个模块全部导入。要使用模块中的函数或者变量必须以模块名加“.”,然后是函数名或者变量名的形式调用函数。

2) import 模块名 as 新名字

表示将整个模块全部导入,并且为了防止名称重复或者便于识别模块名,将导入的模块在该程序中重新命名。要使用模块中的函数或者变量必须以新名字加“.”,然后是函数名或者变量名的形式调用模块。

3) from 模块名 import 函数名

表示将模块中某一个函数或者名字导入,而不是整个模块。要使用模块中的函数,可以直接使用函数名调用。

例 3-13 使用三种方式导入模块。

```
import random                       #直接导入 random 模块
import random as rm                 #直接导入 random 模块并且重新命名为 rm
from random import randint          #只导入 random 模块中的 randint()函数

print("直接导入 random 模块的调用",random.randint(2,5))   #直接导入方式的调用
print("直接导入 random 模块的调用",random.randrange(1,5,2))   #直接导入方式的调用,并且可以使用
#该模块中的其他函数
print("用新的名字使用 random 模块的函数调用",rm.randint(2,5))   #调用重命名的模块
print("用新的名字使用 random 模块的函数调用,并且可以使用该模块中的其他函数",rm.randrange(1,5,
2))  #重命名调用,并且可以使用该模块中的其他函数

print("直接使用被导入的函数,而且只能使用该模块中的这个函数",randint(2,5))   #直接导入 random()
#函数
```

运行程序,输出结果如图 3-13 所示。

```
直接导入random模块的调用 4
直接导入random模块的调用 1
用新的名字使用random模块的函数调用 4
用新的名字使用random模块的函数调用，并且可以使用该模块中的其他函数 3
直接使用被导入的函数，而且只能使用该模块中的这个函数 2
```

图 3-13　例 3-13 运行结果

【注意】

在例 3-13 的程序中演示了三种导入模块的方法,在实际编写程序时,只需要选择一种调用方式即可。

3. 编写用户模块

编写模块就是平常写的 Python 程序,可以是解决某个问题的独立程序,也可以是由几个函数构成。模块的名字就是程序保存的文件名。

例 3-14 编写用户自定义模块并且在新的程序中调用。

```
#编写模块文件,并且存储程序文件名为"module_test_compare.py"
module_a = 'Python is my love'
```

```
def module_test(x,y):
    if x>=y:
        print("第一个数大于或等于第二个数")
    else:
        print("第二个数大于第一个数")

#在新的程序中调用模块"module_test_compare.py",使用该模块的变量和函数
import module_test_compare as compare
print("直接调用模块中的变量",compare.module_a)      #调用模块中的变量
print("重新命名调用",compare.module_test(3,6))      #调用模块中的函数
```

运行程序,输出结果如图 3-14 所示。

```
直接调用模块中的变量 Pyhon is my love
第二个数大于第一个数
重新命名调用 None
```

图 3-14　例 3-14 运行结果

4. 查看模块内容

如果需要了解模块中能够提供的变量或者函数,则需要查看模块内容。可以使用 Python 内置函数来实现。

例 3-15　在交互式编程环境下,查看例 3-14 中模块内容。

```
>>> import module_test_compare
>>> dir(module_test_compare)
['__builtins__', '__cached__', '__doc__', '__file__', '__loader__', '__name__', '__package__', '__spec__',
'module_a', 'module_test']
```

5. 确认模块位置

编写好的模块和调用模块的程序如果在同一个目录中,那么调用的时候不需要设置就可以直接找到;但如果存储在不同位置,那么在调用的时候需要导入模块存储的位置到指定的路径中,以防调用的时候找不到而引发 ImportError 错误的情况,有以下两种方法可以实现。

1) 修改环境变量

Python 除了在同一目录中查找需要的模块外,还将会根据 PYTHONPATH(字母全部大写)环境变量的值来确定到指定的目录中加载模块。PYTHONPATH 环境变量的值是多个路径的集合,这样 Python 就会依次搜索 PYTHONPATH 环境变量所指定的多个路径,从中找到程序想要加载的模块,在 Windows 环境下具体操作步骤如下。

(1) 右击桌面上的"计算机"图标,在弹出的快捷菜单中选择"属性"选项,系统弹出如图 3-15 所示的界面。

图 3-15　"属性"窗口

(2) 在如图 3-15 所示的窗口中,单击左侧的“高级系统设置”,弹出如图 3-16 所示的“系统属性”对话框。

(3) 在“高级”选项卡中单击“环境变量”按钮,弹出“环境变量”对话框,如图 3-17 所示。

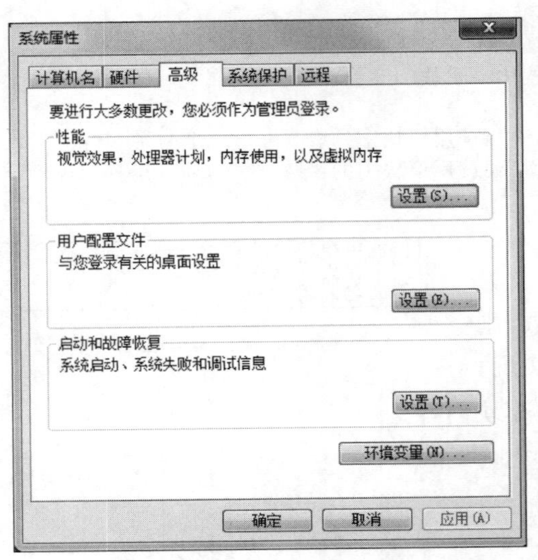

图 3-16 “系统属性”对话框

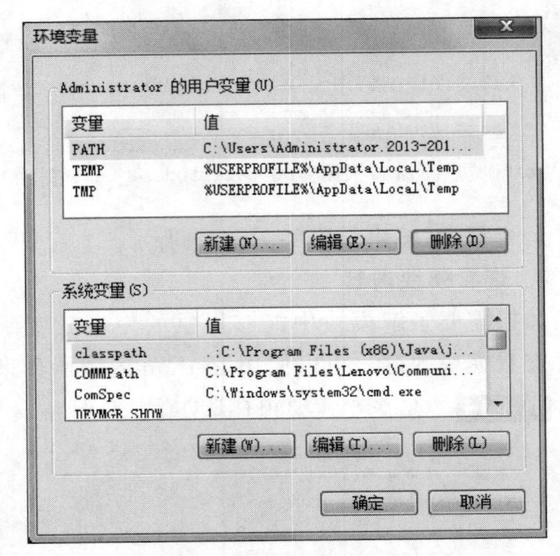

图 3-17 “环境变量”对话框

(4) 单击用户变量中的“新建”按钮,弹出“新建用户变量”对话框。

(5) 在“变量名”文本框中输入“PYTHONPATH”,在“变量值”文本框中输入“.;d:\abc\”,如图 3-18 所示。该设置包含两条路径,第一条路径是一个点(.),代表当前路径,表明当运行 Python 程序时,Python 会从当前路径加载模块;第二条路径为“d:\abc\”,表明当运行 Python 程序时还会从“d:\abc\”路径中加载模块。两条路径中间用分号(;)分隔,当需要更多的路径时,可以继续用分号(;)分隔。

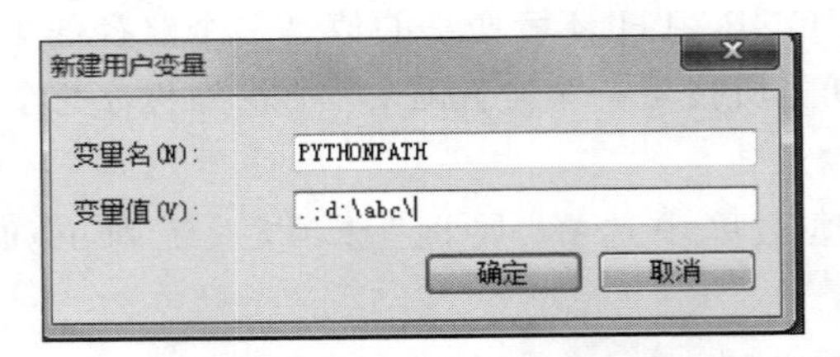

图 3-18 “新建用户变量”对话框

2) sys 模块的 path 变量路径

在导入模块时,Python 解释器首先会在当前目录中查找要导入的模块。如果没有找到需要的模块,Python 解释器还会从 sys 模块中的 path 变量指定的目录中查找需要导入的模块。因此,编写好的模块文件路径需要提前放置到 sys 模块中的 path 变量指定的目录中。

通常通过设置 sys 模块的 path 变量路径加载一些对 Python 本身进行扩展的模块,即通用性模块,例如,矩阵支持的模块、图形界面支持的模块等,当然也可以是用户自定义的模块。

例 3-16 在交互式编程模式下,将例 3-14 中创建的模块“module_test_compare.py”放置到 sys 模块的 path 变量指定的目录中。

```
>>> import sys
>>> sys.path.append('d:\a\module_test_compare.py') #使用绝对路径将事先存放在 D 盘 a 文件夹 #中的模块 module_test_compare.py 导入到 sys 模块的 path 变量指定的目录中
>>> print(sys.path) #输出 sys 模块 path 变量的目录中都包含的路径
```

```
['', 'C:\\Users\\Administrator.2013-20170621SN\\AppData\\Local\\Programs\\Python\\Python37\\Lib\\idlelib', 'C:\\Users\\Administrator.2013-20170621SN\\AppData\\Local\\Programs\\Python\\Python37\\python37.zip', 'C:\\Users\\Administrator.2013-20170621SN\\AppData\\Local\\Programs\\Python\\Python37\\DLLs', 'C:\\Users\\Administrator.2013-20170621SN\\AppData\\Local\\Programs\\Python\\Python37\\lib', 'C:\\Users\\Administrator.2013-20170621SN\\AppData\\Local\\Programs\\Python\\Python37', 'C:\\Users\\Administrator.2013-20170621SN\\AppData\\Local\\Programs\\Python\\Python37\\lib\\site-packages', 'D:\x07\\module_test_compare']
```

3.2.5　知识拓展

1. 包

当应用程序或项目中具有较多的功能模块时，由于可能会由多人编写，容易出现重名情况，或者把它们都放在同一个文件夹中造成文件过大等问题，这时就需要使用 Python 中的包进行管理和维护。

包用于包含多个模块源文件，其实就是一个文件夹或目录。在该文件夹下必须包含一个 __init__.py(init 的前后均是两条下画线)文件。"__init__.py"可以是一个空文件，仅用于表示该目录是一个包文件。包的本质依然是模块，一个包文件还可以包含其他的包。

2. 导入包

由于包其实依然是模块，所以导入包的方法和导入模块的方法一样。

例 3-17　创建一个包，并且导入和使用它的成员。

```
#文件夹 mybao 是一个包文件
#包文件 mybao 中的 __init__.py 文件
'''
1. __init__.py 文件中定义一个函数
2. 放置了一个变量 mybao_a
'''
mybao_a = 'Python is my love'
print("输出 mybao 文件中的变量值是: ",mybao_a)
#__init__. py 文件中定义一个函数
def shiyongmybao(x):
    if x == 10:
        print("调用 mybao 里的变量值: ",x)
    else:
        print("调整 mybao 里的变量值: ",x + 100)
#重新定义一个调用 mybao 包文件的 myfirstshiyongmybao.py
import mybao
print("mybao 中的变量",mybao.mybao_a)
mybao.shiyongmybao(10)
```

运行程序，输出结果如图 3-19 所示。

```
输出mybao文件中的变量值是:  Python is my love
mybao中的变量 Python is my love
调用mybao里的变量值:  10
```

图 3-19　例 3-17 运行结果

3. 常用包和模块

Python 语言中内置的标准库中包含许多包和模块，提供了广泛的功能，包含日期、时间、数据处理、数据持久化、容器处理等类别的模块，而且 Python 内置的模块总是在不断更新中。除此之外，还有大量的第三方库可以使用。关于更详细、更完备的模块介绍文档可参考附录 A。

1）日期和时间类模块

Python 标准库有 calendar、datetime 和 time 三个日期和时间类模块，常用来获取日期、时间或者时间差以及计算未来的时间等。

例 3-18 在交互式环境下，利用日期和时间类模块获取信息。

```
>>> import datetime                    #导入 datetime 模块
>>> datetime.date.today()              #本地日期对象
datetime.date(2020, 2, 9)
>>> datetime.datetime.now()                         #获取当前系统时间
datetime.datetime(2020, 2, 9, 16, 2, 44, 145039) #2020 年 2 月 9 日 16:02:44.145039 (含微秒数)
>>> import time                                     #导入 time 模块
>>> time.time()                                     #当前时间戳
1581235779.6480422
>>> import calendar                                 #导入 calendar 模块
>>> calendar.monthrange(2020,4)                     #获取 2020 年 3 月的 calendar 信息
(2, 30) #结果中的第一个数字 2 表示 2020 年 3 月 31 号是星期二(即 2020 年 4 月的上一个月的最后一天为
 #星期几(0-6)),0 为星期天,1 为星期一,……,6 为星期六; 结果中的第二个数字 30 是 2020 年 4 月的总天数
```

2）数学类模块

Python 标准库有 math、random 等常用的数学类模块。math 模块中有大量的常见数学计算函数，例如，三角函数（正弦、余弦、正切、余切等）、对数函数，还包括数学中的一些常量，例如，pi、e 等。

random 模块中包含常见的随机数生成函数，例如，random、randint 等。

例 3-19 在交互式编程环境下，利用数学类模块获取信息。

```
>>> import math              #导入 math 模块
>>> math.e                   #输出 math 模块中的常量 e
2.718281828459045
>>> math.pi                  #输出 math 模块中的常量 pi
3.141592653589793
>>> math.sin(math.pi/3)      #输出 math 模块中 60°角对应的正弦值
0.8660254037844386
>>> math.cos(math.pi/6)      #输出 math 模块中 30°角对应的余弦值
0.8660254037844387
>>> math.log(100)            #输出 math 模块中默认以 e 为基数 100 的对数
4.605170185988092
>>> math.log10(100)          #输出 math 模块中以 10 为底 100 的对数
2.0
>>> import random            #导入 random 模块
>>> random.randint(1,3)      #输出 random 模块,随机生成 1~3 的任意整数
3
```

3）字符类模块

Python 标准库有 string 字符类模块，常用来对字符串进行操作或获取信息。

例 3-20 在交互式环境下，利用字符类模块获取信息。

```
>>> import string                #导入 string 模块
>>> str.capitalize('python')     #把字符串'python'的第一个字符大写
'Python'
>>> str.islower('PYTHON')        #检查字符串是否全是小写,如果全是小写,返回布尔值 True,否则返回 False
False
```

```
>>> s = 'python is my love'
>>> s.replace(' ',';',2)                    #检查字符串的空格,用分号代替,并且替换两次
'python;is;my love'
```

4. 相对路径和绝对路径

文件的路径有相对路径和绝对路径两种。绝对路径就是存放在磁盘具体位置的完整路径,如“D:\cxl\文本.txt”就是文件“文本.txt”的绝对路径。

相对路径则是不完整路径,这个相对指的是相对于当前文件夹路径,其实就是编写的这个.py文件所放的文件夹路径。相对路径表示中,“/” 前有没有 “.”,有几个“.”,意思完全不一样。

(1) “/”: 表示根目录。在 Windows 系统下表示某个盘的根目录,如“E:\”。

(2) “./”: 表示当前目录。当表示当前目录时,也可以去掉“./”,直接写文件名或者下级目录。

(3) “../”: 表示上一级目录。如“文本.txt”表示当前目录下的“文本.txt”; “../文本.txt”则表示当前目录的上一级目录下的“文本.txt”。

任务3　文件I/O——小猪佩奇游戏

视频讲解

3.3.1　任务说明

学习 Python,不仅可以在玩游戏中增长知识,还可以保持一颗童心未泯的心。小猪佩奇、哆啦A梦、小蜜蜂、一休等动画片相信很多读者都看过,可以用 Python 描绘出动画片中的主角,甚至可以制作一张个人的素描画。

3.3.2　任务展示

小猪佩奇游戏程序的运行结果如图 3-20 所示。

小猪佩奇的原始图片如图 3-21 所示。

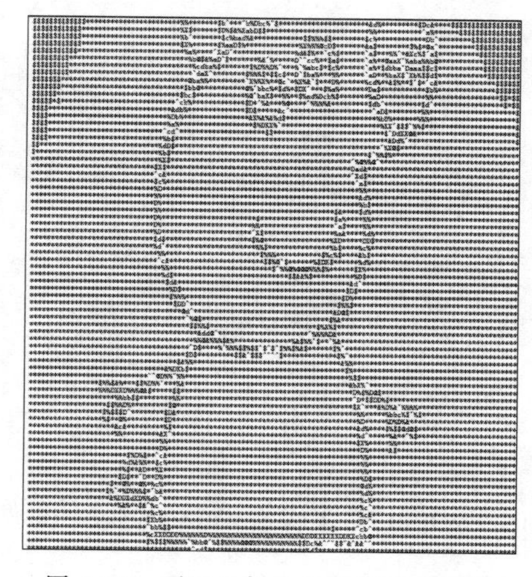
图 3-20　项目 3 任务 3 程序运行结果

图 3-21　小猪佩奇原始图片

3.3.3 任务实现

小猪佩奇游戏具体实现代码如下。

```
from PIL import Image   #导入 PIL 模块,用于添加 Image 图像
picturechar = list("abcdXDD%%%%@%$%$^^&&^%$$***")   #设置字符,字符内容可以是任意字符,存入#一个列表
WIDTH = 120    #设置图片的宽度为 120 像素
HEIGHT = 120    #设置图片的高度为 120 像素
#根据图片的 RGB 值返回字符串
def getChar(r,g,b,alpha = 256):   #定义一个 getChar()函数,接收的参数为代表颜色 r、g、b 对应的值,alpha 默认值为 256

    if r == g == b == 0:   #如果图片周围是透明的,就返回一个空格,形成图像的轮廓
        return ''
    if alpha == 0:
        return "1"   #判断 alpha 是否为 0,用于表示图像的透明度,只有透明时才不打印,这里可以调整,#将背景较浅的前景图像打印出来
    length = len(picturechar)   #返回字符串长度
    gray = int(0.2126 * r + 0.7152 * g + 0.0722 * b)
    unit = (256.0 + 1) / length    #因为灰度值为 0~255,所以一共有 256 个,由于不存在四舍五入的情#况,因此除后取整

    return picturechar[int(gray / unit)]    #用灰度值除以 unit 计算出对应的字符,通过索引返回该#字符

if __name__ == '__main__':
    im = Image.open("小猪佩奇.jpg",'r')   #打开读取一个图像文件并将其存入变量
    print(im.size)   #输出图像的宽度、高度尺寸
    im = im.resize((WIDTH, HEIGHT))   #重置大小,将图像大小改为预设重置大小


    txt = ""
    for i in range(WIDTH):
        for j in range(HEIGHT):
            txt += getChar( * im.getpixel((j, i)))   #通过两重循环,将二维平面的每一个像素点遍#历,getpixel(元组) 会根据像素的坐标返回它们的 RGB 值为一个元组
        txt += "\n"   #进行换行

    print(txt)
    fu = open("123.txt", 'r+')   #将文件保存到当前路径下的 123.txt 文件里
    fu.seek(0, 0)   #定位光标为(0,0)位置
    fu.write(txt)   #将变量 txt 写到内存并输出
    fu.close()   #关闭文件,结束
```

3.3.4 相关知识链接

1. 从文件中读取数据

Python 内置的 open()函数用于打开一个指定的 Python 文件或者是非 Python 文件,并创建一个 file 对象,可以读写文件中的内容。

基本语法如下。

```
open(file_name [, mode][, buffering] [, encoding] [, errors] [, newline] [, closefd])
```

各个参数的含义如表 3-2 所示。

表 3-2 open()函数参数及含义

参数	含义
file_name	要访问的文件名称
mode	可选项,决定了打开文件的模式:只读、写入、追加等。所有可取值见表 3-3。默认文件访问模式为只读(r)
buffering	可选项,当 buffering 等于 0 时,不占缓冲区
encoding	可选项,文件编码类型
errors	编码错误处理方法
newline	控制通用换行符模式的方式
closefd	控制在文件关闭时是否彻底关闭文件

不同模式打开文件的参数及含义如表 3-3 所示。

表 3-3 不同模式打开文件的参数及含义

参数	含义
a	打开一个文件用于追加。如果该文件已存在,文件指针将会放在文件的结尾,新的内容将会被写入到已有内容之后。如果该文件不存在,创建新文件进行写入
a+	打开一个文件用于读写。如果该文件已存在,文件指针将会放在文件的结尾。文件打开时会是追加模式。如果该文件不存在,创建新文件用于读写
ab	以二进制格式打开一个文件用于追加。如果该文件已存在,新的内容将会被追加到已有内容之后。如果该文件不存在,创建新文件进行写入
ab+	以二进制格式打开一个文件用于追加。如果该文件已存在,新的内容将会被追加到已有内容之后。如果该文件不存在,则创建新文件用于读写
b	二进制模式
+	打开一个文件进行更新(可读可写)
r	以只读方式打开文件。文件的指针将会放在文件的开头,默认模式
r+	打开一个文件用于读写。文件指针将会放在文件的开头
rb	以二进制格式打开一个文件用于只读。文件指针将会放在文件的开头,一般用于非文本文件
rb+	以二进制格式打开一个文件用于读写。文件指针将会放在文件的开头,一般用于非文本文件
w	打开一个文件只用于写入。如果该文件已存在,则打开文件,即原有内容会被删除。如果该文件不存在,则创建新文件
w+	打开一个文件用于读写。如果该文件已存在,则打开文件,原有内容会被删除。如果该文件不存在,则创建新文件
wb	以二进制格式打开一个文件只用于写入。如果该文件已存在,则打开文件,原有内容会被删除。如果该文件不存在,则创建新文件。一般用于非文本文件,如图片等
wb+	以二进制格式打开一个文件用于读写。如果该文件已存在,则打开文件,原有内容会被删除。如果该文件不存在,则创建新文件。一般用于非文本文件,如图片等
t	文本模式 (默认)
x	写模式,新建一个文件,如果该文件已存在则会报错

【注意】

(1) 文件可以看作 Python 中的一种数据类型。

(2) 文件打开的模式中,不同模式的参数可以组合在一起对文件进行操作,如'rt'表示以只读模式打开文本文件,'wb'表示以读写模式打开二进制文件。

(3) open()函数参数 newline 表示换行符模式。由于不同的操作系统中换行符不同,因此,换行符有'\n'、'\r'、'\r\n'等。

(4) open()函数在读取文件时,可以通过设置文件的相对路径或者绝对路径位置查找文件。

(5) open()函数在读取文件时,可以读取整个文件,也可以逐行读取。

例 3-21 在默认路径下,原样读取事先保存的整个记事本"文本.txt"中的内容。

```
with open('文件.txt') as file_object:
    contents = file_object.read()
    print(contents)
```

运行程序,输出结果如图 3-22 所示。

例 3-22 逐行读取指定路径下的记事本"文本.txt"中的内容(d:\cxl\文本.txt)。

```
with open('d:\cxl\文件.txt') as file_object:
    for line in file_object:
        print(line)
```

运行程序,输出结果如图 3-23 所示。

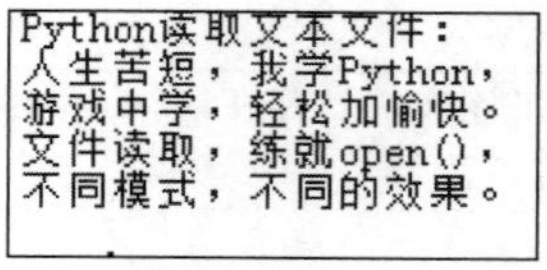

```
Python读取文本文件:
人生苦短,我学Python,
游戏中学,轻松加愉快。
文件读取,练就open(),
不同模式,不同的效果。
```

图 3-22 例 3-21 运行结果

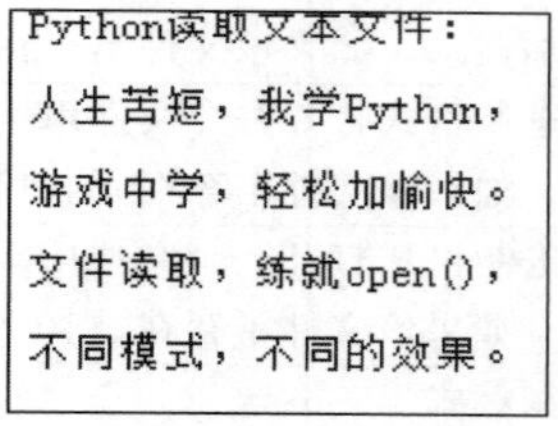

```
Python读取文本文件:

人生苦短,我学Python,

游戏中学,轻松加愉快。

文件读取,练就open(),

不同模式,不同的效果。
```

图 3-23 例 3-22 运行结果

【注意】

细心的读者会发现,例 3-21 读取整个文本文件后,末尾多了一行空行,而在例 3-22 读取每行文本文件后,在每行的结尾又出现了空行。因为 read()函数在读取文件到达文件末尾时,系统会返回一个空字符串,而这个空字符串显示出来就是一个空行。要删除末尾的空行,可在输出语句中使用 rstrip()(删除右侧尾随空格)、strip()(删除字符串前后所有的空格)。

例 3-23 读取指定路径下的记事本"文本.txt"中的内容并使用(d:\cxl\文本.txt)。

```
file_name = 'D:\cxl\文件.txt'
with open(file_name) as file_object:
    lines = file_object.readlines()

check_string = ''
for line in lines:
    check_string += line.strip()
```

```
print("原来字符串：",check_string.strip())
print("替换后的字符串",check_string.replace('人','我'))
```

运行程序,输出结果如图 3-24 所示。

```
原来字符串： Python读取文本文件：人生苦短，我学Python，游戏中学，轻松加愉快。文件读取，练就open()，不同模式，不同的效果。
替换后的字符串 Python读取文本文件：我生苦短，我学Python，游戏中学，轻松加愉快。文件读取，练就open()，不同模式，不同的效果。
```

图 3-24　例 3-23 运行结果

2. 写入文件

将新内容增加到指定的文件中,可以通过写文件的方式实现。可以写一行内容,也可以写入多行。

例 3-24　写入两行内容到“d:\cxl\文件.txt”中并输出。

```
file_name = 'D:\cxl\文件.txt'
with open(file_name,'w') as file_object:
    file_object.write("I love Python\n")
    file_object.write("Python is my love best")

with open(file_name) as file_object:
    for line in file_object:
        print(line.strip())
```

运行程序,输出结果如图 3-25 所示。

3. 附加内容到文件

例 3-24 中实现了用新的文本替换原有的文件内容。若想在原有文件内容的基础上增加新的内容,Python 依旧可以实现。

例 3-25　写入新文本内容到“D:\cxl\文件.txt”中并输出。

```
file_name = 'D:\cxl\文件.txt'
with open(file_name,'a') as file_object:
    file_object.write("\nDo you like Python?\n")
    file_object.write("I think,Python is your love best too!")

with open(file_name) as file_object:
    for line in file_object:
        print(line.strip())
```

运行程序,输出结果如图 3-26 所示。

```
I love Python
Python is my love best
```

图 3-25　例 3-24 运行结果

```
I love Python
Python is my love best
Do you like Python?
I think,Python is your love best too!
```

图 3-26　例 3-25 运行结果

3.3.5　知识拓展

1. 存储数据

许多程序需要用户输入一些数据,并且需要存储加以利用,这时可以借助 Python 的 json 模块的json.dump()和json.load()方法来实现。

1）json模块

JSON(JavaScript Object Notation，JS对象标记）是一种轻量级的数据交换格式。JSON的数据格式其实就是Python里面的字典格式，里面可以包含方括号括起来的数组，也就是Python里面的列表。json模块是Python系统自带的功能模块，不需要额外安装就可以直接调用。

2）json模块方法

json模块提供了四种方法，分别是dumps()、dump()、loads()、load()。通常loads()和dumps()方法是用来处理字符串，而load()和dump()方法是用来处理文件。json模块提供的方法及含义如表3-4所示。

表3-4　json模块提供了四个方法及含义

方　法	含　义
loads()	用于将str类型的数据转成dict
dumps()	用于将dict类型的数据转成str
load()	用于从JSON文件中读取数据
dump()	用于将dict类型的数据转成str,并写入到JSON文件中

例3-26　使用json.dump()和json.load()方法存储并读取到内存中。

```
import json
a = list('12345')
filename = 'a.json'
with open(filename,'w') as file_object:
    json.dump(a,file_object)

filename = 'a.json'
with open(filename) as file_object:
    n = json.load(file_object)
print(n)
```

运行程序，输出结果如图3-27所示。

```
['1', '2', '3', '4', '5']
```

图3-27　例3-26运行结果

3）保存和读取用户生成的数据

使用JSON可以方便、快捷地保存用户生成的数据，避免出现程序停止运行时用户信息丢失等情况。

例3-27　使用json.dump()和json.load()方法保存和读取用户生成的数据。

```
import json
myfile = input('DO you like Python or learn Python ? ')
file_name = 'myfile.json'
with open(file_name,'w') as file_object:
    json.dump(myfile,file_object)
    print("Your answer is ",myfile)

file_name = 'myfile.json'
with open(file_name) as file_object:
    myfile = json.load(file_object)
    print(myfile)
```

运行程序，输出结果如图 3-28 所示。

【注意】

从图 3-28 中可以发现，程序输出结束后，仍然可以继续使用程序中的文件名和变量名。原因就是使用 JSON，可以保存用户生成的数据，避免出现程序停止运行时用户信息丢失等情况。

```
DO you like Python or learn Python ? cxl
Your answer is  cxl
cxl
>>> file_name

'myfile.json'
>>> myfile

'cxl'
```

图 3-28　例 3-27 运行结果

2. 颜色

rgba(r,g,b,a)中的前三个值 r、g、b(红、绿、蓝)的范围为 0～255 的整数或者 0%～100%的百分数。这些值描述了红、绿、蓝三原色在预期色彩中的量。

第四个值 a 表示 alpha 值，即色彩的透明度或者不透明度，它的范围为 0.0～1.0，例如 0.5 为半透明。

如 rgb(0,0,0)表示白色，rgba(0,0,0,0)则表示完全不透明的白色，即无色；rgba(0,0,0,1)则表示完全不透明的黑色。

3. 灰度

在 Python 中，经常需要将图片转换为灰度图片，即字符图片，这时需要进行颜色转换。如果已经有了 r、g、b 的值，想转换为灰度值，那么相应的调整格式为：

```
灰度 = 0.2126 × r + 0.7152 × g+ 0.0722 × b
```

其中各个系数都是不同的。由于绿色最亮，所以绿色的系数最大；而蓝色最暗，所以蓝色的系数最小。

项目小结

本项目通过 3 个任务的学习和实践，读者能够熟悉并熟练使用 Python 的函数、模块以及文件的输入和输出等知识。借助生活中的 3 个案例更加清晰地理解并运用每个知识点，而且可以根据用户的需要，实现自定义函数、安装和调用 Python 的第三方功能模块，以及读取或写入 Python 的文本文件。

尤其值得一提的是小猪佩奇程序，读者可以将程序代码中的图片替换为生活中其他动画片的图片，例如，哆啦 A 梦、小蜜蜂、一休、孙悟空等。建议读者的图片最好是背景颜色比较单一的白色或者黑色的图片，效果更佳。当然还可以是个人的生活照片，通过程序实现个人的素描画。

习题

一、填空题

1. Python 常见的内置函数有(　　)、(　　)、(　　)、(　　)等。
2. Python 外接函数有调用已经编辑的函数和(　　)两种。
3. 在 Python 中，可以在声明函数的时候，预先为(　　)或(　　)参数设置默认值。

4. Python 声明函数需要用关键字(　　)开头。

5. lambda 可以用来创建(　　),也可以将匿名函数赋值给一个变量供调用。

6. Python 的常用包有(　　)、(　　)、(　　)等。

7. 文件的路径有(　　)和绝对路径两种。

8. Python 内置的(　　)函数用于打开一个指定的 Python 文件或者是非 Python 文件。

9. json 模块提供了四个方法,分别是(　　)、(　　)、(　　)和 load()。

二、选择题

1. 根据变量定义的位置,变量分为(　　)两种。

A. 内部变量和外部变量　　B. 标准变量和非标准变量

C. 局部变量和全局变量　　D. 系统变量和用户定义变量

2. 在 Python 函数调用中,(　　)和(　　)类型是可以更改的对象。

A. 列表和字典　　B. 数值和字符

C. 数值和列表　　D. 字符和元组

3. Python 打开文件参数中,(　　)表示以只读模式打开文本文件。

A. 'wt'　　B. 'rt'　　C. 'rb'　　D. 'bt'

4. Python 除了在同一目录中查找需要的模块外,还将会根据(　　)修改环境变量的值来确定到指定的目录中加载模块。

A. PATH　　B. pythonpath

C. break　　D. PYTHONPATH

5. rgba(r,g,b,a)中的前三个值 r、g、b 分别代表(　　)。

A. 红、绿、蓝　　B. 红、蓝、绿　　C. 蓝、红、绿　　D. 绿、蓝、红

三、简答题

1. 简述 Python 常见内置函数有哪些。

2. 简述 Python 函数参数的作用。

3. 可以把哪些类型的参数进行分开拆解调用?

4. 简述设置灰度的作用。

5. 简述文件读取时各个参数的作用。

四、编程题

1. 定义一个两个数求和函数,函数名为 add。

2. 编写函数,检查传入字典的每一个 value 的长度,如果大于 2,那么仅保留前两个长度的内容,并将新内容返回给调用者。

3. 定义一个函数 fangcheng(a, b, c),接收 3 个参数,返回一元二次方程 $ax^2+bx+c=0$ 的两个解。

4. 编写函数,判断用户传入的对象(字符串、列表、元组)长度是否大于 5。

5. 编写函数,传入 n 个数,返回字典{'max':最大值,'min':最小值}。

6. 编写函数,统计传入函数的字符串中,数字、字母、空格以及其他字符的个数,并返回结果。

项目4

叩开面向对象编程之门

学习目标

理解面向对象的概念，掌握类的创建，对象的创建。使用继承、重载等方法实现复杂程序的设计。

掌握正则表达式的规则，使用 re 模块函数，对字符串进行查找、分隔、替换。

任务1 类——扑克牌游戏

类是面向对象编程的一个重要概念。面向对象编程是一种计算机编程的技术，它使得开发大型软件系统变得容易。类是描述具有相同的属性和方法的对象的集合，它定义了该集合中每个对象所共有的属性和方法。对象是类的实例。

4.1.1 任务说明

操作系统自带的扑克牌游戏，相信读者都体验过，那么如何利用 Python 编写并实现简单的扑克牌游戏的基本功能呢？本任务将定义扑克牌类，实现洗牌、发牌的功能，并且模拟实现一个简单的"炸金花"游戏。

4.1.2 任务展示

扑克牌游戏程序的运行效果如图 4-1 所示。

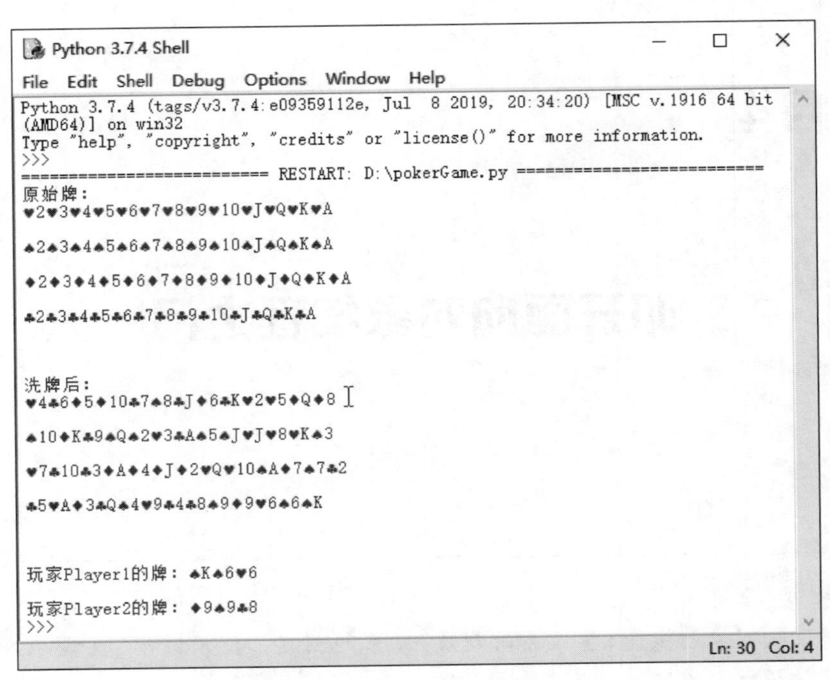

图 4-1 扑克牌游戏程序运行结果

4.1.3 任务实现

扑克牌游戏具体实现代码如下。

```
import random   #表示导入 random 模块，即导入 Python 内置的随机函数模块．具体参见 2.3.4 节相关知识
class Card:
"""创建一个 Card 类,表示一张牌,具有花色、牌面值与真实值三个属性"""
def __init__(self, color, value, real_value):   #定义类的构造方法,这是一个名字为__init__的方法,
#这个方法有 4 个参数,self 是规定必须有的第一个参数,color 用于表示牌的花色,value#用于表示牌的牌
#面值,real_value 表示牌的真实值,用于实现扑克牌游戏的一些复杂功能
        self.color = color
        self.value = value
        self.real_value = real_value

def __str__(self):   #定义类的一个方法,名字是__str__,作用是把类的一个实例转变为字符串表达式,就
#是下面 return 语句后面返回的内容。在本例中主要用于后面的代码中输出具体的一张牌,输出牌的花色
#和牌面值
return '{}{}'.format(self.color, self.value)   #将 Card 类的一个实例返回为一个字符串,这个字符串的
#内容就是花色和牌面值

class Deck:
"""创建一个 Deck 类,有 52 张牌,实现洗牌、发牌、输出牌的方法"""
def __init__(self):   #定义类的构造方法
self.all_cards = []   #类的属性 all_cards 为一个空列表,用于下面生成一副完整的扑克牌

def init_card(self):   #定义一个方法,生成一副完整的扑克牌
```

```
values = list(range(2, 11)) + ['J', 'Q', 'K', 'A']  #list(range()) 循环遍历成列表,这是扑克牌牌面值
#的列表,顺序为:2,3,4,5,6,7,8,9,10,J,Q,K,A
for c in '♥♠◆♣':  #遍历四种花色
count = 1  #count 表示序号,用于表示一张牌的真实值,不同花色的牌面值具有相同的真实值,便于比较、
#排序等功能的实现
            for s in values:  #遍历牌面值
                card = Card(c, s, count)  #生成一张具体的牌即 Card 的对象
self.all_cards.append(card)  #将这个对象加入 all_cards 列表中,循环遍历结束后,生成了一个包含 52 张
#牌的列表,完成了一副扑克牌的生成(本例仅实现简单的"炸金花"游戏,故不包含大小王牌)
                count += 1

def shuffle_card(self):  #定义一个方法,实现洗牌的功能,打乱牌的顺序
random.shuffle(self.all_cards)  #这个函数是用来改变一个数组的顺序,实现牌的顺序的变化

def deal_card(self,n = 1):  #定义一个方法,实现发牌功能,从扑克牌列表 all_cards 中抽取一定数量的
#牌,默认为 1 张
        your_card = []  #定义一个列表,用于存入要发的牌
        for i in range(n):
your_card.append(self.all_cards.pop())  #将 all_cards 列表中最后一个元素放入到 your_card 列表中,
#即从 all_cards 中抽取最后一张牌,放入 your_card 中
        return your_card

def print_card(self):  #定义一个方法,输出 all_cards 列表中的牌,每 13 张牌为一行,进行输出
        i = 0
        for c in self.all_cards:  #遍历 all_cards 列表
            print(c,end = "")  #输出一张牌,不换行
            i = i + 1
            if i % 13 == 0:
                print("\n")  #输出 13 张牌以后,换行

g = Deck()  #创建一个 Deck 的对象
g.init_card()  #调用 init_card()方法生成一副原始牌
print("原始牌:")
g.print_card()  #输出原始的牌

g.shuffle_card()  #调用 shuffle_card()方法进行洗牌
print("洗牌后:")
g.print_card()  #输出洗牌后的牌

"""模拟一个"炸金花"游戏,给两个玩家发牌"""
Player1 = g.deal_card(3)  #给玩家 Player1 发 3 张牌,调用 deal_card()方法,参数为 3,给变量 Player1
#赋值。Player1 为一个有 3 个元素的列表
Player2 = g.deal_card(3)  #给玩家 Player2 发 3 张牌,调用 deal_card()方法,参数为 3,给变量 Player2
#赋值。Player2 为一个有 3 个元素的列表

print("玩家 Player1 的牌:", end = "")  #显示玩家 Player1 的牌
for i in Player1:
    print(i,end = "")  #不换行,输出一整行玩家 Player1 的牌
```

```
print("\n")
print("玩家 Player2 的牌: ", end = "")  #显示玩家 Player2 的牌
for i in Player2:
    print(i,end = "")  #不换行,输出一整行玩家 Player2 的牌
```

4.1.4 相关知识链接

1. 什么是面向对象

面向对象编程(Object Oriented Programming,OOP)是一种计算机编程的架构或者软件开发的方法。面向对象编程使得大型软件和图形用户界面的开发变得更加高效。面向对象是相对于面向过程来讲的,它是在面向过程的方法出现很多问题时应运而生的。

面向对象方法把相关的数据和方法组织为一个整体来看待,从更高的层次来进行系统建模,更贴近事物的自然运行模式,更符合人类的思维习惯。一切事物皆对象,通过面向对象的方式,将现实世界的事物抽象成对象,现实世界中的关系抽象成类、继承,帮助人们实现对现实世界的抽象与数字建模。通过面向对象的方法,更利于用人理解的方式对复杂系统进行分析、设计与编程。同时,面向对象能有效提高编程的效率,通过封装技术,消息机制可以像搭积木一样快速开发出一个全新的系统。

面向对象编程的一条基本原则是计算机程序是由单个能够起到子程序作用的单元或对象组合而成的。对象指的是类的集合。它将对象作为程序的基本单元,将程序和数据封装其中,以提高软件的重用性、灵活性和扩展性。面向对象是模型化的,只须抽象出一个类,这是一个封闭的盒子,在这里既拥有数据也拥有解决问题的方法。需要什么功能直接使用就可以了,不必一步一步地实现。

2. 类与对象的关系

类和对象是面向对象编程中最重要的两个概念。对象代表现实世界中可以明确标识的一个实体,例如,一副牌、一个学生、一个圆、一个按钮、一笔交易都可以看作是一个对象。每个对象都有自己特有的标识、属性和行为。类是用来描述具有相同的属性和方法的对象的集合,它定义了该集合中每个对象所共有的属性和方法。对象是类的实例。

类和对象的关系就好像数据类型和变量的关系。各个对象可以同属于一个类,但拥有彼此独立的属性。对象是类的实例,可以创建类的多个对象。创建类的一个实例的过程被称为实例化。

在前面的扑克牌游戏中,Card 就是一个类,是一个扑克牌类,每一张具体的牌,例如,红桃 2、黑桃 K 等就是一个对象。类可以看作一个模板,而对象就是根据这个模板创建出来的一个个具体的“对象”,每个对象都拥有相同的方法,但各自的数据可能不同。红桃 2、黑桃 K 都是根据 Card 这个模板创建的对象,但是数据不同,如花色不同,牌面值不同。

3. 类的创建

定义一个类的语法格式如下。

```
class 类名:
<语句 - 1>
⋮
<语句 - N>
```

class 是关键字,类名是自定义的类的名字。

例 4-1　在交互式编程环境下，定义一个扑克牌类。

```
①  class Card:
②  def __init__(self, color, value, real_value):
        self.color = color
        self.value = value
        self.real_value = real_value

③  def __str__(self):
        return '{}{}'.format(self.color, self.value)

④  def setColor(self,color):
        self.color = color

⑤  def setValues(self,value,real_value):
        self.value = value
        self.real_value = real_value

⑥  def printValue(self):
        print(self.value)
```

运行程序，输出结果如图 4-2 所示。

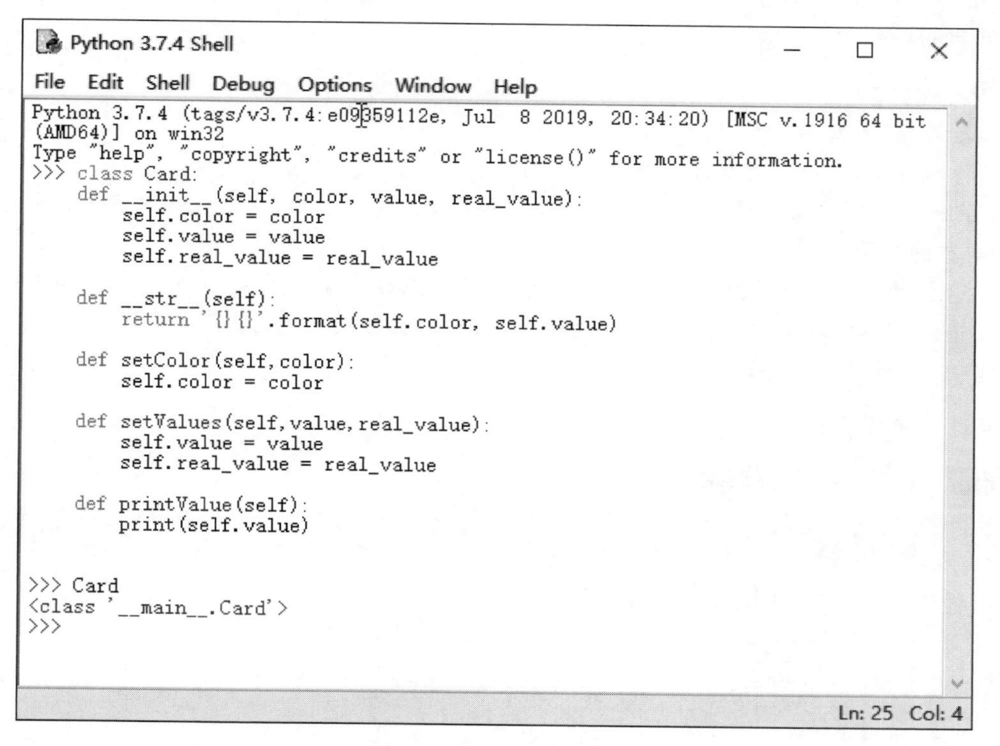

图 4-2　例 4-1 运行结果

在例 4-1 的代码中，在①处定义了一个名为 Card 的类。class 是关键字，表明要创建一个类，Card 是要创建的类的名称，通过“:”和缩进来表明所有缩进的代码将会是这个类里的内容。②③④⑤⑥是在类中定义的方法。

1）__init__()方法

类中的函数称为方法，前面学到的有关函数的一切都适用于方法。方法和函数的差别是调用方法的方式。__init__()函数是一个特殊的方法，它会在创建一个类的对象时执行，一般用来初始化类中的数据属性，作用类似于其他语言中的构造函数。

当 Card 类创建新实例时，Python 都会自动运行它。在这个方法的名称中，开头和末尾各有两个下画线，这是一种约定，旨在避免 Python 默认方法与普通方法发生名称冲突。

在例 4-1 中，方法__init__()包含四个形参：self、color、value 和 real_value。color、value 和 real_value 就是被初始化的 Card 类的实例的数据属性。Python 调用这个__init__()方法，在创建实例时，自动传入实参 self。

2）self 参数

在②③④⑤⑥处每一个方法的第一个参数都是 self。为什么必须在方法定义中包含形参 self 呢？每个与类相关联的方法调用都自动传递实参 self，它是一个指向对象本身的引用，让对象能够访问类中的属性和方法。

Python 规定，类的成员函数的第一个参数表示的是调用函数的对象。self 这个名称是约定俗成的，并不是强制性的。将代码中的 self 替换为任意合法的标识符均可以正确执行。

在①处定义的两个变量都有前缀 self。以 self 为前缀的变量都可供类中的所有方法使用。self.color = color 获取存储在形参 color 中的值，并将其存储到变量 color 中，然后该变量被关联到当前创建的对象中。

【注意】

(1) 类名，通常需要每个单词的第一个字母大写。

(2) 特殊方法__init__前后分别有两个下画线。

(3) 在例 4-1 代码前的符号①②③④⑤⑥是为了便于讲述所用，不是代码本身的内容。

4. 对象的创建

一旦定义了一个类，就可以创建一个该类的对象。Python 在创建对象时要完成两个任务：一是在内存中创建一个对象，二是自动调用类的__init__()函数初始化对象。

创建一个对象的语法如下。

```
对象名 = 类名(参数列表)
```

例 4-2 创建一个扑克牌对象。

```
card1 = Card('♥',2,1)
```

运行程序，输出结果如图 4-3 所示。

```
>>> card1 = Card('♥',2,1)
>>> card1
<__main__.Card object at 0x0000019983D93D08>
>>>
```

图 4-3 例 4-2 运行结果

从运行结果中可以看到，变量 card1 指向的就是一个 Card 的实例，后面的一串数字是内存地址，每个 object 的地址都不一样。

【注意】

在你的计算机上运行代码看见的地址与本例不同，因为 Python 会在它找到的任何空间来存储对象。

在例 4-2 中，使用 Card('♥',2,1)创建一个 Card 类的对象，赋值给变量 card1，即是一张红桃 2 的扑克牌。Card 后面的参数列表与例 4-1 中不带 self 的__init__()函数的参数相匹配，传入三个参数：'♥','2',1，self 没有显式的传递。原因是 self 指向的是当前创建的对象，Python 解释器会自动进行传入。如果__init__()函数给出了参数的默认值，也可以使用部分参数或无参数的版本来构造对象。

在创建了对象之后，可以用它来进行哪些操作呢？类的对象唯一可用的操作就是访问其成员。对象的成员包括数据成员和函数成员，即对象的属性和方法。数据成员一般在构造对象时，已经通过__init__()函数初始化，用来存放对象的数据信息。函数成员用来完成对象的一种行为，如改变对象的一个数据成员的值(如扑克牌游戏程序中的 shuffle_card 函数)。

1）访问对象的属性

访问对象的属性，使用点运算符“.”，其语法如下。

```
对象名.数据成员
```

例 4-3　在交互式编程环境下，修改例 4-2 中 card1 对象的花牌面值色，将原来的 2 改为 A。

```
card1.value = 'A'
```

运行程序，输出结果如图 4-4 所示。

```
>>> card1.value="A"
>>> card1.value
'A'
```

图 4-4　例 4-3 运行结果

2）访问对象的方法

访问对象的方法，同样使用点运算符“.”，其语法如下。

```
对象名.函数成员(参数列表)
```

例 4-4　在交互式环境下，使用 Card 类的 setValues 方法，同样修改例 4-2 中 card1 对象的牌面值，将原来的 2 改为 A。

```
card1.setValues("A",13)
```

运行程序，输出结果如图 4-5 所示。

```
>>> card1.setValues("A",13)
>>> card1.value
'A'
```

图 4-5　例 4-4 运行结果

当遇到代码 card1. setValues("A",13)时,Python 在类 Card 中查找方法 setValues(self, value,real_value),将实参"A"和 13 传入,并运行其代码。

3) 私有成员

Python 中的数据成员和函数成员默认都是公有成员,公有成员可以在类外被访问。在例 4-3 中就直接访问了 card1 的 value 这个数据成员。直接访问对象的数据成员不是一个好的方法,因为数据成员可能会被不加检查地篡改。

为了避免数据成员被直接修改,可以将数据成员设置为私有成员。私有成员只能在类的内部访问,不能在类的外部访问。Python 将以双下画线开始的成员(不能以双下画线结束)定义为私有成员。

在将数据成员设置为私有成员之后,为了能够在类外可以操作数据成员的值,需要在类中提供相应的方法获取和设置数据成员的值。

例 4-5 在交互式编程环境下,将前面扑克牌案例中的数据成员修改为私有成员。

```
class Card:
def __init__(self, color, value, real_value):
    self.__color = color
    self.__value = value
    self.__real_value = real_value

def __str__(self):
    return '{}{}'.format(self.__color, self.__value)
def setValues(self,value,real_value):
    self.__value = value
    self.__real_value = real_value

def getValues(self):
    return(self.__value,self.__real_value)
```

运行以上代码,创建一个 Card 类,然后执行以下两条语句。

```
card1 = Card('♥',2,1)
card1.__value
```

运行程序,输出结果如图 4-6 所示。

由于_value 为私有成员,不能在类外部访问,所以解释器抛出一个 AttributeError。

下面通过类内部的方法来修改和获取_value 的值。

例 4-6 在交互式编程环境下,将 card1 对象的牌面值由原来的 2 改为 A,使用 setValues()和 getValues()来访问私有成员。

```
card1 = Card('♥',2,1)
card1.setValues('A',13)
card1.getValues()
```

运行程序,输出结果如图 4-7 所示。

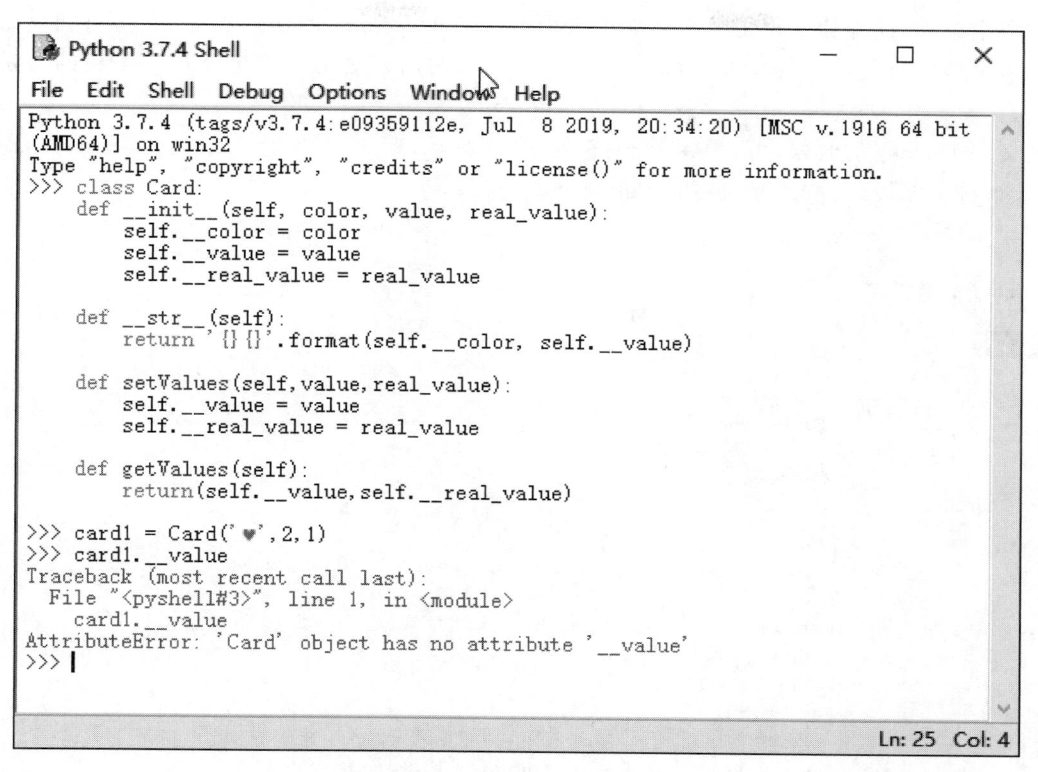

图 4-6　例 4-5 运行结果

```
>>> card1.setValues('A',13)
>>> card1.getValues()
('A', 13)
>>>
```

图 4-7　例 4-6 运行结果

如果不希望在类外调用类中的方法，也可以设置方法为私有成员。若方法以双下画线开头，即声明为私有方法，只能在类的内部调用，不能在类的外部调用。

在实际应用中，是否将成员设置为私有，需要根据实际情况进行分析。如果编写的类需要被其他程序使用，为了防止数据被篡改，应该将必要的成员设置为私有。如果这个类只是自己使用，可以不将成员设置为私有。

5. 继承

面向对象编程的一大优点是对代码的重用(Reuse)，重用的一种实现方法就是通过继承机制。继承可以通过现有的类创建新类，并添加新的性能来增强这个类。

假设要编写一个程序来记录大学里的老师和学生的信息。老师和学生有一些特征是相同的，如姓名、年龄和联系方式等；另外一些特征是各不相同的，如教师的工资、课程等，学生的成绩、学分等。可以为老师和学生创建两个独立的类，并对它们进行处理。如果需要增加一条共有特征，就意味着将要在两个类中分别添加。

利用继承的方法，可以创建一个公共类叫作 Person，然后让教师和学生从这个类中继承，他们将成为这个类的子类。在子类中可以添加该类独有的特征。当需要增加共有的特征时，就可以在公共的类中添加,使编程变得很灵活。如果增加或修改了 Person 的任何功能,它将自动反映在子类中。举个例子,可以通过简单地对 Person 类操作,来为所有老师与学生添加一条新的身份证号码字段。

定义一个 class 的时候,可以从某个现有的 class 继承,新的 class 称为子类(Subclass),而被继承的 class 称为基类、父类或超类(Base class、Super class)。

创建子类的语法为:

```
class 子类名(父类名)
```

例 4-7 继承的使用。

```
①   class Person:
        def __init__(self, name, age):
            self.name = name
            self.age = age

        def display(self):
            print('Name:"{}" Age:"{}"'.format(self.name, self.age), end = " ")

②   class Teacher(Person):           #创建 Teacher 子类,增加 salary 属性
        def __init__(self, name, age, salary):
            Person.__init__(self, name, age)
            self.salary = salary

③   class Student(Person):           #创建 Student 子类,增加 marks 属性
        def __init__(self, name, age, marks):
            Person.__init__(self, name, age)
            self.marks = marks

④   t = Teacher('张老师', 40, 30000)
    s = Student('李同学', 18, 75)
    t.display()
    print()
    s.display()
```

运行程序,输出结果如图 4-8 所示。

```
Name:"张老师" Age:"40"
Name:"李同学" Age:"18"
```

图 4-8 例 4-7 运行结果

在①处,创建了一个基类 Person,有两个数据成员 name 和 age,函数成员 display()以规定的格式输出 name 和 age。在②处,以继承方式创建了一个子类 Teacher,增加了一个独有的数据成员,salary 存储教师工资。在③处,以继承方式创建了一个子类 Student,增加了一个独有的数据成员 marks,用于存储学生成绩。两个子类继承了父类 Person 的 display()方法。在④处,使用 display()方法输出了各自的名字和年龄。通过继承的机制,Teacher 和 Student 两个子类重用了父类 Person 的代码。

6. 多态

在例 4-7 中还有一点不足,当使用 display()方法输出时,Teacher 类和 Student 类各自独有的数据 salary 和 marks 没有输出。如果要使用 display()方法将 salary 和 marks 输出,就需要对 display()方法进行改写。让各子类的 display()方法输出不同的结果,这就是多态。

例 4-8　改写例 4-7 实现多态。

```
class Person:
    def __init__(self, name, age):
        self.name = name
        self.age = age

    def display(self):
        print('Name:"{}" Age:"{}"'.format(self.name, self.age), end = " ")

class Teacher(Person):             #创建 Teacher 子类,增加 salary 属性
    def __init__(self, name, age, salary):
        Person.__init__(self, name, age)
        self.salary = salary
①   def display(self):
        Person.display(self)
        print('Salary: "{:d}"'.format(self.salary),end = "")

class Student(Person):             #创建 Student 子类,增加 marks 属性
    def __init__(self, name, age, marks):
        Person.__init__(self, name, age)
        self.marks = marks
②   def display(self):
        Person.display(self)
        print('Marks: "{:d}"'.format(self.marks),end = "")

t = Teacher('张老师', 40, 30000)
s = Student('李同学', 18, 75)
t.display()
print()
s.display()
```

运行程序,输出结果如图 4-9 所示。

```
Name:"张老师" Age:"40" Salary: "30000"
Name:"李同学" Age:"18" Marks: "75"
```

图 4-9　例 4-8 运行结果

在①②处,在子类 Teacher 和 Student 中分别定义了各自的 display()方法。当子类和父类都存在相同的 display()方法时,子类的 display()覆盖父类的 display(),在代码运行时,会调用子类的 display()。因而不同的子类,用同名的 display()方法,输出了不同的结果。

4.1.5　知识拓展

1. 运算符重载

运算符重载,指的是在类中定义并实现一个与运算符对应的处理方法,这样当类对象进行运算符操作时,系统就会调用类中相应的方法来处理。

Python 语言本身提供了很多特殊方法,它的运算符重载就是通过重写这些 Python 内置特殊方法实现的。这些特殊方法都是以双下画线开头和结尾的,类似于__X__的形式,Python 通过这种特殊的命名方式来拦截操作符,以实现重载。当 Python 的内置操作运用于类对象时,Python 会搜索并调用对象中指定的方法完成操作。

类可以重载加减运算、打印、函数调用、索引等内置运算，运算符重载使得自定义的对象的行为与内置对象的一样。Python 在调用操作符时会自动调用这样的方法，例如，如果类实现了__add__方法，当类的对象出现在＋运算符中时会调用这个方法。常见的运算符重载方法及含义如表 4-1 所示。

表 4-1　常见运算符重载方法

方　法　名	重 载 说 明	运算符调用方式
__init__	构造函数	对象创建：X = Class(args)
__del__	析构函数	X 对象收回
__add__/__sub__	加减运算	X+Y，X+=Y/X-Y，X-=Y
__or__	运算符|	X|Y，X|=Y
__repr__/__str__	打印/转换	print(X)、repr(X)/str(X)
__call__	函数调用	X(*args，**kwargs)
__getattr__	属性引用	X.undefined
__setattr__	属性赋值	X.any=value
__delattr__	属性删除	delX.any
__getattribute__	属性获取	X.any
__getitem__	索引运算	X[key],X[i:j]
__setitem__	索引赋值	X[key],X[i:j]=sequence
__delitem__	索引和分片删除	del X[key],del X[i:j]
__len__	长度	len(X)
__bool__	布尔测试	bool(X)
__iter__，__next__	迭代	I=iter(X)，next()
__contains__	成员关系测试	item in X(X 为任何可迭代对象)
__index__	整数值	hex(X)，bin(X)，oct(X)
__enter__，__exit__	环境管理器	with obj as var:
__get__，__set__，__delete__	描述符属性	X.attr，X.attr=value，del X.attr
__new__	创建	在__init__之前创建对象
__lt__，__gt__，__le__，__ge__，__eq__，__ne__	特定的比较	依次为 X<Y,X>Y,X<=Y,X>=Y，X==Y,X!=Y(注释：lt：less than；gt：greater than；le：less equal；ge：greater equal；eq：equal；ne：not equal)

2. __str__()方法

__str__()方法可以将对象转换为可打印的字符串。通常创建一个对象，使用 print()方法直接打印这个对象的时候，打印的结果是一个内存地址。

例 4-9　在交互式编程环境下，没有调用__str__()方法打印对象。

```
class Card:
    def __init__(self, color, value, real_value):
        self.color = color
        self.value = value
```

```
        self.real_value = real_value

b = Card('♥',2,1)
print(b)
```

运行程序,输出结果如图 4-10 所示。

```
>>> class Card:
    def __init__(self, color, value, real_value):
        self.color = color
        self.value = value
        self.real_value = real_value


>>> b=Card('♥',2,1)
>>> print(b)
<__main__.Card object at 0x000001FE507C3888>
```

图 4-10　例 4-9 运行结果

没有__str__()方法,调用 print()方法输出的是一个内存地址。

【注意】

在你的计算机上运行代码看见的地址与本例不同。

例 4-10　在交互式编程环境下,调用__str__()方法打印对象,输出对应的字符串。

```
class Card:
    def __init__(self, color, value, real_value):
        self.color = color
        self.value = value
        self.real_value = real_value

    def __str__(self):    #重载__str__函数,使 Card 对象可打印
        return '{}{}'.format(self.color, self.value)

b = Card('♥',2,1)
print(b)
```

运行程序,输出结果如图 4-11 所示。

```
>>> class Card:
    def __init__(self, color, value, real_value):
        self.color = color
        self.value = value
        self.real_value = real_value

    def __str__(self):
        return '{}{}'.format(self.color, self.value)

>>> b=Card('♥',2,1)
>>> print(b)
♥2
```

图 4-11　例 4-10 交互式编程环境下运行结果

在例 4-10 中,定义了__str__()方法,print()方法打印对象,输出了“♥2”。当使用 print()方法的时候,一旦定义了__str__(self)方法,就会让该类实例对象被 print 调用时返回类的特定信息,即 return 方法后的语句。本例中,return 后面是字符串格式函数。

3. 运算符重载实例

如何编写一个程序利用加法运算符，实现向量相加？如(1,2)+(2,3)=(3,4)。这就需要对加法运算符进行重载。从表4-1可以看到，加法运算符“+”对应的方法是__add__。假设v1、v2都是向量，在程序代码中v1+v2，其实就是执行了v1.__add__(v2)这样一个方法。那么实现向量相加，只需要对__add__方法进行改写，实现对应位置相加。在改写时要注意，所有方法的第一个变量均为self，所以在类中__add__方法的完整形式为__add__(self,other)。

例4-11 重载加法运算符，使用“+”完成向量加法。

```
class Vector:
    def __init__(self, a, b):
        self.a = a
        self.b = b

    def __str__(self):
        return 'Vector({},{})'.format(self.a, self.b)

    def __add__(self,other):    #重载+运算符
        return Vector(self.a + other.a, self.b + other.b)

v1 = Vector(2,10)
v2 = Vector(5,-2)
print (v1 + v2)
```

运行程序，输出结果如图4-12所示。

```
Vector(7,8)
```

图4-12 例4-11运行结果

视频讲解

任务2 正则表达式——注册验证

正则表达式可以用来搜索、替换和解析字符串。正则表达式遵循一定的语法规则，使用灵活且功能强大。

4.2.1 任务说明

在网站注册用户，通常需要提供邮箱地址，设置登录密码，如果邮箱地址不符合规范，密码的强度不符合要求，网站就会提示让用户重新输入。那么如何利用Python编写并实现简单的注册验证基本功能呢？本任务将通过正则表达式的应用，模拟实现一个简单的注册验证功能。

4.2.2 任务展示

注册验证程序的运行结果如图4-13所示。

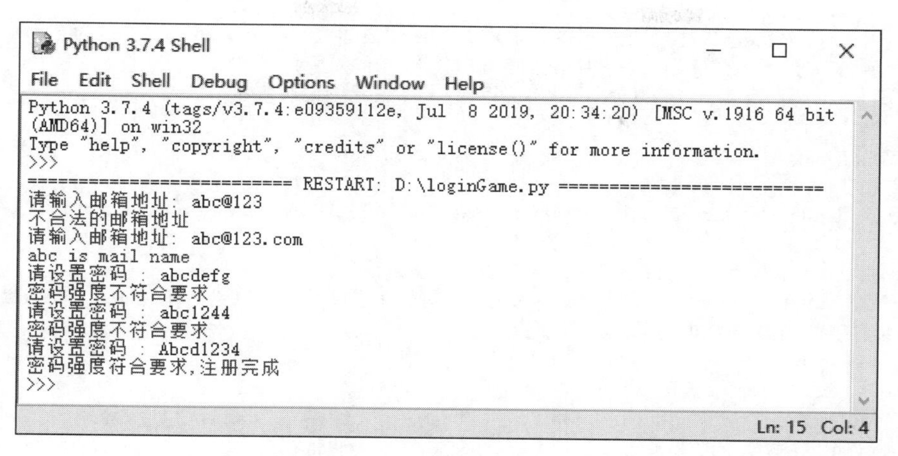

图 4-13　注册验证程序运行结果

4.2.3　任务实现

注册验证具体实现代码如下。

```
import re   #导入 re 模块,即导入 Python 内置的正则表达式函数模块.具体参见 4.2.4 节相关知识
def checkMail(mail):   #定义一个名为 checkMail 的函数,用于检查邮箱地址
pattern = re.compile(r'(\w+)@\w+\.(com|cn|org)')   #编译生成一个正则表达式对象 pattern.(\w+)
#@\w+\.(com|cn|org)为正则表达式,表示一个邮箱地址的规则
m = pattern.match(mail)   #pattern 对象调用 match()方法,对函数形参 mail 进行匹配
    if m:
        return m.group(1)   #如果匹配成功,返回匹配的值
    else:
        return None   #如果没有匹配成功,返回 None

def checkContainNumber(pwd):   #定义一个名为 checkContainNumber 的函数,用于检查密码是否包含数字
pattern = re.compile(r'\d+')   #编译生成一个正则表达式对象 pattern。其中,"\d+"为正则表达式,匹
#配规则为多个数字字符
return len(pattern.findall(pwd)) > 0   #返回关系表达式 len(pattern.findall(pwd)) > 0 的值,结果为
#True 表示包含数字

def checkContainLower(pwd):   #定义一个名为 checkContainLower 的函数,用于检查密码是否包含小写
#字母
pattern = re.compile('[a-z]+')   #编译生成一个正则表达式对象 pattern,[a-z]+为正则表达式,匹
##配规则为多个小写字母字符
return len(pattern.findall(pwd)) > 0   #返回关系表达式 len(pattern.findall(pwd)) > 0 的值,结果为
##True 表示包含小写字母

def checkContainUpper(pwd):   #定义一个名为 checkContainUpper 的函数,用于检查密码是否包含大写
#字母
pattern = re.compile('[A-Z]+')   #编译生成一个正则表达式对象 pattern,其中[A-Z]+为正则表达
#式,匹配规则为多个大写字母字符
return len(pattern.findall(pwd)) > 0   #返回关系表达式 len(pattern.findall(pwd)) > 0 的值,结果为
#True 表示包含大写字母

def checkLen(pwd):   #定义一个名为 checkLen 的函数,用于检查密码长度
```

```
pattern = re.compile(r'\w{8,}')  #编译生成一个正则表达式对象 pattern,\w{8,}为正则表达式,匹配规
#则为大小写字母、数字和下画线三种字符,字符串长度大于或等于 8
return pattern.match(pwd) is not None  #当返回 True 表示密码长度符合要求

def checkPwd(pwd):  #定义一个名为 checkPwd 的函数,用于检查密码是否符合要求,密码必须包含大小写
#字母和数字,长度不小于 8 位
return checkLen(pwd) and checkContainUpper(pwd) and checkContainLower(pwd) and checkContainNumber
(pwd)

while True :  #while 循环条件判断,条件永远成立,目的是为了在用户输入邮箱地址时,如果不符合规则,
#提示重新输入,直到符合规则后进入下一步
    mail = input("请输入邮箱地址: ")
    name = checkMail(mail)
    if name is None:
        print ("不合法的邮箱地址")
        continue
    else:
        print (" %s is mail name" % name)
        break
while True:  #while 循环条件判断,条件永远成立,目的是为了提示用户设置密码时,如果不符合规则,提
#示重新输入,直到符合规则后结束
    pwd = input("请设置密码 : ")
    if checkPwd(pwd)!= True :
        print ("密码强度不符合要求")
        continue
    else:
        print ("密码强度符合要求,注册完成")
        break
```

4.2.4 相关知识链接

1. 什么是正则表达式

正则表达式,又称规则表达式,通常被用来检索、替换符合某个模式(规则)的文本。正则表达式是对字符串,包括普通字符(例如,a～z 的字母)和特殊字符(称为元字符)操作的一种逻辑公式,就是用事先定义好的一些特定字符及这些特定字符的组合,组成一个"规则字符串",这个"规则字符串"用来表示对字符串的一种过滤逻辑。正则表达式是一种文本模式,该模式描述在搜索文本时要匹配的一个或多个字符串。

使用正则表达式,可以对一个普通字符串完成以下工作。

(1) 判读普通字符串(或其子串)是否符合正则表达式所定义的逻辑,字符串与正则表达式是否匹配。

(2) 从字符串中提取满足条件的特定部分。

(3) 替换字符串中满足条件的特定部分。

2. 正则表达式语法简介

正则表达式本身是一个字符串,用于表示一个字符串的组合规则。一个正则表达式如下:

'p(y|yt|yth|ytho)? n'

正则表达式由普通字符和特殊字符(又称元字符、操作字符)构成。上面的正则表达式中,括号(())、竖线(|)和问号(?)均为特殊字符,表示特殊含义,具体含义如表 4-2 所示。其余的字符为

普通字符。它表示的组合规则对应的字符串可以分别理解为"py""pyn""pytn""pythn""python"。

正则表达式的特殊字符及含义如表 4-2 所示。

表 4-2 正则表达式特殊字符及含义

<table>
<tr><th>字符</th><th>含　义</th></tr>
<tr><td>\</td><td>将下一个字符标记为一个特殊字符，或一个原义字符，或一个向后引用；或一个八进制转义符。例如，'n' 匹配字符 "n"；'\n' 匹配一个换行符；序列 '\\' 匹配 "\"；"\(" 匹配 "("</td></tr>
<tr><td>^</td><td>匹配输入字符串的开始位置。如果设置了 RegExp 对象的 Multiline 属性，^ 匹配 '\n' 或 '\r' 之后的位置</td></tr>
<tr><td>$</td><td>匹配输入字符串的结束位置。如果设置了 RegExp 对象的 Multiline 属性，$ 匹配 '\n' 或 '\r' 之前的位置</td></tr>
<tr><td>*</td><td>匹配前面的子表达式零次或多次。例如，zo* 可以匹配 "z" 和 "zoo"，* 等价于{0,}</td></tr>
<tr><td>+</td><td>匹配前面的子表达式一次或多次。例如，'zo+' 可以匹配 "zo" 和 "zoo"，但不能匹配 "z"，+ 等价于 {1,}</td></tr>
<tr><td>?</td><td>匹配前面的子表达式零次或一次。例如，"do(es)?" 可以匹配 "do" 或 "does"，? 等价于 {0,1}</td></tr>
<tr><td>{n}</td><td>n 是一个非负整数，匹配确定的 n 次。例如，'o{2}' 不能匹配 "Bob" 中的 'o'，但是能匹配 "food" 中的两个 o</td></tr>
<tr><td>{n,}</td><td>n 是一个非负整数，至少匹配 n 次。例如，'o{2,}' 不能匹配 "Bob" 中的 'o'，但能匹配 "foooood" 中的所有 o。'o{1,}' 等价于 'o+'，'o{0,}' 则等价于 'o*'</td></tr>
<tr><td>{n,m}</td><td>m 和 n 均为非负整数，其中 n≤m，最少匹配 n 次且最多匹配 m 次。例如，"o{1,3}" 将匹配 "fooooood" 中的前三个 o。'o{0,1}' 等价于 'o?'。请注意在逗号和两个数之间不能有空格</td></tr>
<tr><td>?</td><td>当该字符紧跟在任何一个其他限制符（*，+，?，{n}，{n,}，{n,m}）后面时，匹配模式是非贪婪的。非贪婪模式尽可能少地匹配所搜索的字符串，而默认的贪婪模式则尽可能多地匹配所搜索的字符串。例如，对于字符串 "oooo"，'o+?' 将匹配单个 "o"，而 'o+' 将匹配所有 'o'</td></tr>
<tr><td>.</td><td>匹配除换行符(\n、\r)之外的任何单个字符。要匹配包括 '\n' 在内的任何字符，请使用像 "(.|\n)"这样的模式</td></tr>
<tr><td>(pattern)</td><td>匹配 pattern 并获取这一匹配。所获取的匹配可以从产生的 Matches 集合得到，在 VBScript 中使用 SubMatches 集合，在 JScript 中则使用 $0…$9 属性。要匹配圆括号字符，请使用 '\(' 或 '\)'</td></tr>
<tr><td>(?:pattern)</td><td>匹配 pattern 但不获取匹配结果，也就是说这是一个非获取匹配，不进行存储供以后使用。这在使用"或"字符（|）来组合一个模式的各个部分时很有用。例如，'industr(?:y|ies) 就是一个比 'industry|industries' 更简略的表达式</td></tr>
<tr><td>(?=pattern)</td><td>正向肯定预查(look ahead positive assert)，在任何匹配 pattern 的字符串开始处匹配查找字符串。这是一个非获取匹配，也就是说，该匹配不需要获取供以后使用。例如，"Windows(?=95|98|NT|2000)"能匹配"Windows2000"中的"Windows"，但不能匹配"Windows3.1"中的"Windows"。预查不消耗字符，也就是说，在一个匹配发生后，在最后一次匹配之后立即开始下一次匹配的搜索，而不是从包含预查的字符之后开始</td></tr>
<tr><td>(?!pattern)</td><td>正向否定预查(look ahead negative assert)，在任何不匹配 pattern 的字符串开始处匹配查找字符串。这是一个非获取匹配，也就是说，该匹配不需要获取供以后使用。例如"Windows(?!95|98|NT|2000)"能匹配"Windows3.1"中的"Windows"，但不能匹配"Windows2000"中的"Windows"。预查不消耗字符，也就是说，在一个匹配发生后，在最后一次匹配之后立即开始下一次匹配的搜索，而不是从包含预查的字符之后开始</td></tr>
</table>

续表

<table>
<tr><th>字符</th><th>含　义</th></tr>
<tr><td>(?<=pattern)</td><td>反向(look behind)肯定预查，与正向肯定预查类似，只是方向相反。例如，"(?<=95|98|NT|2000)Windows"能匹配"2000Windows"中的"Windows"，但不能匹配"3.1Windows"中的"Windows"</td></tr>
<tr><td>(?<! pattern)</td><td>反向否定预查，与正向否定预查类似，只是方向相反。例如"(?<! 95|98|NT|2000)Windows"能匹配"3.1Windows"中的"Windows"，但不能匹配"2000Windows"中的"Windows"</td></tr>
<tr><td>x|y</td><td>匹配 x 或 y。例如，'z|food'能匹配 "z" 或 "food"，'(z|f)ood'则匹配 "zood" 或"food"</td></tr>
<tr><td>[xyz]</td><td>字符集合，匹配所包含的任意一个字符。例如，'[abc]'可以匹配 "plain" 中的 'a'</td></tr>
<tr><td>[^xyz]</td><td>负值字符集合，匹配未包含的任意字符。例如，'[^abc]'可以匹配 "plain" 中的'p'、'l'、'i'、'n'</td></tr>
<tr><td>[a-z]</td><td>字符范围，匹配指定范围内的任意字符。例如，'[a-z]'可以匹配 'a' ～ 'z' 范围内的任意小写字母字符</td></tr>
<tr><td>[^a-z]</td><td>负值字符范围，匹配任何不在指定范围内的任意字符。例如，'[^a-z]'可以匹配任何不在 'a' ～ 'z' 范围内的任意字符</td></tr>
<tr><td>\b</td><td>匹配一个单词边界，也就是指单词和空格间的位置。例如，'er\b'可以匹配"never" 中的 'er'，但不能匹配 "verb" 中的 'er'</td></tr>
<tr><td>\B</td><td>匹配非单词边界。'er\B'能匹配 "verb" 中的 'er'，但不能匹配 "never" 中的 'er'</td></tr>
<tr><td>\cx</td><td>匹配由 x 指明的控制字符。例如，\cM 匹配一个 Ctrl+M 或回车符。x 的值必须为 A～Z 或 a～z 之一；否则，将 c 视为一个原义的 'c' 字符</td></tr>
<tr><td>\d</td><td>匹配一个数字字符，等价于 [0-9]</td></tr>
<tr><td>\D</td><td>匹配一个非数字字符，等价于 [^0-9]</td></tr>
<tr><td>\f</td><td>匹配一个换页符，等价于 \x0c 和 \cL</td></tr>
<tr><td>\n</td><td>匹配一个换行符，等价于 \x0a 和 \cJ</td></tr>
<tr><td>\r</td><td>匹配一个回车符，等价于 \x0d 和 \cM</td></tr>
<tr><td>\s</td><td>匹配任何空白字符，包括空格、制表符、换页符等，等价于 [\f\n\r\t\v]</td></tr>
<tr><td>\S</td><td>匹配任何非空白字符，等价于 [^\f\n\r\t\v]</td></tr>
<tr><td>\t</td><td>匹配一个制表符，等价于 \x09 和 \cI</td></tr>
<tr><td>\v</td><td>匹配一个垂直制表符，等价于 \x0b 和 \cK</td></tr>
<tr><td>\w</td><td>匹配字母、数字、下画线，等价于'[A-Za-z0-9_]'</td></tr>
<tr><td>\W</td><td>匹配非字母、数字、下画线，等价于 '[^A-Za-z0-9_]'</td></tr>
<tr><td>\xn</td><td>匹配 n，其中 n 为十六进制转义值。十六进制转义值必须为确定的两个数字长。例如，'\x41'匹配 "A"，'\x041'则等价于 '\x04' & "1"。正则表达式中可以使用 ASCII 编码</td></tr>
<tr><td>\num</td><td>匹配 num，其中 num 是一个正整数。对所获取的匹配的引用。例如，'(.)\1'匹配两个连续的相同字符</td></tr>
<tr><td>\n</td><td>标识一个八进制转义值或一个向后引用。如果 \n 之前至少有 n 个获取的子表达式，则 n 为向后引用；否则，如果 n 为八进制数字 (0～7)，则 n 为一个八进制转义值</td></tr>
<tr><td>\nm</td><td>标识一个八进制转义值或一个向后引用。如果 \nm 之前至少有 nm 个获得子表达式，则 nm 为向后引用。如果 \nm 之前至少有 n 个获取，则 n 为一个后跟文字 m 的向后引用。如果前面的条件都不满足，若 n 和 m 均为八进制数字 (0～7)，则 \nm 将匹配八进制转义值 nm</td></tr>
<tr><td>\nml</td><td>如果 n 为八进制数字 (0～3)，且 m 和 l 均为八进制数字 (0～7)，则匹配八进制转义值 nml</td></tr>
<tr><td>\un</td><td>匹配 n，其中 n 是一个用四个十六进制数字表示的 Unicode 字符。例如，\u00A9 匹配版权符号 (?)</td></tr>
</table>

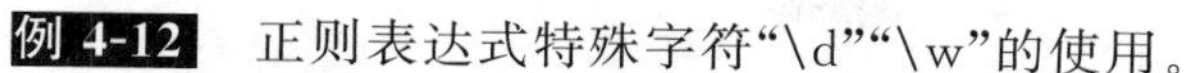

例 4-12　正则表达式特殊字符“\d”“\w”的使用。

'\d'可以匹配一个数字，即0～9的任意数字，'\w'可以匹配单词字符，即大小写字母、数字、下画线。

'00\d'可以匹配'000'、'001'、'002'、'003'、'004'、'005'、'006'、'007'、'008'、'009'，但无法匹配'00A'。因为前面两个00是精确匹配，第三位\d可以是0～9的任意数字。

'\d\d\d'可以匹配000～999的任意数字，因为每一位都是\d，每一位都可以是0～9的任意数字。

'\w\w\d'可以匹配'py3'等字符串，前两位是任意单词字符，第三位是数字。

例 4-13　正则表达式特殊字符“.”的使用。

'.'可以匹配任意字符。

'py.'可以匹配'pya'、'pyA'、'py1'、'py@'、'py#'等。

例 4-14　正则表达式特殊字符“*”“+”“?”的使用。

如果要匹配的字符长度不是确定的，在正则表达式中，有特殊字符用于长度的限定。“*”表示它前面的字符可以出现任意次(包括0次)；“+”表示它前面的字符至少出现一次；“?”表示它前面的字符出现0次或1次。

'hello*'可以匹配'hell'、'hello'、'helloooooooooooo'等。

'hello+'可以匹配'hello'、'helloooooooooooo'等。

'hello?'可以匹配'hell'、'hello'。

例 4-15　正则表达式特殊字符“{n}”“{n,m}”的使用。

{n}表示n个字符，{n,m}表示n～m个字符。

'hello{2}'可以匹配'helloo'。

'hello{1,3}'可以匹配'hello'、'helloo'、'hellooo'。

'\d{3}\s+\d{3,8}'，这个表达式比较复杂，可以从左向右逐个解读。'\d{3}'表示匹配3个数字，例如'010'；'\s'可以匹配一个空格(也包括Tab等空白符)，所以'\s+'表示至少有一个空格；'\d{3,8}'表示3～8个数字，例如'1234567'。上面的正则表达式可以匹配以任意个空格隔开的带区号的电话号码。如果要匹配'010-12345'这样的号码呢？由于'-'是特殊字符，在正则表达式中，要用'\'转义，所以，上面的正则是\d{3}\-\d{3,8}。

例 4-16　正则表达式特殊字符“[]”的使用。

[]表示字符范围。

'py[a-z]'可以匹配'pya'、'pyb'、'pyz'等。其中，'[a-z]'表示字符范围为小写字母a～z。

'py[0-9a-zA-Z_]'可以匹配'py0'、'pya'、'pyZ'、'py_'等。其中，'[0-9a-zA-Z_]'表示字符范围为数字、小写字母、大写字母和下画线。

'[0-9a-zA-Z_]+'可以匹配至少由一个数字、字母或者下画线组成的字符串，比如'a100'，'0_Z'、'Py3000'等。

'[a-zA-Z_][0-9a-zA-Z_]*'可以匹配由字母或下画线开头，后接任意个由一个数字、字母或者下画线组成的字符串，也就是Python合法的变量。

'[a-zA-Z_][0-9a-zA-Z_]{0, 19}'更精确地限制了变量的长度是1～20个字符(前面1个字符+后面最多19个字符)。

例 4-17 正则表达式特殊字符"|"的使用。

A|B 可以匹配 A 或 B。

'p(y|yt|yth|ytho)? n'可以匹配 'pn'、'pyn'、'pytn'、'pythn'、'python'。

例 4-18 正则表达式特殊字符"^"的使用。

^表示行的开头。

'^\d'表示必须以数字开头,可以匹配'1'、'923'、'123abc'等任何以数字开头的字符串。

例 4-19 正则表达式特殊字符"$"的使用。

$表示行的结束。

'\d$'表示必须以数字结束,可以匹配'123'、'abc123'等任何以数字结束的字符串。

3. re 模块

Python 通过标准库中的 re 模块来支持正则表达式。re 模块提供了一些函数、对象以及常量,完成对正则表达式查找、替换或分隔字符串等操作。

使用 re 模块前需要先借助"import re"导入模块。导入后,就可以使用该模块下的所有方法和属性。

re 模块主要函数及含义如表 4-3 所示。

表 4-3 re 模块主要函数

函数名	含义
re.match()	从头开始匹配,匹配成功,返回一个匹配对象
re.search()	搜索整个字符串,并返回第一个成功的匹配对象
re.findall()	搜索整个字符串,在字符串中找到正则表达式所匹配的所有子串,返回列表
re.split()	将一个字符串按照正则表达式匹配的结果进行分隔,返回列表类型
re.sub()	在一个字符串中替换所有匹配正则表达式的子串,返回替换后的字符串
re.compile()	函数用于编译正则表达式,生成一个正则表达式对象

【注意】

函数返回值的数据类型各不相同,有基本数据类型列表和字符串,还有两种 re 模块特有的数据类型:匹配对象和正则表达式对象。

re 模块有两个对象类型,分别是匹配对象(Match Objects)和正则表达式对象(Regular Expression Objects)。两个对象有各自的方法,完成特定的功能,re 模块对象、方法及含义如表 4-4 所示。

表 4-4 re 模块对象、方法及含义

对象类型	方法	含义
匹配对象	span()	获取匹配的位置
	group()	将匹配的正则表达式显示出来
	groups()	返回一个包含所有匹配字符串的内容
正则表达式对象	match()	作用同 re.match()
	search()	作用同 re.search()
	findall()	作用同 re.findall()
	split()	作用同 re.split()
	sub()	作用同 re.sub()

【注意】

(1) 匹配对象方法的具体使用参见下文 re.match()函数和 re.search()函数部分。

(2) 正则表达式对象的方法调用参见下文 re.compile()函数部分。

(3) 正则表达式对象各个方法的具体使用与 re 模块的对应函数一致,参见下文各个 re 模块函数部分。

re 模块常量是作为 re 模块函数及对象方法的参数,即标志位修饰符来使用,re 模块常量及含义如表 4-5 所示。

表 4-5　re 模块常量

修　饰　符	含　　义
re.I	使匹配对大小写不敏感
re.L	做本地化识别(locale-aware)匹配
re.M	多行匹配,影响 ^和 $
re.S	使 . 匹配包括换行在内的所有字符
re.U	根据 Unicode 字符集解析字符。这个标志影响 \w、\W、\b、\B
re.X	该标志通过更灵活的格式以便将正则表达式写得更易于理解

4. re.match()函数

re.match()尝试从字符串的起始位置匹配一个模式,如果不是起始位置匹配成功,re.match()就返回 none;如果匹配成功,re.match()返回一个匹配的对象,这个对象是一个 MatchObject 类的对象,通常称为匹配对象。

1) re.match()函数的使用

函数语法如下。

```
re.match(pattern, string, flags = 0)
```

函数参数说明如下。

pattern:匹配的正则表达式。

string:要匹配的字符串。

flags:标志位(默认为 0),它可以控制正则表达式的匹配方式。标志位有不同修饰符,具体含义参见表 4-5。

例 4-20　在交互式编程环境下 re.match()应用示例。

```
   >>> import re
   >>> str = 'Hello World!'
①  >>> re.match('He',str)
②  <re.Match object; span = (0, 2), match = 'He'>
③  >>> a = re.match('World',str)
   >>> print(a)
④  None
```

在①处,调用 re.match()函数,对 str 从字符串起始位置进行匹配,匹配的正则表达式为'He'。在②处可以看到,匹配成功返回了一个对象。span=(0, 2)表示在字符串中匹配的位置,match=

'He'表示匹配的内容。在③处，再次调用 re.match()函数，对 str 从字符串起始位置进行匹配，匹配的正则表达式为'World'，str 中有 World 字符部分，但是不在起始位置，所以匹配不成功，返回 None。

2）匹配对象方法的使用

匹配对象通过 span()方法可以获取匹配的位置。

例 4-21 在交互式编程环境下 span()应用示例。

```
   >>> import re
   >>> str = 'Hello World!'
   >>> re.match('He',str)
   <re.Match object; span = (0, 2), match = 'He'>
①  >>> re.match('He',str).span()
   (0, 2)
```

在①处，re.match()函数返回对象，调用 span()方法，输出结果为(0,2)。

匹配对象通过 group()方法可以将匹配的正则表达式显示出来。

例如：re.match('\w(.)(\w)',str)，在需要匹配的字符串中，可以有多个括号，每个括号为一组。

group(0)匹配的是整个表达式的字符串，即\w(.)(\w)。

group(1)表示第一个括号里的内容，即(.)；以此类推。

group(num＝2,3,4…)表示对应括号的内容。

groups()返回一个包含所有括号里面的字符串的内容，返回的结果为一个元组。

例 4-22 在交互式编程环境下 group()、groups()应用示例。

```
   >>> import re
   >>> str = 'Hello World!'
①  >>> re.match('\w(.)(\w)',str).group(0)
   'Hel'
②  >>> re.match('\w(.)(\w)',str).group(1)
   'e'
③  >>> re.match('\w(.)(\w)',str).group(2)
   'l'
④  >>> re.match('\w(.)(\w)',str).groups()
   ('e', 'l')
```

在①处，调用 re.match()函数，匹配的正则表达式为'\w(.)(\w)'，表示匹配 3 个字符，第一个字符为字母、数字、下画线，第二个为任意字符，第三个为字母、数字、下画线。正则表达式里面有两个组(.)和(\w)。re.match()返回对象，调用 group()方法，参数 0 返回匹配的整个正则表达式为'Hel'。

在②③处调用 group()方法，参数分别为 1 和 2，分别返回第 1 组和第 2 组的匹配字符串'e'和'l'。

在④处调用 groups()方法，返回两个组里面的字符串，结果为('e', 'l')。

5. re.search()函数

re.search ()扫描整个字符串并返回第一个成功的匹配。匹配成功返回一个 MatchObject 类的匹配对象,否则返回 None。

函数语法如下。

```
re.search(pattern, string, flags = 0)
```

函数参数说明如下。

pattern:匹配的正则表达式。

string:要匹配的字符串。

flags:标志位(默认为 0),它可以控制正则表达式的匹配方式。标志位有不同修饰符,具体含义参见表 4-5。

1) re.search()函数的使用

例 4-23 在交互式编程环境下 re.search()应用示例。

```
    >>> import re
    >>> str = 'Hello World!'
①   >>> re.search('o',str)
②   <re.Match object; span = (4, 5), match = 'o'>
③   >>> a = re.search('python',str)
④   >>> print(a)
    None
```

在①处,调用 re.search()函数,对 str 整个字符串进行匹配,匹配的正则表达式为'o'。在②处可以看到,匹配成功返回了一个对象。span=(4, 5)表示在字符串中匹配的位置,match='o'表示匹配的内容。在 str 中有两个'o',匹配的是第一个,就是 span=(4, 5)表示的位置。在③处,再次调用 re.search()函数,对 strstr 整个字符串进行匹配,匹配的正则表达式为'python',str 中无 python 字符,所以匹配不成功,返回 None。

【注意】

re.match 只匹配字符串的开始,如果字符串开始不符合正则表达式,则匹配失败,函数返回 None;而 re.search 匹配整个字符串,直到找到一个匹配。

2) 匹配对象方法的使用

re.search()匹配成功返回的对象同样可以调用 span()方法。

例 4-24 在交互式编程环境下 span()应用示例。

```
    >>> import re
    >>> str = 'Hello World!'
    >>> re.search('o',str)
    <re.Match object; span = (4, 5), match = 'o'>
①   >>> re.search('o',str).span()
    (4, 5)
```

在①处,re.search()函数返回对象,调用 span()方法,输出结果为(4,5)。

re.search()函数返回的匹配对象同样可以使用 group()方法与 groups()方法,与 re.match()函数部分是同样的调用方法。

例 4-25 在交互式编程环境下 group()、groups()应用示例。

```
>>> import re
>>> str = 'Hello World! '
① >>> re.search('(W)\w(\w)',str).group(0)
'Wor'
② >>> re.search('(W)\w(\w)',str).group(1)
'W'
③ >>> re.search('(W)\w(\w)',str).group(2)
'r'
④ >>> re.search('(W)\w(\w)',str).groups()
('W', 'r')
```

在①处，re. search()匹配对象，调用 group()方法，参数 0 返回匹配的整个正则表达式为'Wor'。在②、③处调用 group()方法，参数分别为 1 和 2，分别返回第 1 组和第 2 组的匹配字符串'W'和'r'。在④处调用 groups()方法，返回两个组里面的字符串，结果为('W', 'r')。

6. re. findall()函数

re. findall ()在字符串中找到正则表达式所匹配的所有子串，并返回一个列表，如果没有找到匹配的，则返回空列表。

函数语法如下。

```
re.findall(pattern, string, flags = 0)
```

函数参数说明如下。

pattern：匹配的正则表达式。

string：要匹配的字符串。

flags：标志位(默认为 0)，它可以控制正则表达式的匹配方式。标志位有不同修饰符，具体含义参见表 4-5。

【注意】

(1) re. findall()匹配所有，re. match()和 re. search()匹配一次。

(2) re. findall()返回一个列表，re. match()和 re. search()返回一个对象。

例 4-26 在交互式编程环境下 re. findall()应用示例。

```
>>> import re
>>> str = 'Hello World! '
① >>> re.findall('o',str)
['o', 'o']
```

在①处，调用 re. findall()函数，搜索 str 字符串，找到'o'，将找到的子串组成一个列表返回，即['o', 'o']。

7. re. split()函数

re. split()按照能够匹配的子串，将字符串分隔后返回列表。

函数语法如下。

```
re.split(pattern, string[, maxsplit = 0, flags = 0])
```

函数参数说明如下。

pattern：匹配的正则表达式。

string：要匹配字符串。

maxsplit：分隔次数，maxsplit=1 分隔一次，默认为 0，不限制次数。

flags：标志位(默认为 0)，它可以控制正则表达式的匹配方式。标志位有不同修饰符，具体含义参见表 4-5。

例 4-27 在交互式编程环境下 re. split()应用示例。

```
   >>> import re
   >>> str = 'Beijing,Shanghai,Guangzhou,Shenzhen'
①  >>> re.split(',',str)
   ['Beijing', 'Shanghai', 'Guangzhou', 'Shenzhen']
```

在①处，调用 re. split()函数，匹配的正则表达式为','，str 被分隔为 4 个字符串，组成一个列表返回。

8. re. sub()函数

re. sub()在一个字符串中替换所有匹配正则表达式的子串，返回替换后的字符串。

函数语法如下。

```
re.sub(pattern, repl, string, count = 0, flags = 0)
```

函数参数说明如下。

pattern：正则表达式中的模式字符串。

rep：替换的字符串，也可为一个函数。

string：要被查找替换的原始字符串。

count：模式匹配后替换的最大次数，默认 0 表示替换所有的匹配。

flags：标志位(默认为 0)，它可以控制正则表达式的匹配方式。标志位有不同修饰符，具体含义参见表 4-5。

例 4-28 在交互式环境下 re. sub ()应用示例。

```
   >>> import re
   >>> str = 'Beijing,Shanghai,Guangzhou,Shenzhen'
①  >>> re.sub(',','+',str)
   'Beijing + Shanghai + Guangzhou + Shenzhen'
②  >>> re.sub(',','+',str,2)
   'Beijing + Shanghai + Guangzhou,Shenzhen'
```

在①处，调用 re. sub()函数，匹配的正则表达式为','，str 中的','被替换为'+'后返回。Count 默认为 0，所以全部进行了替换。在②处，count 设置为 2，表示替换两次，所以 Shenzhen 前仍然是','。

9. re. compile ()函数

re. compile ()函数用于编译正则表达式，生成一个正则表达式对象，对象类型为 RegexObject。

函数语法如下。

```
re.compile(pattern[, flags])
```

函数参数说明如下。

pattern：一个字符串形式的正则表达式。

flags：可选，表示匹配模式，例如忽略大小写、多行模式等，具体含义参见表4-5。

re.match()、re.search()和re.findall()函数在运行时，都对函数的第一个参数正则表达式进行编译，以便进行匹配、查找等操作。每用一次就需要编译一次，如果一个正则表达式需要多次使用，就可以使用re.compile()将其编译为正则表达式对象。前面讲到的所有函数，都是这个对象的成员函数，可以使用"对象名.函数成员名"的方式进行调用。因而match()、search()、findall()、split()、sub()都是正则表达式对象的方法。使用正则表达式对象进行匹配具有更高的效率。

例4-29 在交互式编程环境下re.compile()应用示例。

```
   >>> import re
   >>> str = 'Hello World!'
①  >>> a = re.compile('World')
②  >>> a.search(str)
   <re.Match object; span = (6, 11), match = 'World'>
③  >>> a.search(str).span()
   (6, 11)
④  >>> a.search(str).group(0)
   'World'
⑤  >>> re.compile('o').findall(str)
   ['o', 'o']
```

在①处，调用re.compile()函数，生成一个正则表达式对象赋值给变量a。在②处对象a调用search()方法，返回一个匹配对象。在③④处，分别调用匹配对象的span()和group()方法。在⑤处，调用re.compile()函数，再调用findall()方法。

4.2.5 知识拓展

1. 贪婪和非贪婪匹配

正则匹配默认是贪婪匹配，也就是匹配尽可能多的字符。例如有一个字符串为'a123b456b'，匹配的正则表达式为'a\w+b'，表示要匹配a与b之间的字符串。那么这个匹配的结果是'a123b456b'还是'a123b'呢？因为正则匹配默认为贪婪匹配，所以匹配的结果为'a123b456b'。

如果想匹配为'a123b'，就需要将正则匹配调整为非贪婪匹配，可以用"?"来控制。'a\w+?b'中"?"让前面的'\w+'采用非贪婪匹配。

例4-30 在交互式环境下贪婪和非贪婪匹配应用示例。

```
   >>> import re
   >>> str = 'a123b456b'
①  >>> re.match('a\w + b',str).group(0)
   'a123b456b'
②  >>> re.match('a\w + ?b',str).group(0)
   'a123b'
```

在①处，采用贪婪匹配模式，结果为'a123b456b'；在②处采用非贪婪匹配模式，结果为'a123b'。

2. 正则表达式中原生字符r的作用

正则表达式里使用"\"作为转义字符，由于Python的字符串本身也用"\"转义，可能造成反斜杠困扰。假如需要匹配文本中的字符"\"，那么使用编程语言表示的正则表达式中，可能需要 4 个反斜杠"\"：前两个和后两个分别用于在编程语言里转义成反斜杠，转换成两个反斜杠后再在正则表达式里转义成一个反斜杠。

使用 Python 原生字符串可以解决这个问题，写出来的表达式更直观。

例 4-31 在交互式编程环境下使用原生字符串匹配"\"示例。

```
>>> import re
>>> str = 'abc\\123'
>>> re.search('\\\\',str)                                   ①
<re.Match object; span = (3, 4), match = '\\'>
>>> re.search(r'\\',str)                                    ②
<re.Match object; span = (3, 4), match = '\\'>
```

在①处，未使用原生字符串，需要 4 个"\"匹配 str 中的"\"。在②处使用原生字符串，仅需要 2 个"\"，表达式变得更直观。

项目小结

本项目通过两个任务的学习和实践，理解了面向对象的基本概念，能够熟练使用类定义创建新的对象，使用继承、重载等方法实现复杂程序的设计，掌握了正则表达式的规则，灵活使用 re 模块的各种函数，实现对字符串的查找、分隔、替换。

习题

一、填空题

1. Python 提供了名称为(　　)的构造方法，实现让类的对象完成初始化。
2. 类的方法中必须有一个(　　)参数，位于参数列表的开头。
3. 在正则表达式中，匹配输入字符串的开始位置用字符(　　)，匹配输入字符串的结束位置用字符(　　)。
4. 创建一个类需要用关键字(　　)开头。

二、选择题

1. 构造方法的作用是(　　)。
   A. 一般成员方法　　B. 类的初始化
   C. 对象的初始化　　D. 对象的建立
2. 下列选项中，符合类的命名规范的是(　　)。
   A. HolidayResort　　B. Holiday Resort
   C. holidayResort　　D. holidayresort
3. re 模块中(　　)函数在字符串中找到正则表达式所匹配的所有子串。
   A. search　　B. findall　　C. compile　　D. match

三、简答题

1. 简述 re.match()和 re.search()的区别。

2. 简述什么是类？什么是对象？类和对象的关系是什么？

3. 正则表达式中字符后面的 * 、?、+起什么作用？

4. 简述 self 在类中的意义。

5. 简述__str__()方法的作用。

四、编程题

1. 设计一个 Circle(圆)类，包括圆心位置、半径、颜色等属性。编写构造方法和其他方法，计算周长和面积。请编写程序验证类的功能。

2. 设计一个 Person 类，属性有姓名、年龄、性别，创建方法 personInfo，打印这个人的信息；创建 Student 类，继承 Person 类，属性有学院 college 和班级 class，重写父类 PersonInfo 方法，调用父类方法打印个人信息，将学生的学院、班级信息也打印出来。

3. 编写程序匹配邮箱地址。

4. 写一个正则表达式，使其能同时识别下面所有的字符串：'bat'、'bit'、'but'、'hat'、'hit'、'hut'。

项目5

异 常 处 理

学习目标

通过两个任务的学习，理解 Python 异常处理机制，学习使用异常处理的 5 个关键字 try、except、else、finally 和 raise，进行异常的捕获、处理。掌握自定义异常的方法，在程序设计中使用自定义异常，提高程序的健壮性。

任务1　捕获异常——猜数字游戏

视频讲解

5.1.1　任务说明

在电视节目中，常有商品价格竞猜游戏。一个人说出价格，裁判告知是猜中了、猜大了、还是猜小了。本任务通过编程来实现这样一个小游戏，读者可以通过该任务学习编程中如何处理异常问题。

5.1.2　任务展示

猜数字游戏程序的运行结果如图 5-1 所示。

5.1.3　任务实现

猜数字游戏具体实现代码如下。

```
import random   #导入 random 模块,即导入 Python 内置的随机函数模块.具体参见 2.3.4 节相关知识
def inputNumber():
    """定义一个函数,用于用户输入数据,并运用异常处理机制防止出现程序崩溃"""
    while True:    #while 循环条件判断,条件永远成立,目的是为了提示用户输入数字如果不是输入数字,
                   #提示重新输入,直到用户输入数字后返回用户的输入值
```

图 5-1　猜数字游戏程序运行结果

```
        temp = input()  #从键盘输入一个值
        try:  #异常处理,捕获 try 语句块内代码的异常,如果有异常跳转到 except 子句部分,没有异常
        #跳转到 else 部分。通过加入 try…except 异常处理模块提高代码的健壮性。如果没有这个模块
        #捕获错误,当用户输入了非法字符,程序将会中断执行。有了这个模块以后,即使用户输入了错误
        #的数值,程序仍然能够运行。具体参见 5.1.4 节相关知识
            inputNum = int(temp)  #将用户输入值转变为整数,如果用户输入值,也就是 int()函数的参
            #数是非整数值,就会出现 ValueError 异常。这行代码用于检查用户是否不小心输入了字母
            等其他非数字字符
        except:  #如果前一行代码出现异常,用户输入了非数字字符,程序跳转到 except 子句,执行下一
        #行代码,提示用户输入了非数字字符,请重新输入
            print("输入的不是数字,请重新输入")
        else:  #如果 try 子句代码没有异常,用户输入了正确数值,执行下一行代码,将数值返回给函数
        #调用者
            return inputNum
secret = random.randint(1,10)  #随机生成一个 1～10 的数值,作为秘密值
count = 5  #用于控制用户猜测的次数
guessFlag = False  #一个标志位,标识用户是否猜中数值,便于后续的输出内容控制
print("猜数字游戏,你有 5 次机会,请输入一个数字")  #输出游戏开始界面
while count:  #while 循环条件判断,条件是 count 的值如果为 0,则结束循环。用于控制用户猜测的次数
    count -= 1  #循环控制变量自减
    guessNum = inputNumber()  #调用 inputNumber()函数,让用户输入猜测的数值
    if guessNum > secret:  #if 条件判断,用户猜测值大于真实值为真,输出下一行的内容提示用户猜大
    #了,以及用户还有几次猜测机会
        print("猜大了,还有 %d 次机会" % (count))
    elif guessNum < secret:  #elif 条件判断,用户猜测值小于真实值为真,输出下一行的内容提示用户猜
    #小了,以及用户还有几次猜测机会
        print("猜小了,还有 %d 次机会" % (count))
```

```
    else:  #如果上面两个条件都不满足,即用户猜测值等于真实值,输出下一行的内容,并将标志位设置
#为真
        print("恭喜,你猜对了")
        guessFlag = True
        break
if guessFlag == False:  #if条件判断,guessFlag标志位为False表示用户未猜出数值,输出下一行提示
#信息
    print("猜错5次,",end = "")
print("游戏结束")  #游戏结束
```

5.1.4 相关知识链接

1. 什么是异常

在使用Python语言进行编程的时候,编译器不时会出现一些错误提示信息。这些错误信息较多的为两类,一类是语法错误,一类是异常。即使程序语法没有问题,但是在运行过程中还是有可能发生错误,这种在运行时检测到的错误称为异常。异常事件可能是错误(如除以零),也可能是通常不会发生的事情。大多数异常不会被程序处理,程序将终止并显示一条错误消息(traceback),以错误信息的形式展现。Python中异常是作为一种对象,标准异常类及含义如表5-1所示。

表5-1 Python常见标准异常

异常名称	含义
BaseException	所有异常的基类
SystemExit	解释器请求退出
KeyboardInterrupt	用户中断执行(通常是输入^C)
Exception	常规错误的基类
StopIteration	迭代器没有更多的值
GeneratorExit	生成器(generator)发生异常来通知退出
StandardError	所有的内建标准异常的基类
ArithmeticError	所有数值计算错误的基类
FloatingPointError	浮点计算错误
OverflowError	数值运算超出最大限制
ZeroDivisionError	除(或取模)零 (所有数据类型)
AssertionError	断言语句失败
AttributeError	对象没有这个属性
EOFError	没有内建输入,到达EOF标记
EnvironmentError	操作系统错误的基类
IOError	输入/输出操作失败
OSError	操作系统错误
WindowsError	系统调用失败
ImportError	导入模块/对象失败
LookupError	无效数据查询的基类

续表

异常名称	含义
IndexError	序列中没有此索引(index)
KeyError	映射中没有这个键
MemoryError	内存溢出错误(对于 Python 解释器不是致命的)
NameError	未声明/初始化对象(没有属性)
UnboundLocalError	访问未初始化的本地变量
ReferenceError	弱引用(weak reference)试图访问已经垃圾回收了的对象
RuntimeError	一般的运行时错误
NotImplementedError	尚未实现的方法
SyntaxError	Python 语法错误
IndentationError	缩进错误
TabError	Tab 和 Space 键混用
SystemError	一般的解释器系统错误
TypeError	对类型无效的操作
ValueError	传入无效的参数
UnicodeError	Unicode 相关的错误
UnicodeDecodeError	Unicode 解码时的错误
UnicodeEncodeError	Unicode 编码时错误
UnicodeTranslateError	Unicode 转换时错误
Warning	警告的基类
DeprecationWarning	关于被弃用的特征的警告
FutureWarning	关于构造将来语义会有改变的警告
OverflowWarning	旧的关于自动提升为长整型(long)的警告
PendingDeprecationWarning	关于特性将会被废弃的警告
RuntimeWarning	可疑的运行时行为(runtime behavior)的警告
SyntaxWarning	可疑的语法的警告
UserWarning	用户代码生成的警告

例 5-1 在交互式编程环境下异常示例。

```
① >>> 5/0
Traceback (most recent call last):
  File "<pyshell#4>", line 1, in <module>
    5/0
ZeroDivisionError: division by zero
② >>>
>>> f = open('c:/NoExistFile.txt')
Traceback (most recent call last):
  File "<pyshell#9>", line 1, in <module>
    f = open('c:/NoExistFile.txt')
③ FileNotFoundError: [Errno 2] No such file or directory: 'c:/NoExistFile.txt'
>>>
>>> int('a')
Traceback (most recent call last):
  File "<pyshell#10>", line 1, in <module>
    int('a')
ValueError: invalid literal for int() with base 10: 'a'
```

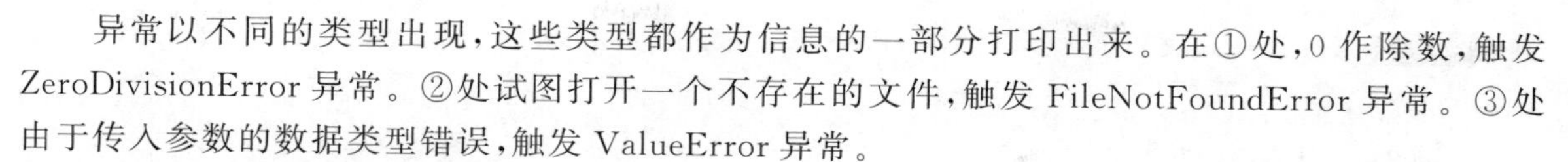

异常以不同的类型出现，这些类型都作为信息的一部分打印出来。在①处，0 作除数，触发 ZeroDivisionError 异常。②处试图打开一个不存在的文件，触发 FileNotFoundError 异常。③处由于传入参数的数据类型错误，触发 ValueError 异常。

2. Python 异常处理机制

异常通常是由于程序外部无法控制的原因导致的，比如用户输入了不合法的数据，比如打开一个不存在的文件，或者等待网络或者系统的任务没有响应等。异常需要进行处理，否则程序在运行过程中遇到异常就会崩溃，无法继续向下执行。如果一个商用的软件经常出现崩溃，用户的体验是非常差的。

为处理这些异常事件，可以在每个可能发生这些事件的位置都使用条件语句，判断可能出现的问题，进行相应的处理。例如，对于每个除法运算，都检查除数是否为零，避免出现 ZeroDivisionError 异常。但是这种方法存在一些非常明显的问题，程序员不能把所有可能的问题都一一穷尽，即使可能出现的问题全部罗列出来了，写出来的程序代码逻辑复杂，可读性差，而且运行效率低下，缺乏灵活性。

Python 提供功能强大的替代解决方案——异常处理机制。异常处理机制可以使程序中的异常处理代码和正常业务代码分离，保证程序代码更加优雅，并可以提高程序的健壮性。

Python 的异常机制主要有五个关键字：try、except、else、finally 和 raise。其中在 try 关键字后缩进的代码块简称 try 块，它里面放置的是可能引发异常的代码；在 except 后对应的是异常类型和一个代码块，用于表明该 except 块处理这种类型的代码块；在多个 except 块之后可以放一个 else 块，表明程序不出现异常时还要执行 else 块；最后还可以跟一个 finally 块，finally 块用于回收在 try 块里打开的物理资源，异常机制会保证 finally 块总被执行；而 raise 用于引发一个实际的异常，raise 可以单独作为语句使用，引发一个具体的异常对象。

3. 使用 try…except 捕获异常

当异常发生时，就需要捕获并处理相应的异常。try…except 语句是捕获处理异常的常用语句。try…except 语法如下。

```
try:
    <语句>    #可能会抛出异常的业务代码
except <异常类型>:
    <语句>    #发生异常时执行的代码
```

try 语句按照如下方式工作，首先执行 try 子句（在关键字 try 和关键字 except 之间的语句）。如果没有异常发生，忽略 except 子句，try 子句执行后结束。如果在执行 try 子句的过程中发生了异常，那么 try 子句余下的部分将被忽略。如果异常的类型（异常类型参见表 5-1）和 except 之后的名称相符，那么对应的 except 子句将被执行。如果一个异常没有与任何 except 匹配，那么这个异常将会传递给上层的 try 中。

【注意】

（1）一个 try 语句可能包含多个 except 子句，分别用于处理不同的特定异常。最多只有一个分支会被执行。

（2）处理程序将只针对对应的 try 子句中的异常进行处理，而不是其他 try 的处理程序中的异常。

例 5-2 在交互式编程环境下，使用 try…except 捕获异常示例。

```
①   >>> int('a')
    Traceback (most recent call last):
      File "<pyshell#0>", line 1, in <module>
        int('a')
    ValueError: invalid literal for int() with base 10: 'a'

②   >>> try:
        int('a')
③   except ValueError:
        print("函数 int()的参数类型有误")

    函数 int()的参数类型有误
```

在本例中，对 int('a')是否使用异常捕获机制进行对比。在①处，未使用 try…except 捕获异常，编译器报错，执行中断。在②处，使用 try…except 捕获异常，try 子句捕获了 int('a')执行中的异常类型 ValueError，该类型与③处 except 子句的异常类型相符，故执行 except 子句代码，输出：函数 int()的参数类型有误。

例 5-3 使用 try…except，多个 except 子句捕获异常示例。

```
    try:
        f = open('c:/NoExistFile.txt')
    print("无错误")
①   except ZeroDivisionError:
        print("除零错误")
②   except ValueError:
        print("传入无效的参数错误")
③   except FileNotFoundError:
        print("文件未找到错误")
```

运行程序，输出结果如图 5-2 所示。

```
文件未找到错误
>>>
```

图 5-2　例 5-3 运行结果

在例 5-3 中，try 代码段的第一行试图打开一个不存在的文件，产生了 FileNotFoundError 异常。编译器会跳过 try 代码段后面未执行的语句，直接调转到 except 子句。并依次匹配 except 子句标明的异常类型。在①②处的 except 子句的异常类型不是 FileNotFoundError，故继续匹配③处的 except 子句。此处异常类型匹配上了，执行该子句下的代码，输出了文件未找到错误。

4. 使用 try…except 的 else 子句

try…except 语句还有一个可选的 else 子句，如果使用这个子句，那么必须放在所有的 except 子句之后，else 子句将在 try 子句没有发生任何异常的时候执行。

try…except…else 语法如下。

```
try:
    <语句>    #可能会抛出异常的业务代码
except <异常类型>:
```

```
    <语句>                    #发生异常时执行的代码
else:
    <语句>                    #没有异常时执行的代码
```

例 5-4　使用 try…except…else 示例。

```
d = input('请输入除数：')
try:
    result = 100/int(d)
    print('100 除以 %s 的结果是：%g' % (d , result))
except ValueError:
    print('传入无效的参数错误')
except ZeroDivisionError:
    print('除零错误')
else:
    print('没有出现异常')
```

运行程序，如果将除数输入 0，输出结果如图 5-3 所示。

```
请输入除数：0
除零错误
```

图 5-3　例 5-4 除数输入 0 运行结果

运行程序，如果将除数输入为正常值，输出结果如图 5-4 所示。

```
请输入除数：3
100除以3的结果是：33.3333
没有出现异常
```

图 5-4　例 5-4 输入除数 3 运行结果

从上面两张图运行结果可以看到，在图 5-3 中输入值为 0，try 子句的代码块出现 ZeroDivisionError 异常，跳转到对应的 except 子句，输出了除零错误，但是没有执行 else 子句的内容。在图 5-4 中，try 子句代码块无异常，顺序执行完 try 代码块的内容后，跳转到 else 子句执行相应内容。

5. 使用 try…except 的 finally 子句

try…except 语句还有一个可选的 finally 子句，finally 子句无论是否发生异常都将执行最后的代码。

try…except…else…finally 语法如下。

```
try:
    <语句>    #可能会抛出异常的业务代码
except <异常类型>:
    <语句>    #发生异常时执行的代码
else:
    <语句>    #没有异常时执行的代码
finally:
    <语句>    #无论是否发生异常都要执行的代码
```

例 5-5　使用 try…except…else…finally 示例。给例 5-4 的代码增加 finally 子句。

```
d = input('请输入除数：')
try:
```

```
    result = 100/int(d)
    print('100 除以 %s 的结果是: %g' % (d , result))
except ValueError:
    print('传入无效的参数错误')
except ZeroDivisionError:
    print('除零错误')
else:
    print('没有出现异常')
finally:
    print('无论异常是否出现都能看到这个输出')
```

同样运行程序两次，输入 0 和 10，对比执行的结果。

运行程序，如果将除数输入 0，输出结果如图 5-5 所示。

运行程序，如果将除数输入为正常值，输出结果如图 5-6 所示。

```
请输入除数: 0
除零错误
无论异常是否出现都能看到这个输出
```

图 5-5　例 5-5 除数输入 0 运行结果

```
请输入除数: 10
100除以10的结果是: 10
没有出现异常
无论异常是否出现都能看到这个输出
```

图 5-6　例 5-5 除数输入 10 运行结果

从上面两张图运行结果可以看到，无论 try 子句代码块中是否有异常产生，finally 子句中的代码都被执行了。

finally 无论是否有异常都执行代码的特性，常被用来做一些清理工作。有些时候，程序在 try 块里打开了一些物理资源(例如数据库连接、网络连接和磁盘文件等)，这些物理资源都必须被显式回收。这时，就可以把回收资源的代码放入 finally 子句。

5.1.5　知识拓展

1. 多异常捕获

Python 的一个 except 子句可以捕获多种类型的异常。在使用一个 except 子句捕获多种类型的异常时，只要将多个异常用圆括号括起来，中间用逗号隔开。

下面的程序示范了 Python 的多异常捕获。

例 5-6　多异常捕获示例。

```
d = input('请输入除数: ')
try:
    result = 100/int(d)
    print('100 除以 %s 的结果是: %g' % (d , result))
except(ValueError,ZeroDivisionError):
    print('传入无效的参数错误或者除零错误')
```

运行程序，如果将除数输入 0，输出结果如图 5-7 所示。

```
请输入除数: 0
传入无效的参数错误或者除零错误
```

图 5-7　例 5-6 运行结果

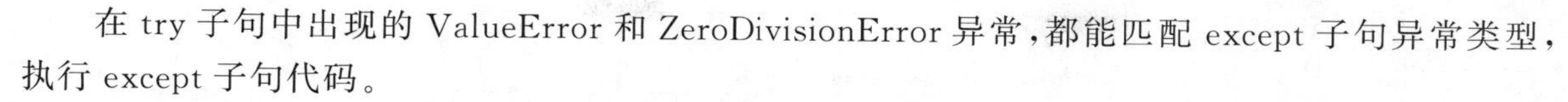

在 try 子句中出现的 ValueError 和 ZeroDivisionError 异常，都能匹配 except 子句异常类型，执行 except 子句代码。

2. 异常处理嵌套

异常处理可以嵌套，当内层代码出现异常时，指定异常类型与实际类型不符时，则向外传，如果与外面的指定类型符合，则异常被处理，直至最外层，运用默认处理方法进行处理，即停止程序，并抛出异常信息。

例 5-7 异常处理嵌套示例。

```
    d = input('请输入除数：')
    try:
①       try:
            result = 100/int(d)
            print('100 除以 %s 的结果是：%g' % (d , result))
        except ValueError:
            print('传入无效的参数错误')
②   except ZeroDivisionError:
        print('除零错误')
```

运行程序两次，分别输入 0 和 a，输出结果如图 5-8 和图 5-9 所示。

```
请输入除数：0
除零错误
```

图 5-8 例 5-7 输入除数 0 运行结果

```
请输入除数：a
传入无效的参数错误
```

图 5-9 例 5-7 输入除数 a 运行结果

第一次运行输入 0，在①处内层出现 ZeroDivisionError，与内层 except 子句的异常类型不匹配，故向外层传出异常，与外层的匹配后，输出除零错误，如图 5-8 所示。第二次运行输入 a，在内层出现 ValueError，与内层 except 子句的异常类型匹配，输出数据类型错误，异常未向外层传出，如图 5-9 所示。

任务 2 引发异常——井字棋游戏

视频讲解

5.2.1 任务说明

井字棋，英文名叫 Tic-Tac-Toe，是一种在 3×3 格子上进行的连珠游戏，和五子棋类似，由于棋盘一般不画边框，格线排成井字而得名。本任务通过实现井字棋游戏，学习在程序设计中，如何自定义异常，主动引发异常，处理异常，提高程序的健壮性。

5.2.2 任务展示

井字棋游戏程序的运行结果如图 5-10 所示。

5.2.3 任务实现

井字棋游戏具体实现代码如下。

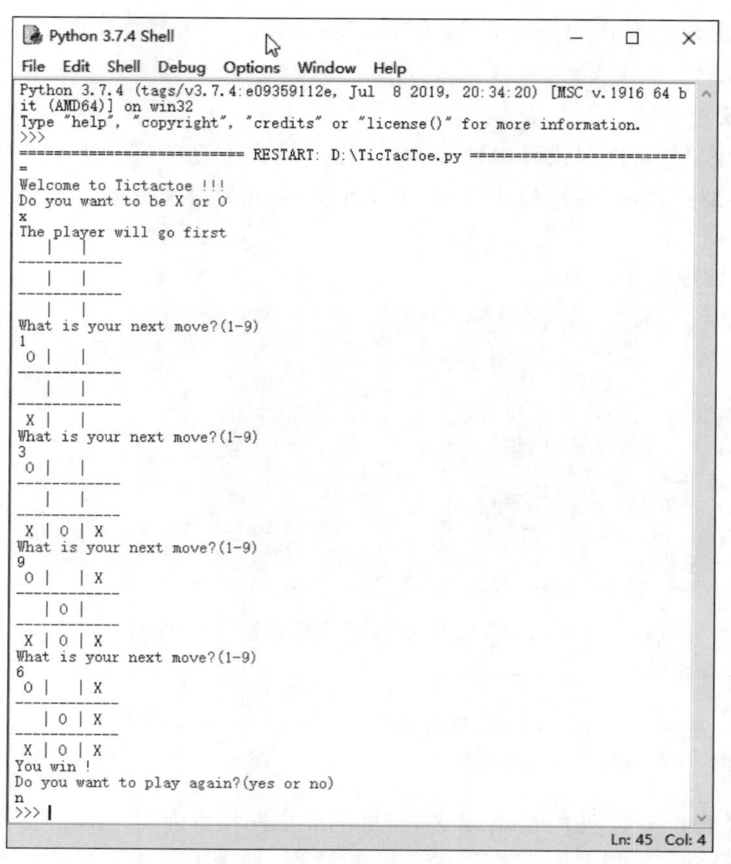

图 5-10 井字棋游戏程序运行结果

```
import random   #导入 Python 内置的随机函数模块，参见 2.3.4 节相关知识
import re   #导入 re 模块,参见 4.2.4 节相关知识
def drawBoard(board) :
    """定义一个函数,作用是画出井字棋的棋局。board[]是一个列表,存储每个位置的落子状态"""
    print(" " + board[7] + " | " + board[8] + " | " + board[9])
    print("------------")
    print(" " + board[4] + " | " + board[5] + " | " + board[6])
    print("------------")
    print(" " + board[1] + " | " + board[2] + " | " + board[3])

def inputPlayerLetter() :
    """ 定义一个函数,请用户在'X'或者'O'中选择其一作为自己棋子的标识,计算机则为另一个"""
    letter = ''
    while not (letter == 'X' or letter == 'O') :
        print("Do you want to be X or O")
        letter = input().upper()
    if letter == 'X' :
        return ['X','O']
    else :
        return ['O','X']
```

```
def whoGoesFirst() :
    """ 定义一个函数,通过随机函数,确定用户和计算机谁先行棋 """
    if random.randint(0,1) == 0 :
        return 'computer'
    else :
        return 'player'

def playAgain():
    """定义一个函数,在游戏结束后请用户选择是否再玩一次"""
    print("Do you want to play again?(yes or no)")
    return input().lower().startswith('y')

def makeMove(board, letter, move) :
"""定义一个函数,通过随机函数,确定用户和计算机谁先行棋"""
    board[move] = letter

def isWinner(bo, le) :
    """定义一个函数,判断棋局胜负,输入参数为棋盘落子列表和棋子标识"""
    return ((bo[7] == le and bo[8] == le and bo[9] == le) or
            (bo[4] == le and bo[5] == le and bo[6] == le) or
            (bo[1] == le and bo[2] == le and bo[3] == le) or
            (bo[7] == le and bo[4] == le and bo[1] == le) or
            (bo[8] == le and bo[5] == le and bo[2] == le) or
            (bo[9] == le and bo[6] == le and bo[3] == le) or
            (bo[7] == le and bo[5] == le and bo[3] == le) or
            (bo[9] == le and bo[5] == le and bo[1] == le))

def getBoardCopy(board) :
    """定义一个函数,取得棋盘落子列表备份,计算机落子行棋的函数需要调用"""
    dupBoard = board[:]
    return dupBoard

def isSpaceFree(board, move) :
    """定义一个函数,判断棋盘是否还有空间可以落子"""
    return board[move] == ''

class PlaceError(Exception):pass    #定义一个自定义异常,名字为 PlaceError,继承自 Exception 类,
#表示落子错误,用于后续的异常引发。具体参见 5.2.4 节相关知识

def getPlayerMove(board) :
    """定义一个函数,取得用户落子位置。在这个函数中加入了异常处理机制,当用户输入有误,或者落子
    在已有棋子位置,引发异常处理;当用户输入有误,或者落子在已有棋子位置,引发异常,请用户重新输
    入"""
    move = ''
    print("What is your next move?(1-9)")
    while True:   #while 循环条件判断,条件永远成立,目的是为了提示用户输入正确的落子位置,直到输
    入位置正确才结束循环,返回落子位置
        move = input()
        try:   #try 语句捕获下面代码块的异常。下面的代码块为 if 语句,条件表达式是一个逻辑表达
        #式。or 运算符前面一项,是对 re.match('[1-9]$',move)的值取非,意思是如果用户输入 move 不
        #是 1~9 的数字,取值为真。or 运算符后面一项,是对 isSpaceFree(board, int(move))函数的返回
        #值取非,意思是如果用户输入的落子位置不是空的,取值为真。达到的目的是,如果用户输入的值
        #不是 1~9,或者输入的位置已经有棋子,条件为真,执行条件语句的代码,引发 PlaceError 异常
```

```
            if not re.match('[1 - 9] $ ',move) or not isSpaceFree(board, int(move)) :
                raise PlaceError   #使用 raise 引发自定义的 PlaceError 异常,具体参见 5.2.4 节相关
                #知识
        except PlaceError:   #引发异常后,执行下一行的代码,提示用户重新输入
            print("What is your next move?(1 - 9)")
        else:   #如果没有异常,则执行下一行的代码,将用户输入值转为整型数返回
            return int(move)

def chooseRandomMoveFromList(board, moveList) :
    """定义一个函数,将当前棋局和候选落子位置列表作为输入,函数对当前棋局未落子位置和候选落子
    位置进行比对,产生可能落子列表,并从中随机返回一个落子位置。这个函数是用于后面的计算机落子
    函数进行调用,随机选择落子"""
    possibleMoves = []
    for i in moveList :
        if isSpaceFree(board, i) :
            possibleMoves.append(i)
    if len(possibleMoves) != 0 :
        return random.choice(possibleMoves)
    else :
        return None

def getComputerMove(board, computerLetter) :
    """定义一个函数,取得计算机落子位置。计算机落子位置的思路是先找自己能赢棋的位置,如果没有
    则找对方能赢棋的位置,如果没有则按照先四个角,然后是中心,然后是余下边的位置,随机取得一个位
    置"""
    if computerLetter == 'X' :
        playerLetter = 'O'
    else :
        playerLetter = 'X'
    for i in range(1,10) :   #在备份棋局上,遍历每一个落子位置,判断是否有位置能赢棋,如有,则返回
    #该落子位置,作为计算机本次落子位置;若没有,则执行后续的代码
        copy = getBoardCopy(board)
        if isSpaceFree(copy, i) :
            makeMove(copy, computerLetter, i)
        if isWinner(copy, computerLetter) :
            return i
    for i in range(1,10) :   #在备份棋局上,遍历每一个落子位置,判断是否有位置能赢棋,如有,则返回
    #该落子位置,作为计算机本次落子位置;若没有,则执行后续的代码
        copy = getBoardCopy(board)
        if isSpaceFree(copy, i) :
            makeMove(copy, playerLetter, i)
        if isWinner(copy, playerLetter) :
            return i
    move = chooseRandomMoveFromList(board,[1,3,7,9])   #若四个角上有空余位置,随机选择一个返回,
    #作为本次落子位置,若没有,则执行后续的代码
    if move != None :
        return move
    if isSpaceFree(board, 5) :   #若中间位置为空,则作为本次落子位置返回
        return 5
    return chooseRandomMoveFromList(board,[2,4,6,8])   #在余下的四个边上的位置中,随机选择一个返
    #回,作为本次落子位置

def isBoardFull(board) :
```

```
    """定义一个函数,判断棋盘是否已落满棋子,便于主循环中判断是否为平局"""
    for i in range(1,10) :
        if isSpaceFree(board, i) :
            return False
    return True

print("Welcome to Tictactoe !!!")   #打印欢迎界面,开始主循环
while True :
    """主循环第一部分,游戏初始化。确定用户和计算机棋子,确定先后手,将游戏执行标志位设置为
    True"""
    theBoard = [' '] * 10
    playerLetter, computerLetter = inputPlayerLetter()
    turn = whoGoesFirst()
    print('The ' + turn + ' will go first')
    gameIsPlaying = True

    """主循环第二部分,行棋部分。根据前面确定的先后手,按照下面的步骤循环执行,直到游戏出现胜负
    或者平局.步骤为:①画出棋盘;②确定先手落子后位置;③判断是否赢棋,终止棋局或者继续执行;④
    判断是否平局,终止棋局或者继续执行;⑤画出棋盘;⑥确定后手落子位置;⑦判断是否赢棋,终止棋局
    或者继续执行;⑧判断是否平局,终止棋局或者继续执行;⑨返回到①继续循环"""
    while gameIsPlaying :
        if turn == 'player' :
            drawBoard(theBoard)
            move = getPlayerMove(theBoard)
            makeMove(theBoard, playerLetter, move)
            if isWinner(theBoard, playerLetter) :
                drawBoard(theBoard)
                print("You win !")
                gameIsPlaying = False
            else :
                if isBoardFull(theBoard) :
                    drawBoard(theBoard)
                    print("Tie")
                    break
                else :
                    turn = 'computer'
        else :
            move = getComputerMove(theBoard, computerLetter)
            makeMove(theBoard, computerLetter, move)
            if isWinner(theBoard, computerLetter) :
                drawBoard(theBoard)
                print("You lose !")
                gameIsPlaying = False
            else :
                if isBoardFull(theBoard) :
                    drawBoard(theBoard)
                    print("Tie")
                    break
                else :
                    turn = 'player'

    """主循环第三部分,当前棋局结束后,是否再次开始新棋局"""
    if not playAgain():
        break
```

5.2.4 相关知识链接

1. 为什么要自主引发异常

使用 try…except 进行异常处理中，所有异常都是编译器自动引发的，异常的类型也是 Python 预先定义好的。但是，在编写程序解决实际问题时，可能会出现一些要管理的异常问题，和预定义的不同。此时怎么办呢？Python 可以自定义异常的类型，自主引发异常，就是由程序员在代码中主动地引发自己的异常。主动引发异常相当于告诉编译器，停止运行这个函数中的代码，将程序执行转到 except 语句。在代码中灵活地运用自主引发异常，结合 try…except 异常处理机制，可以主动地控制程序中的异常问题，提高程序的健壮性。Python 中使用 raise 语句主动引发异常。

2. raise 语句的使用

如果需要在程序中自主引发异常，应使用 raise 语句。

raise 语句语法如下。

```
raise [exceptionName [(data)]]
```

函数参数说明如下。

exceptionName：异常的名称。

data：异常信息的相关描述。

[]括起来表示为可选参数。如果两个参数都使用，其作用是指定抛出的异常名称，以及异常信息的相关描述。如果可选参数全部省略，则 raise 会把当前错误原样抛出。如果仅省略(reason)，则在抛出异常时，将不附带任何的异常描述信息。

也就是说，raise 语句有如下三种常用的用法。

(1) raise：单独一个 raise。该语句引发当前上下文中捕获的异常(比如在 except 块中)，或默认引发 RuntimeError 异常。

(2) raise 异常类名称：raise 后带一个异常类名称，表示引发执行类型的异常。

(3) raise 异常类名称(描述信息)：在引发指定类型异常的同时，附带异常的描述信息。

当在代码中执行 raise 语句，将引发一次执行的异常。如果异常没有相应的捕获处理，程序将终止并显示一条错误消息(traceback)，以错误信息的形式展现，与编译器自动引发的异常相同。

例 5-8 在交互式编程环境下，raise 语句三种用法示例。

```
①  >>> raise
    Traceback (most recent call last):
      File "<pyshell#0>", line 1, in <module>
        raise
    RuntimeError: No active exception to reraise
②  >>> raise ZeroDivisionError
    Traceback (most recent call last):
      File "<pyshell#1>", line 1, in <module>
        raise ZeroDivisionError
    ZeroDivisionError
③  >>> raise ZeroDivisionError("除零错误")
    Traceback (most recent call last):
      File "<pyshell#2>", line 1, in <module>
        raise ZeroDivisionError("除零错误")
    ZeroDivisionError: 除零错误
```

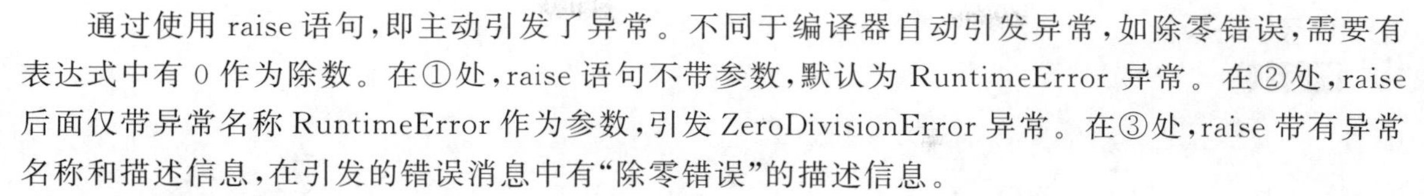

通过使用 raise 语句，即主动引发了异常。不同于编译器自动引发异常，如除零错误，需要有表达式中有 0 作为除数。在①处，raise 语句不带参数，默认为 RuntimeError 异常。在②处，raise 后面仅带异常名称 RuntimeError 作为参数，引发 ZeroDivisionError 异常。在③处，raise 带有异常名称和描述信息，在引发的错误消息中有“除零错误”的描述信息。

3. 自定义异常

内置异常涉及的范围很广，能够满足大部分需求。但是在某些具体场景下，出现了内置异常没有涉及的情况，这时程序员想引发自定义的异常。那么如何创建自定义异常呢？在前面的学习中，已经知道在 Python 中把异常作为一个对象。自定义异常就是创建一个类，这个类应该派生自内置异常类。Python 所有异常的基类是 BaseException，它有四个子类：SystemExit、KeyboardInterrupt、GeneratorExit、Exception。前三个是系统级异常，而最后一个 Exception 类则是除了前三个异常外的所有内置异常（例如表 5-1 所列所有异常）和用户自定义异常的基类。因而定义一个自定义异常，只需要定义一个继承 Exception 类的派生类即可。

自定义异常类的代码可简写如下。

```
class SomeCustomException(Exception): pass
```

class 是定义类的关键字，SomeCustomException 是自定义异常的类名，Exception 表示继承自 Exception 类，也可以继承自其他 Exception 的子类。在大部分情况下，创建自定义异常类，都可采用与上面相似的代码来完成，只要改变 SomeCustomException 位置的异常的类名即可。自定义异常的类名，最好能够基本准确地描述该异常。大部分自定义异常类不需要类体定义，因此使用 pass 语句作为占位符即可。

例 5-9　在交互式编程环境下，自定义异常，引发自定义异常，捕获自定义异常示例。

```
①    >>> class TestException(Exception):pass

②    >>> raise TestException
     Traceback (most recent call last):
       File "<pyshell#8>", line 1, in <module>
         raise TestException
     TestException
③    >>> try:
         raise TestException
     except TestException:
         print("这是一个 TestException 异常")
     except ValueError:
         print("这是一个 ValueError 异常")


     这是一个 TestException 异常
```

在①处定义了一个类名为 TestException 的异常，继承自 Exception 类。在②处主动引发异常。在③处，使用 try…except 捕获了 TestException 异常，并打印出了相应信息。可以看到自定义异常和内置异常的使用是完全一样的，但是自定义异常必须主动地引发，因为系统不知道这个用户定义的异常在什么时候引发。

如需在引发异常时附带描述信息，则需对自定义异常类完整定义，使用类的特殊方法

__init__()和__str__()。

例 5-10 完整定义异常,并引发异常。

```
①    class NameLengthException(Exception):
         def __init__(self,leng):
             self.leng = leng
         def __str__(self):
             return "姓名长度是{},超过长度限制".format(self.leng)

②    def nameTest():
         name = input("enter your name:")
         if len(name)> 4:
             raise NameLengthException (len(name))
         else :
             print(name)

③    nameTest()
```

运行程序,输入 ABC123,输出结果如图 5-11 所示。

```
enter your name:ABC123
Traceback (most recent call last):
  File "D:/P5-10.py", line 14, in <module>
    nameTest()
  File "D:/P5-10.py", line 10, in nameTest
    raise NameLengthException(len(name))
NameLengthException: 姓名长度是6，超过长度限制
```

图 5-11 例 5-10 运行结果

例 5-10 的代码是程序员自己定义了一个异常类,用于检查用户输入的名字长度是否超过 4 个字符。如果超过 4 个字符,则引发异常,进行异常处理。本例未包含异常处理部分。在①处定义一个异常类,继承自 Exception,类名是 NameLengthException。定义两个特殊方法:__init__()方法初始化对象,给对象传入名字的长度属性,__str__()方法定义了对象的打印输出格式。在②处定义一个函数 nameTest(),这个函数的作用是让用户输入名字,并对名字长度进行检查,当名字长度大于 4 时,引发 NameLengthException 异常。在③处,调用 nameTest()。代码运行后,输入 ABC123,引发了异常,因为有完整异常定义,打印出了异常信息。

4. 异常的传播

异常通常在一个函数中出现,如果在一个函数中引发了异常,在这个函数中没有得到处理,它将向上传播到调用函数的地方。如果在那里也未得到处理,异常将继续传播,直至到达主程序。如果主程序中也没有异常处理程序,程序将终止并显示栈跟踪消息。下面通过一个例子来展示这种情况。

例 5-11 异常的传播示例。

```
class SelfException(Exception): pass

def fault():
    raise SelfException("出现异常")

def fun1():
```

```
    fault()

def ignore():
    fun1()

def handle():
    try:
        fun1()
    except SelfException:
        print("异常得到了处理\n\n")

handle()
ignore()
```

运行程序，输出结果如图 5-12 所示。

```
异常得到了处理


Traceback (most recent call last):
  File "D:/P5-11.py", line 22, in <module>
    ignore()
  File "D:/P5-11.py", line 13, in ignore
    fun1()
  File "D:/P5-11.py", line 10, in fun1
    fault()
  File "D:/P5-11.py", line 7, in fault
    raise SelfException("出现异常")
SelfException: 出现异常
```

图 5-12　例 5-11 运行结果

在例 5-11 中，函数 ignore()和 handle()分别调用了 fun1()，fun1()又调用了 fault()。在调用 handle()时，在 fault()中引发的异常依次从 fault()、fun1()异常一直传播到 handle()，并被这里的 try…except 处理。调用 ignore()时，在 fault()中引发的异常依次从 fault()、fun1()、ignore()一直向外传播，直至最后传到 Python 解释器，此时 Python 解释器会中止该程序，最终显示一条栈跟踪消息。在消息中，最后一行信息详细显示了异常的类型和异常的详细消息。从这一行向上，逐个记录了异常发生的错误，其实只有一个错误，系统提示那么多行信息，只不过是显示异常依次触发的轨迹。它记录了应用程序中执行停止的各个点，源头、异常依次传播所经过的轨迹，并标明异常发生在哪个文件、哪一行、哪个函数处。

5. raise 与 except 配合使用

在实际应用中对异常的处理，有时需要比较复杂的处理方式。当一个异常出现时，单靠某个方法无法完全处理该异常，必须由几个方法协作才可完全处理该异常。也就是说，在异常出现的当前方法中，程序只对异常进行部分处理，还有些处理需要在该方法的调用者中才能完成，所以应该再次引发异常，让该方法的调用者也能捕获到异常。为了实现这种通过多个方法协作处理同一个异常的情形，可以在 except 块中结合 raise 语句来完成。

例 5-12　raise 与 except 配合使用示例。

```
class NameLengthException(Exception):
    def __init__(self,leng):
        self.leng = leng
```

```
    def __str__(self):
        return "姓名长度是{},超过长度限制".format(self.leng)


def nameTest():
    name = input("enter your name:")
    try:
        if len(name)> 4:
            raise NameLengthException(len(name))
        return name
    except NameLengthException as e:
        print("nameTest 函数捕获: ",e,sep = "")
        raise

def main():
    try:
        name = nameTest()
        print(name)
    except NameLengthException as e:
        print("main 函数捕获: ",e,sep = "")

main()
```

运行程序,输入 ABC123,输出结果如图 5-13 所示。

```
enter your name:ABC123
nameTest函数捕获: 姓名长度是6, 超过长度限制
main函数捕获: 姓名长度是6, 超过长度限制
```

图 5-13　例 5-12 运行结果

例 5-12 对例 5-10 的代码进行了改写,展示了一个异常出现后,在两个不同的函数中进行处理的过程。本例中 main()函数中调用了 nameTest()函数,在 nameTest()函数中引发了 NameLengthException 异常。nameTest()函数中 exception 子句捕获了这个异常,进行了处理后,再次引发异常。这个异常由调用 nameTest()的 main()函数的 except 子句捕获,并进行了处理。从图 5-13 中可以看到,两个函数捕获异常后,都打印出了对应的字符串。

5.2.5　知识拓展

1. 访问异常信息

如果程序需要在 except 块中访问异常对象的相关信息,则可通过为异常对象声明变量来实现。当 Python 解释器决定调用某个 except 块来处理该异常对象时,会将异常对象赋值给 except 块后的异常变量,程序即可通过该变量来获得异常对象的相关信息。

所有的异常对象都包含如下几个常用属性和方法。

args:该属性返回异常的错误编号和描述字符串。

errno:该属性返回异常的错误编号。

strerror:该属性返回异常的描述字符串。

with_traceback():通过该方法可处理异常的传播轨迹信息。

例 5-13　访问异常信息示例。

```
def foo():
    try:
        a = open("a.txt");
    except Exception as e:
        #访问异常的错误编号和详细信息
        print(e.args)
        #访问异常的错误编号
        print(e.errno)
        #访问异常的详细信息
        print(e.strerror)
foo()
```

运行程序,输出结果如图 5-14 所示。

```
(2, 'No such file or directory')
2
No such file or directory
```

图 5-14　例 5-13 运行结果

从上面的例子可以看出,如果要访问异常对象,只要在单个异常类或异常类元组(多异常捕获)之后使用 as 再加上异常变量即可。上面的例子调用了 Exception 对象的 args 属性(该属性相当于同时返回 errno 属性和 strerror 属性)访问异常的错误编号和详细信息。由于尝试打开的文件不存在,因此引发的异常错误编号为 2,异常详细信息为:No such file or directory。

2. 异常处理机制使用原则

异常处理机制是 Python 提供的一个提高程序健壮性的工具,它可以使得代码清晰,实现容易。但是如果使用不合理,则不能达到事半功倍的效果。成功的异常处理应该实现如下 4 个目标。

(1) 使程序代码混乱最小化。

(2) 捕获并保留诊断信息。

(3) 通知合适的人员。

(4) 采用合适的方式结束异常活动。

要实现上述目标,应该在使用中遵循如下 3 个原则。

(1) 不要过度使用异常。

熟悉了异常使用方法后,程序员可能不再愿意编写烦琐的错误处理代码,而是简单地引发异常。实际上这样做是不对的,对于完全已知的错误和普通的错误,应该编写处理这种错误的代码,增加程序的健壮性。只有对于外部的、不能确定和预知的运行时错误才使用异常。

(2) 不要使用过于庞大的 try 块。

因为 try 块里的代码过于庞大,业务过于复杂,就会造成 try 块中出现异常的可能性大大增加,从而导致分析异常原因的难度也大大增加,也增加了编程复杂度。正确的做法是,把大块的 try 块分割成多个可能出现异常的程序段落,并把它们放在单独的 try 块中,从而分别捕获并处理异常。

(3) 不要忽略捕获到的异常。

捕获到异常后,except 块应做一些有用的事情,处理并修复异常。except 块为空,或者仅打印简单的异常信息都是不妥的。通常建议对异常采取适当措施,比如:

① 处理异常。对异常进行合适的修复,然后绕过异常发生的地方继续运行;或者用别的数据

进行计算，以代替期望的方法返回值；或者提示用户重新操作。总之，程序应该尽量修复异常，使程序能恢复运行。

② 重新引发新异常。把在当前运行环境下能做的事情尽量做完，然后进行异常转译，把异常包装成当前层的异常，重新传给上层调用者。

③ 在合适的层处理异常。如果当前层不清楚如何处理异常，就不要在当前层使用 except 语句来捕获该异常，让上层调用者负责处理该异常。

项目小结

本项目通过两个任务的学习，理解了 Python 异常处理机制的基本概念，能够熟练使用异常处理的 5 个关键字 try、except、else、finally 和 raise，进行异常的捕获、处理。理解异常类的继承关系，掌握自定义异常的方法，以及如何引发自定义的异常。最后学习了使用异常处理的目标和原则。

习题

一、填空题

1. Python 中引发异常使用的关键字是(　　)。

2. 程序在 try 块里打开一些物理资源(如数据库连接、网络连接和磁盘文件等)用(　　)来确保回收。

3. 在 Python 中，ZeroDivisionError 异常类的基类是(　　)，所有异常的基类是(　　)。

4. Python 将异常对象赋值给变量需要用关键字(　　)。

二、选择题

1. 自定义异常类应该继承自(　　)基类。

　A. SystemExit　　B. Exception

　C. KeyboardInterrupt　　D. GeneratorExit

2. 在 Python 异常处理机制中，(　　)子句的代码是无论是否有异常都要执行。

　A. if　　B. else　　C. finally　　D. except

3. 在 Python 异常处理机制中，(　　)子句的代码是无异常时才执行。

　A. if　　B. else　　C. finally　　D. except

三、简答题

1. 简述 try…except 的处理机制。

2. 简述使用异常处理机制的原则。

3. 什么是异常？异常可以避免吗？

4. 简述异常类的继承关系。

5. 简述 raise 的使用方法。

四、编程题

1. 主动引发一个 ValueError 异常，捕获后输出“捕获 ValueError”。

2. 编写一个计算减法的方法，当第一个数小于第二个数时，引发“被减数不能小于减数”的异常。

3. 定义一个函数 func(filename)，filename 为文件的路径。函数功能：打开文件，并且返回文件内容，最后关闭，用异常来处理可能发生的错误。

4. 编写一个函数，对用户输入的字符串进行检查，当长度大于 8 时，引发“字符串长度超过要求”的异常。

项目6

Python图形界面设计

学习目标

本项目介绍 Python 中编写图形程序的方法，比如 Turtle（海龟）、Matplotlib、Tkinter 和 Pygame 等。利用 Turtle 实现简单的绘画；利用 Matplotlib 实现各种复杂的数据图的绘制；以及利用 Python 内置的 GUI 模块，并可以在不同操作系统中被直接使用的 Tkinter 模块，实现编写美观的 GUI 图形化用户界面；利用对话框实现各种情境下的人机交互，以及利用 Pygame 实现游戏的功能和逻辑。

视频讲解

任务1　使用 Turtle 画图——简单绘画

Turtle 即海龟画图，是 Python 内嵌的绘制线、圆以及其他形状（包括文本）的图形模块。它很容易学习并且使用简单。

6.1.1　任务说明

Python 语言除了可以编写程序实现人机交互外，还可以借助它强大的功能模块绘制图片、图表等。本任务使用 Turtle 画图展示数学之美。

6.1.2　任务展示

本任务中，根据用户选择不同的绘制图形选项，系统将绘制出对应的图形。当用户依次选择选项 1、2、3、4，如图 6-1(a)所示，运行结果如图 6-1(b)所示。当用户选择选项 5 和 6 时，运行结果如图 6-1(c)所示。当用户选择选项 7 时，运行效果如图 6-1(d)所示。具体程序清单可到资源包中下载。

```
*Python 3.7.2 Shell*
File  Edit  Shell  Debug  Options  Window  Help
Python 3.7.2 (tags/v3.7.2:9a3ffc0492, Dec 23 2018, 23:09:28) [MSC v.1916 64 bit
(AMD64)] on win32
Type "help", "copyright", "credits" or "license()" for more information.
>>>
 RESTART: C:\Users\Administrator.2013-20170621SN\AppData\Local\Programs\Python\P
ython37\编写教材\项目6任务1.py
请输入需要绘制的图形：1（三角形）/2（正方形）/3（矩形）/4（圆）
                  /5（五角星）/6（向日葵）/7（奥运五环）1
请输入需要绘制的图形：1（三角形）/2（正方形）/3（矩形）/4（圆）
                  /5（五角星）/6（向日葵）/7（奥运五环）2
请输入需要绘制的图形：1（三角形）/2（正方形）/3（矩形）/4（圆）
                  /5（五角星）/6（向日葵）/7（奥运五环）3
请输入需要绘制的图形：1（三角形）/2（正方形）/3（矩形）/4（圆）
                  /5（五角星）/6（向日葵）/7（奥运五环）4
请输入需要绘制的图形：1（三角形）/2（正方形）/3（矩形）/4（圆）
                  /5（五角星）/6（向日葵）/7（奥运五环）
```

(a) 用户选择需要绘制图形选项

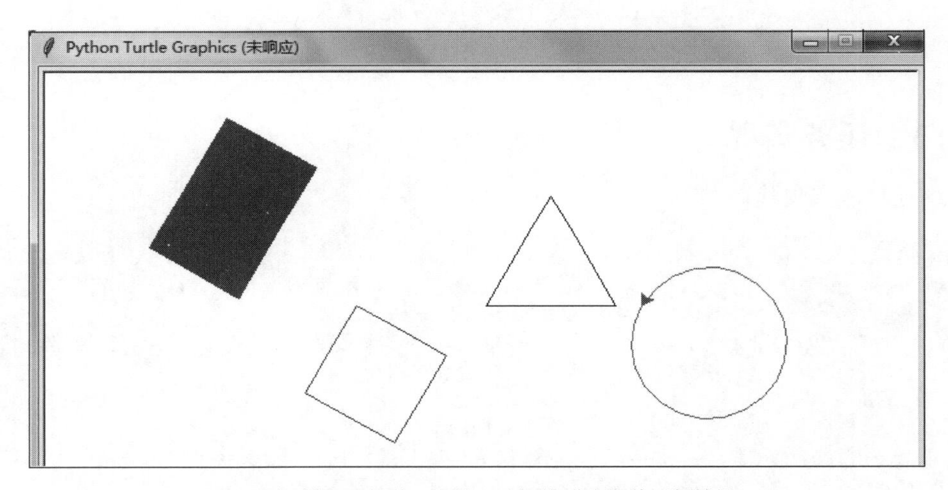

(b) 用户选择“三角形、矩形、正方形、圆形”的运行结果

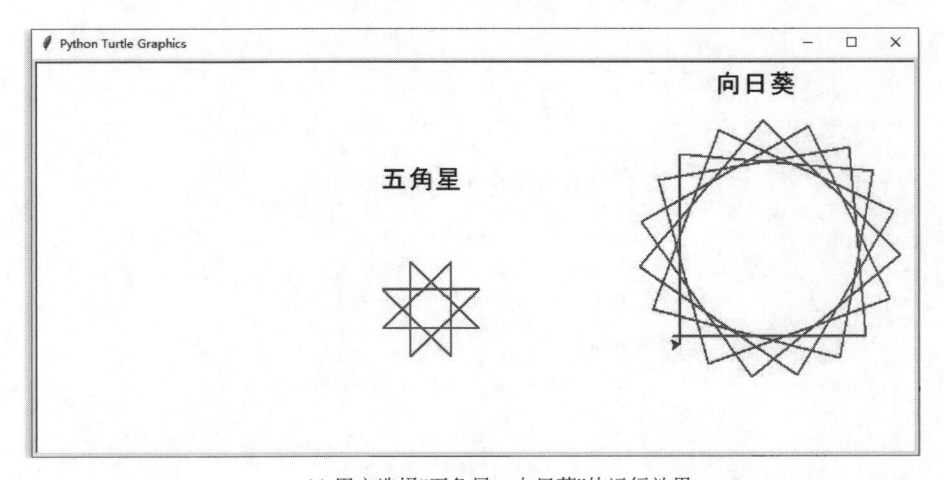

(c) 用户选择“五角星、向日葵”的运行效果

图 6-1　简单绘画的程序运行结果

(d) 用户选择“奥运五环”的运行效果

图 6-1(续)

6.1.3 任务实现

简单绘画具体实现代码如下。

```
import turtle as t                  #导入 Turtle 模块,并且将该模块重新命名为 t
def sanjiaoxing():                  #定义了一个名为 sanjiaoxing 的三角形函数
    t.penup()                       #画笔抬起,暂停绘制图像
    t.goto(0,100)                   #坐标点移动到(0,100)的位置
    t.pendown()                     #画笔落下,开始绘制图像
    for i in range(3):              #借助 for 循环,循环 3 次
        t.seth(i * 120)             #改变行进方向逆时针 120°
        t.fd(100)                   #画笔向绘制方向的当前方向移动 100 个像素单位
def yuan():                         #定义绘制圆函数
    t.penup()                       #画笔抬起,暂停绘制图像
    t.goto(50,100)                  #坐标点移动到(50,100)的位置
    t.pendown()                     #画笔落下,开始绘制图像
    t.color('red')                  #设置画笔颜色为红色
    t.circle(60)                    #画半径为 60 个单位的圆
def zhengfangxing()                 #定义绘制正方形函数,名为 zhengfangxing
    t.penup()                       #画笔抬起,暂停绘制图像
    t.goto(-100,100)                #坐标点移动到(-100,100)的位置
    t.pendown()                     #画笔落下,开始绘制图像
    t.pencolor('blue')              #设置画笔颜色为蓝色
    t.begin_fill()                  #准备开始填充图形颜色
    t.fillcolor('green')            #图像填充颜色为绿色
    for i in range(4):              #循环遍历 4 次
        t.forward(80)               #向当前画笔方向移动 80 个像素长度
        t.left(90)                  #逆时针移动 90°
def juxing():                       #定义绘制矩形函数,名字为 juxing
    t.penup()                       #画笔抬起,暂停绘制图像
    t.goto(-200, 250)               #坐标点移动到(-200,250)的位置
    t.pendown()                     #画笔落下,开始继续绘制图像
    t.pencolor('blue')              #设置画笔颜色为蓝色
```

```
        t.begin_fill()                          #准备开始填充图形颜色
        t.fillcolor('blue')                     #图像颜色填充为蓝色
        for i in range(1, 5):                   #循环遍历 1、2…5
        if i % 2 == 1:                          #判断 i 是否是奇数
            n = 120                             #设置 n 值为 120
        elif i % 2 == 0:                        #判断 i 是否是偶数
            n = 80                              #设置 n 值为 80
        t.forward(n)                            #向当前画笔方向移动 n 个像素长度
        t.left(90)                              #逆时针移动 90°
        t.end_fill()                            #填充完成
        t.penup()                               #画笔抬起
    def wujiaoxing():                           #定义五角星函数
        t.clear()                               #将窗口清屏
        t.penup()                               #画笔抬起,暂停绘制图像
        t.setx( - 100)                          #将当前 x 轴移动到 - 100 的位置
        t.sety(100)                             #将当前 y 轴移动到 100 的位置
        t.write("五角星",align = 'left',font = ('Arial',20,'normal'))
                                                #写文本内容为"五角星",左对齐,字体为 Arial,20 号字
        t.penup()                               #画笔抬起,暂停绘制图像
        t.goto( - 80,0)                         #坐标点移动到( - 80, 0)的位置
        t.pendown()                             #画笔落下,开始继续绘制图像
        t.pensize(2)                            #设置画笔的宽度为 2
        t.pencolor("red")                       #设置画笔的颜色为红色
        t.goto( - 100,0)                        #坐标点移动到( - 100, 0)的位置
        t.color("red","green")                  #设置画笔的边线颜色为红色,填充颜色为绿色
        for x in range(1,9):                    #循环遍历 1、2…9
            t.forward(100)                      #向当前画笔方向移动 100 个像素长度
            t.left(225)                         #旋转 225°,画五角星
        t.end_fill()                            #填充完成
    def xiangrikui():                           #定义绘制向日葵函数,名字为 xiangrikui
        t.penup()                               #画笔抬起,暂停绘制图像
        t.setx(330)                             #将当前 x 轴移动到 330 的位置
        t.sety(200)                             #将当前 y 轴移动到 200 的位置
        t.delay(20)                             #延时 20ms
        t.pendown()                             #画笔落下,开始继续绘制图像
        t.pencolor("black")                     #设置画笔颜色为黑色
        t.write("向日葵",align = 'right',font = ('Arial',20,'normal'))
                                                #写文本内容为"向日葵",右对齐,字体为 Arial,20 号字
        t.penup()                               #画笔抬起,暂停绘制图像
        t.goto(200, - 50)                       #坐标点移动到(200, - 50)的位置
        t.pendown()                             #画笔落下,开始继续绘制图像
        t.pencolor("red")                       #设置画笔颜色为红色
        for x in range(1,20):                   #循环遍历 1、2…20
            t.forward(200)                      #向当前画笔方向移动 200 个像素长度
            t.left(95)                          #旋转 95°,画向日葵
    def aoyunwuhuan():                          #定义绘制五环函数,名称为 aoyunwuhuan
        t.clear()                               #将窗口清屏
        t.penup()                               #画笔抬起,停止绘制图像
        t.setx( - 160)                          #将当前 x 轴移动到 - 160 的位置
        t.sety(220)                             #将当前 y 轴移动到 220 的位置
        t.pencolor("red")                       #设置画笔颜色为红色
        t.write("中国加油,武汉加油",align = 'center',font = ('Arial',30,'normal'))
        t.penup()                               #画笔抬起,暂停绘制图像
```

```
    x = -200                        #将-200赋值给变量x,用来表示x坐标
    y = 50                          #将50赋值给变量y,用来表示y坐标
    r = 60                          #将60赋值给变量r,用来表示圆的半径
#第一个圈,蓝色
    t.goto(x, y)                    #坐标点移动到(-200, 50)的位置
    t.pendown()                     #画笔抬起,暂停绘制图像
    t.pensize(10)                   #设置画笔的宽度为10
    t.pencolor('blue')              #设置画笔颜色为蓝色
    t.circle(r)                     #绘制半径为60的圆
    t.penup()                       #画笔抬起,停止绘制图像
#第二个圈,黑色
    t.goto(x + 2.5 * r , y)         #设置坐标点移动到(-200+2.5*60, 50)即(-50,50)的位置
    t.pendown()                     #画笔抬起,暂停绘制图像
    t.pensize(10)                   #设置画笔的宽度为10
    t.pencolor('black')             #设置画笔颜色为黑色
    t.circle(r)                     #绘制半径为60的圆
    t.penup()                       #画笔抬起,暂停绘制图像
#第三个圈,红色
    t.goto(x + 2.5 * r * 2 , y)                 #设置坐标点移动到(-100, 50)的位置
    t.pendown()                                 #画笔落下,开始绘制图像
    t.pensize(10)                               #设置画笔的宽度为10
    t.pencolor('red')                           #设置画笔颜色为红色
    t.circle(r)                                 #绘制半径为60的圆
    t.penup()                                   #画笔抬起,暂停绘制图像
#第四个圈,黄色
    t.goto(x + (2.5 * r) * 0.5 , y - r)         #设置坐标点移动到(-125, -10)的位置
    t.pendown()                                 #画笔落下,开始绘制图像
    t.pensize(10)                               #设置画笔的宽度为10
    t.pencolor('yellow')                        #设置画笔颜色为黄色
    t.circle(r)                                 #绘制半径为60的圆
    t.penup()                                   #画笔抬起,暂停绘制图像
#第五个圈,绿色
    t.goto(x + (2.5 * r) * 0.5 + 2.5 * r, y - r) #设置坐标点移动到(25, -10)的位置
    t.pendown()                                  #画笔落下,开始绘制图像
    t.pensize(10)                                #设置画笔的宽度为10
    t.pencolor('green')                          #设置画笔颜色为绿色
    t.circle(r)                                  #绘制半径为60的圆
    t.penup()                  #画笔抬起,暂停绘制图像

   i=1                         #设置循环变量,初始值从1开始
   while i<=10:                #主程序开始,循环10次
       a=input("请输入需要绘制的图形:1(三角形)/2(正方形)/3(矩形)/4(圆)/5(五角星)/6(向日
葵)/7(奥运五环)")              #从键盘上可以选择需要绘制的图形提示
       if a=='1':              #如果输入的是字符1,则系统会调用三角形sanjiaoxing()函数
           sanjiaoxing()
       elif a=='2':            #如果输入的是字符2,则系统会调用正方形zhengfangxing()函数
           zhengfangxing()
       elif a=='3':            #如果输入的是字符3,则系统会调用矩形juxing()函数
           juxing()
       elif a=='4':            #如果输入的是字符4,则系统会调用圆yuan()函数
           yuan()
       elif a=='5':            #如果输入的是字符5,则系统会调用五角星wujiaoxing()函数
           wujiaoxing()
```

```
        elif a == '6':              #如果输入的是字符 6,则系统会调用向日葵 xiangrikui()函数
            xiangrikui()
        elif a == '7':              #如果输入的是字符 7,则系统会调用奥运五环 aoyunwuhuan()函数
            aoyunwuhuan()
        i = i + 1
```

【注意】

在项目 6 任务 1 中,用户可以选择不同数字选项组合,系统均会绘制出对应的效果。比如选择 5 和 1,系统则绘制出五角星和三角形的图形。

6.1.4 相关知识链接

1. Turtle 库简介

Turtle 库是 Python 语言中一个很流行的绘制图像的函数库,中文意思为甲鱼、海龟,所以有人也称之为海龟库。Turtle 库非常容易操作,可以用它画出很多奇妙的图案。

2. 调用 Turtle 库

在 Python 3 以上版本,系统将 Turtle 库内置在 Python 库中,因此用户不需要额外安装,就可以直接导入使用。具体命令是 import turtle。

3. 绘画起点和方向

一个 Turtle 实际上是一个对象,在导入 Turtle 模块时,就等于创建了该对象。然后,可以调用 Turtle 对象的各种方法完成不同的操作。

当创建一个 Turtle 对象时,它的位置默认被设定在窗口的中心,坐标(0,0)处,用笔来绘制图形,它的方向默认被设置为向右(东)。

4. 画布

画布(canvas)就是用于绘图的区域,可以根据需要设置它的大小和初始位置。

1) 设置画布大小

设置画布大小可以使用以下两种方法实现。

turtle. screensize(),基本格式如下。

```
turtle.screensize(canvwidth = None, canvheight = None, bg = None)
```

其中,参数 canvwidth、canvheight 分别表示画布的宽、高,以像素为单位;参数 bg 表示画布的背景颜色,以对应颜色的英文表示,如 green 表示绿色、red 表示红色等。三个参数均可以为空值(None)。

例 6-1 在交互式编程环境下,利用 turtle. screensize()设置画图大小。

```
>>> import turtle                            #导入 turtle 库
>>> turtle.screensize()                      #无参数,表示画布默认宽度 400 像素,高度 300 像素
(400, 300)
>>> turtle.screensize(600,600, "green")  #设置画布宽度 600 像素,高度 600 像素,背景颜色为绿色
```

产生的效果如图 6-2(a)和图 6-2(b)所示。

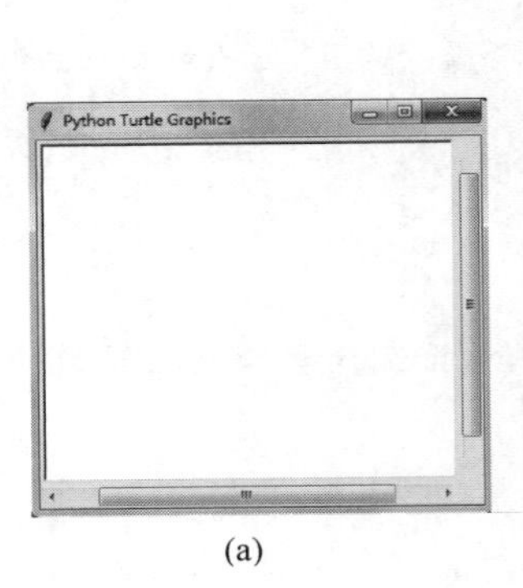

(a)

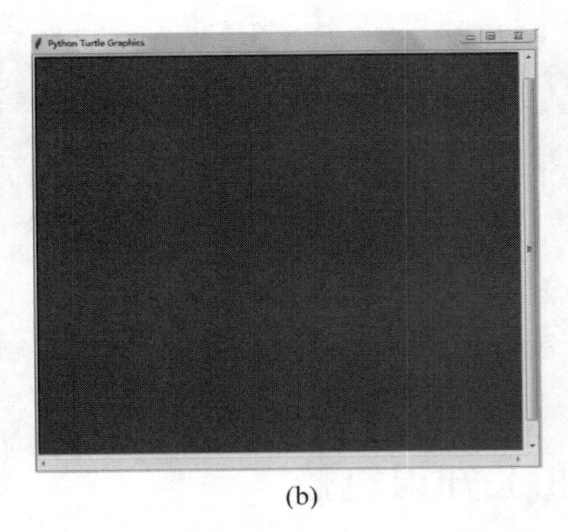

(b)

图 6-2　例 6-1 运行结果

2）turtle.setup()，基本格式如下。

```
turtle.setup(width, height, startx = None, starty = None)
```

其中，参数 width、height 分别表示画布的宽、高。当 width、height 为整数时，表示像素值；当为小数时，表示占据计算机屏幕的比例。参数 startx、starty 为坐标值，表示矩形窗口左上角顶点的位置，如果为空，则窗口位于屏幕中心。

例 6-2　在交互式编程环境下，利用 turtle.setup()设置画布。

```
>>> turtle.setup(width = 0.5,height = 0.5)   #画布占据计算机屏幕的一半
>>> turtle.setup(width = 800,height = 800, startx = 100, starty = 100)   #画布的起始左上角的坐标值
#是 x 轴 100、y 轴 100,画布大小是宽 800 像素、高 800 像素
```

5. 画笔

在画布上，默认有一个坐标原点为画布中心的坐标轴。以坐标原点(位置)为起始点，坐标原点向右为 x 轴正方向。

可以设置画笔的颜色、速度、画线的宽度等，其中部分函数的作用如下。

(1) turtle.pensize(参数)：设置画笔的宽度。

(2) turtle.pencolor(参数)：参数为空，表示返回当前画笔颜色；参数不为空，则表示设置画笔颜色，可以是字符串如 green、red 等，也可以是 RGB 元组。

(3) turtle.speed(参数)：设置画笔移动的速度，画笔绘制的速度范围是 0～10 的整数，数值越大则速度越快。

例 6-3　利用 turtle.pen()查看画笔具有的属性。

```
>>> import turtle
>>> turtle.pen()
{'shown': True, 'pendown': True, 'pencolor': 'black', 'fillcolor': 'black', 'pensize': 1, 'speed': 3, '
resizemode': 'noresize', 'stretchfactor': (1.0, 1.0), 'shearfactor': 0.0, 'outline': 1, 'tilt': 0.0}
```

6. 绘图命令

绘图命令分为四种，分别是运动命令、画笔控制命令、全局控制命令和其他命令。

1）运动命令

运动命令就是用来控制画笔的运动方向以及坐标轴移动的位置等，具体命令及含义如表 6-1 所示。

表 6-1　画笔运动命令及含义

命　　令	含　　义
turtle. forward(distance)	向当前画笔方向移动 distance 像素长度
turtle. backward(distance)	向当前画笔相反方向移动 distance 像素长度
turtle. right(degree)	顺时针移动 degree 角度
turtle. left(degree)	逆时针移动 degree 角度
turtle. pendown()	画笔落下，开始绘制图形
turtle. goto(x,y)	将画笔移动到坐标为(x,y)的位置
turtle. penup()	提起笔移动，不绘制图形，用于另起一个地方绘制
turtle. circle()	画圆，半径为正(负)，表示圆心在画笔的左边(右边)画圆
turtle. setx( )	将当前 x 轴移动到指定位置
turtle. sety( )	将当前 y 轴移动到指定位置
turtle. seth(angle)	改变行进方向，angle 为绝对度数
turtle. setheading(angle)	设置当前朝向为 angle 角度
turtle. home()	设置当前画笔位置为原点，朝向东
turtle. dot(r)	绘制一个指定直径和颜色的圆

2）画笔控制命令

画笔控制命令可以控制图形的边线颜色、填充颜色等，具体命令及含义如表 6-2 所示。

表 6-2　画笔控制命令及含义

命　　令	含　　义
turtle. fillcolor(colorstring)	绘制图形的填充颜色
turtle. color(pencolor1，fillcolor2)	设置边线颜色 pencolor=color1，填充颜色 fillcolor=color2
turtle. filling()	返回当前是否在填充状态
turtle. begin_fill()	准备开始填充图形
turtle. end_fill()	填充完成
turtle. hideturtle()	隐藏画笔的 turtle 形状
turtle. showturtle()	显示画笔的 turtle 形状

3）全局控制命令

全局控制命令可以控制窗口的位置、状态、字体等，具体命令及含义如表 6-3 所示。

表 6-3　全局控制命令及含义

命　　令	含　　义
turtle. clear()	清空 turtle 窗口，但是 turtle 的位置和状态不会改变
turtle. reset()	清空窗口，重置 turtle 状态为起始状态
turtle. undo()	撤销上一个 turtle 动作
turtle. isvisible()	返回当前 turtle 是否可见
turtle. stamp()	用于将 turtle 形状的副本标记在画布上并返回其 ID
turtle. write(s，align="参数"[,font=("font_name",font_size,"font_type")])	写文本，s 为文本内容；align 为对齐方式；font 为可选项，当有 font 时，表示设置字体，可以分别设置字体名称、大小和类型等

4）其他命令

除了以上三种命令以外的其他命令，可以控制窗口的位置、状态、字体等，具体命令及含义如表 6-4 所示。

表 6-4　其他命令及含义

命　令	含　义
turtle. mainloop()或 turtle. done()	启动事件循环，调用 Tkinter 的 mainloop 函数，放在画图程序的最后
turtle. setup(width, height,[startx, starty])	设置窗体大小及位置，参数 startx 和 starty 可选
turtle. mode(mode=None)	结果 standard 表示方向向右(东)，logo 表示方向向上(北)
turtle. delay(delay=None)	设置或返回以毫秒为单位的绘图延迟
turtle. begin_poly()	开始记录多边形的顶点。默认“乌龟”位置是多边形的第一个顶点
turtle. end_poly()	停止记录多边形的顶点，多边形的最后一个顶点将与第一个顶点相连
turtle. get_poly()	返回最后记录的多边形

例 6-4　利用 Turtle 模块画一边长为 100 像素的正方形。

```
import turtle
t = turtle.Pen()
t.forward(100)
t.left(90)
t.forward(100)
t.left(90)
t.forward(100)
t.left(90)
t.forward(100)
```

运行程序，输出结果如图 6-3 所示。

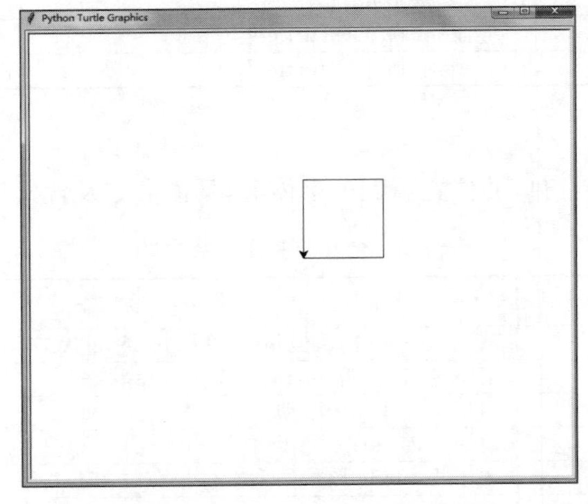

图 6-3　边长为 100 像素的正方形

例 6-5　利用 Turtle 模块画圆。

```
import turtle as t
t.circle(100)                    #画半径为 100 像素的圆
t.penup()
t.goto(0,50)                     #改变坐标点坐标,画第二个圆
t.pendown()
t.dot(100,"red")
t.penup()
t.goto(0,0)
t.pendown()
for j in range(120):             #重复执行 120 次
    t.forward(3)                 #移动 3 个单位
    t.left(3)                    #左转 3°
```

运行程序,输出结果如图 6-4 所示。

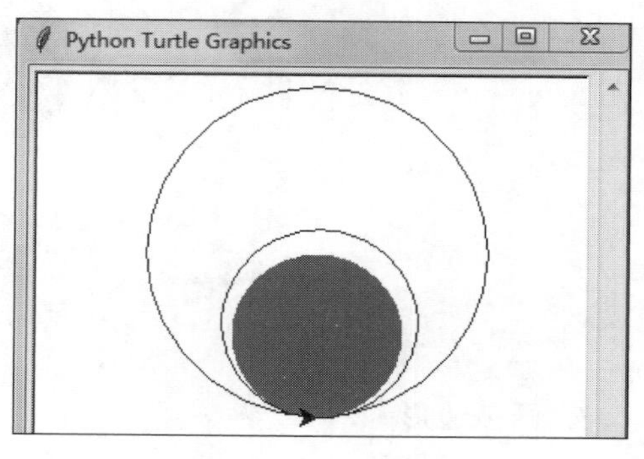

图 6-4　画圆

6.1.5　知识拓展

1. Turtle 的绘图窗体

利用 Turtle 模块绘图时,系统会自行弹出一个窗体,用来装载绘制的图片。绘图窗体所处的位置和大小可以借助 turtle.setup()方法实现。

基本格式如下。

```
turtle.setup(width, height, startx, starty)
```

其中的参数 width、height 分别表示窗体的宽度和高度;参数 startx、starty 分别是窗体左上角距离显示器屏幕左侧和上部的位置坐标值。当参数 startx 和 starty 省略时,表示窗体在屏幕的正中心位置。

具体含义如图 6-5 所示。

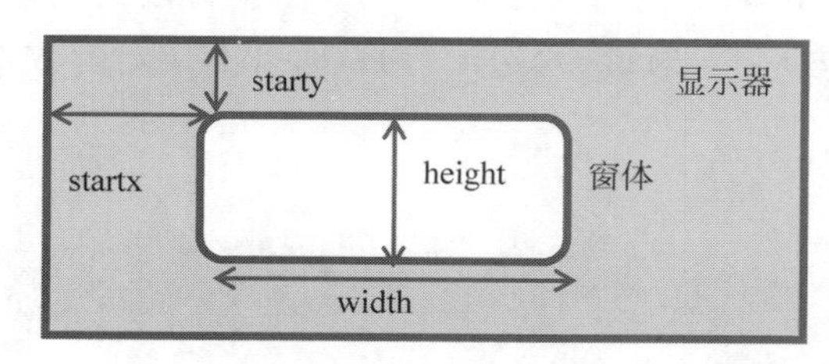

图 6-5　Turtle 绘图窗体的大小和位置

2. 画笔的方向

当创建一个 Turtle 对象时,它的位置默认被设定在窗口的中心,坐标(0,0)处,而且它的方向被设置为向右(东),笔的方向向上。当移动 Turtle 的时候,它就会绘制出一条从当前位置到新位置的线,那么如果需要调整笔的起始方向,则需要对其起始方向进行设置。即同样的一个程序,如果笔的起始位置的方向发生了改变,绘制的效果则不同。

例 6-6　改变例 6-5 中画笔的起始位置,画圆。

```
import turtle as t
t.setheading(90)                 #朝上(正北方向)
t.circle(100)                    #画半径为 100 像素的圆
t.penup()
t.goto(-50,0)                    #改变坐标点坐标,画第二个圆
t.pendown()
```

```
t.dot(100,"red")
t.penup()
t.goto(0,0)
t.pendown()
for j in range(120):                    #重复执行 120 次
    t.forward(3)                        #移动 3 个单位
    t.left(3)                           #左转 3°
```

运行程序,输出结果如图 6-6 所示。

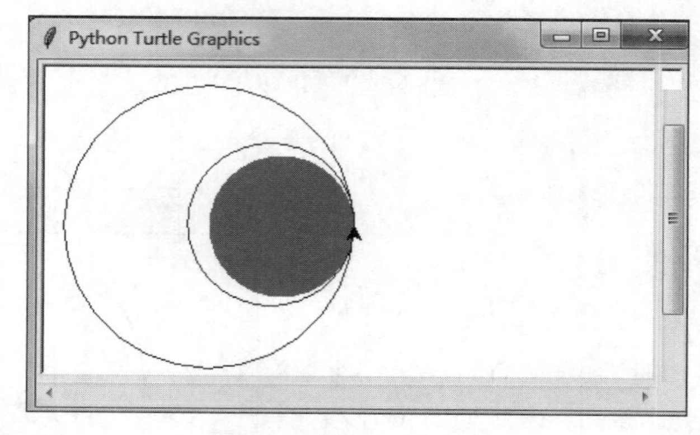

图 6-6　例 6-6 运行效果

3. 画多边形

例 6-5 中采用 turtle.circle()方法绘制了一个半径为 100 像素的圆。turtle.circle()方法除了可以画不同的圆外,还可以绘制其他形状。具体格式如下。

```
turtle.circle(radius,[extent],[steps])
```

其中,radius 表示半径,是必选项;extent 和 steps 可有可无。extent 是一个角度,它决定绘制圆的哪一部分。steps 决定使用的阶数。如果 steps 是 3/4/5/6…,那么将绘制一个里面包含被圆括住的三边、四边、五边、六边或更多边形(即正三角形、正方形、五边形、六边形等);如果不指定阶数,那么就只画一个圆。

例 6-7　利用 turtle.circle()画多边形。

```
import turtle as t
t.penup()
t.goto(-300,0)
t.pendown()
t.circle(30,steps=3)          #画三角形,还可以写成 t.circle(30,360,3)
t.penup()
t.goto(-200,0)
t.pendown()
t.circle(30,steps=4)          #画正方形,还可以写成 t.circle(30,360,4)
t.penup()
t.goto(-100,0)
t.pendown()
```

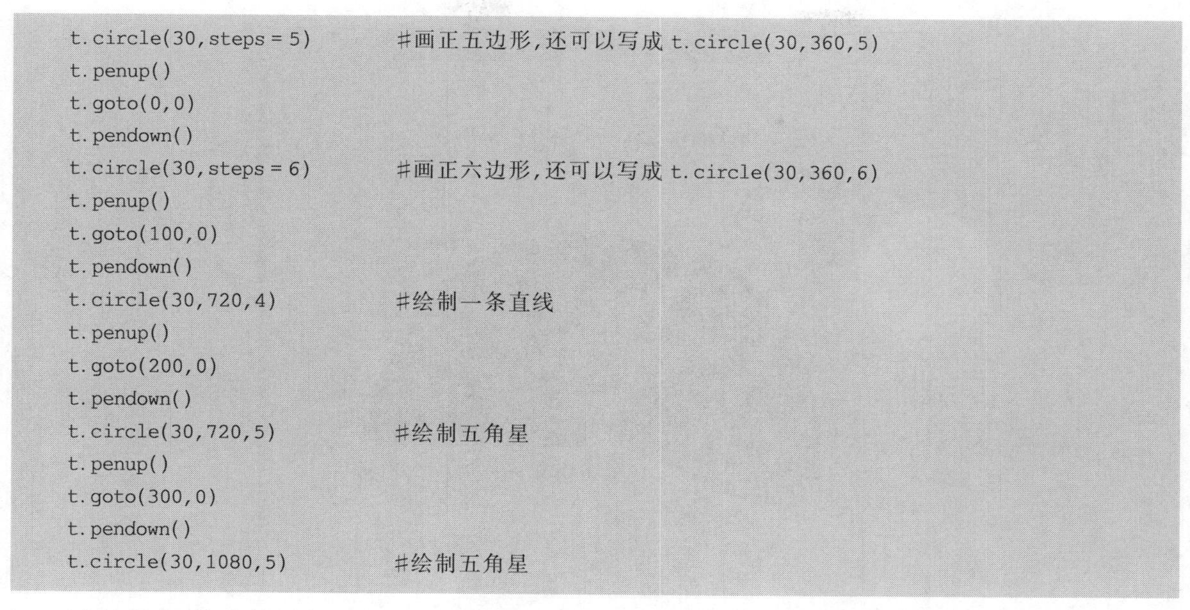

```
t.circle(30,steps=5)          #画正五边形,还可以写成 t.circle(30,360,5)
t.penup()
t.goto(0,0)
t.pendown()
t.circle(30,steps=6)          #画正六边形,还可以写成 t.circle(30,360,6)
t.penup()
t.goto(100,0)
t.pendown()
t.circle(30,720,4)            #绘制一条直线
t.penup()
t.goto(200,0)
t.pendown()
t.circle(30,720,5)            #绘制五角星
t.penup()
t.goto(300,0)
t.pendown()
t.circle(30,1080,5)           #绘制五角星
```

运行程序,输出结果如图 6-7 所示。

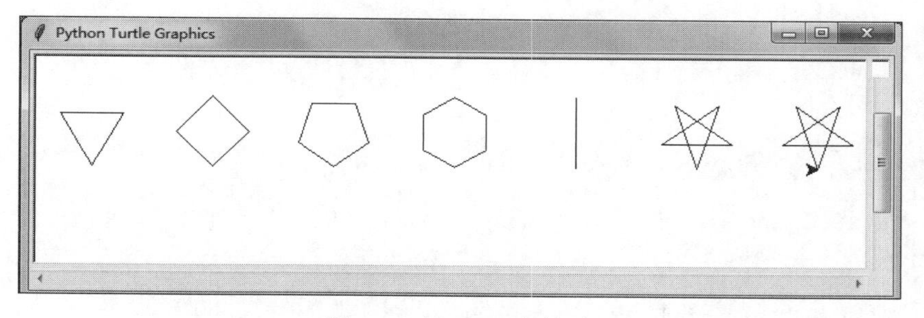

图 6-7　例 6-7 运行结果

任务 2　使用 Matplotlib 生成数据图——画饼充饥

视频讲解

6.2.1　任务说明

Python 强大的功能之一就是用于数据可视化,将数字数据点甚至是非数字的数据点用图形、图表、动画等形式展示出来。其中使用最多的是 Matplotlib 库。

6.2.2　任务展示

画饼充饥程序的运行结果如图 6-8 所示。

6.2.3　任务实现

画饼充饥具体实现代码如下。

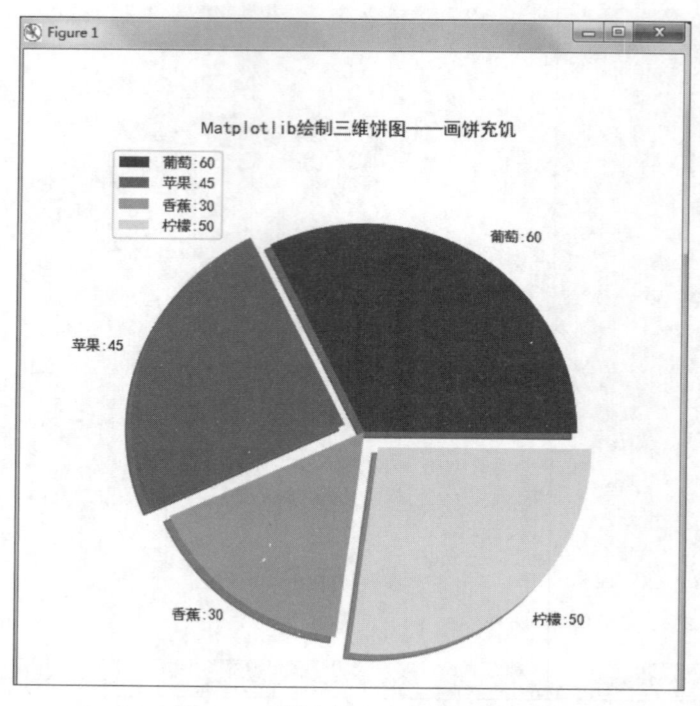

图 6-8　画饼充饥程序的运行效果

```
import numpy as np    #调用 numpy 模块,并且重命名为 np
import matplotlib.pyplot as plt    #调用 matplotlib.pyplot,并且重命名为 plt
plt.rcParams['font.sans-serif'] = ['SimHei']    #在程序执行时,为了显示中文,则设置字体为 SimHei
plt.rcParams['axes.unicode_minus'] = False    #为了在程序执行时能正确显示正负号
data = {
    '葡萄':(60, 'purple')  #定义了一个字典,存储了四组水果的数量和颜色数据
    '苹果':(45, 'red'),
    '香蕉':(30, 'orange'),
    '柠檬':(50,'yellow')
    }
fig = plt.figure(figsize=(6,8))    #设置绘图对象的大小,单位为英寸
cities = data.keys()    #将字典的键值数据赋值给变量 cities
values = [x[0] for x in data.values()]    #利用 for 循环,遍历字典中值的第 1 列数据,即水果的数量,并
#且赋值给变量 values
colors = [x[1] for x in data.values()]    #利用 for 循环,遍历字典中值的第 2 列数据,即水果的颜色,并
#且赋值给变量 colors
ax1 = fig.add_subplot(111)    #整个图像分成 1 行 1 列,图像在第 1 行第 1 列,即图像占满这个窗口
ax1.set_title('Matplotlib 绘制三维饼图——画饼充饥')    #设置图像的标题,内容为"matplotlib 绘制三
#维饼图——画饼充饥"
labels = ['{}:{}'.format(city, value) for city, value in zip(cities,values)]    #利用 for 循环遍历字
#典中的键和值
explode = [0, 0.1, 0,0.1 ]    #突出显示图像中的第 2 项、第 4 项数据
ax1.pie(values, labels = labels, colors=colors, explode=explode, shadow=True)    #绘制带有阴影
#的饼图,呈现三维饼图效果
plt.axis("equal")    #设置饼图的 x 轴、y 轴的尺寸相同,形成饼图
plt.legend()    #显示图例
plt.show()    #显示输出结果
```

6.2.4 相关知识链接

1. Matplotlib 简介

Matplotlib 由神经生物学家 John D. Hunter 博士于 2007 年创建，是 Python 中最常用的可视化工具之一。利用 Matplotlib 可以非常方便地画散点图、等高线图、条形图、柱形图、3D 图形、图形动画等。Matplotlib 最早是为了可视化癫痫病人的脑皮层电图相关的信号而研发，因为在函数的设计上参考了 MATLAB，所以叫作 Matplotlib。Matplotlib 在开源和社区的推动下，现在基于 Python 的各个科学计算领域都得到了广泛应用。

2. 安装 Matplotlib

在 Windows 系统中安装 Matplotlib 库，如果系统在线联网的情况下，可以直接在 Python 安装路径的目录下输入 pip install matplotlib（字母全部小写），系统自动到官方网站（http://matplotlib.org/users/installing.html）搜索 Matplotlib 库，并且进行安装，最后提示 successfully，表示安装成功。

3. 调用 Matplotlib

安装 Matplotlib 成功后，在使用时，输入 import matplotlib（字母全部小写）即可调用。

4. Matplotlib 常用方法

Matplotlib 常用的方法及含义如表 6-5 所示。

表 6-5 Matplotlib 常用的方法及含义

方　法	含　义
axis()	设置每个坐标轴的取值范围
bar(l,[align,color,alpha])	绘制垂直条形图
barh(l,[align,color,alpha])	绘制水平条形图
figure()	指定图片名称、宽、高、前景色、边框颜色等参数
gca()	获取 Axes 对象
grid()	画网格线，默认横纵坐标轴都画，若 grid(axis="y")表示只画 y 轴
hist()	绘制直方图
legend(* args, ** kwargs)	添加图例。参数必须为元组，例如 legend((line1, line2, line3), (label1, label2, label3))
plot(参数)	绘制折线图
pyplot.pie(参数)	绘制饼图
rcParams[]	配置图片文件参数，如 figure.figsize(图片大小)、axes.unicode_minus(字符显示等)
savefig()	保存图形到指定的文件中
scatter(参数)	绘制散点图
show()	打开 Matplotlib 查看器，并显示绘制的图形
tick_params()	设置刻度标记的大小
title(title,fontsize)	图表标题
xlabel(title,fontsize)	设置 x 坐标轴标题、标题的字号大小
ylabel(title,fontsize)	设置 y 坐标轴标题、标题的字号大小
xlim(a,b)	设置 x 轴坐标轴的取值范围
ylim(a,b)	设置 y 轴坐标轴的取值范围
xticks(* args, * kwargs)	获取或者设置 x 轴当前刻度的标签
yticks(* args, * kwargs)	获取或者设置 y 轴当前刻度的标签

5. Matplotlib 绘图

1）折线图

（1）绘制简单折线图。

例 6-8 利用 Matplotlib 绘制折线图。

```
import matplotlib.pyplot as plt
picture_dot = [1,4,9,16,25]
plt.plot(picture_dot,linewidth = 3)          #线条宽度 3 像素
plt.title("Matplotlib 绘制折线图二")          #标题
plt.xlabel("X 轴")                           #x 轴坐标轴标题
plt.ylabel("Y 轴")                           #y 轴坐标轴标题
plt.tick_params(axis = 'both',labelsize = 10)
plt.show()
```

运行程序，输出结果如图 6-9 所示。

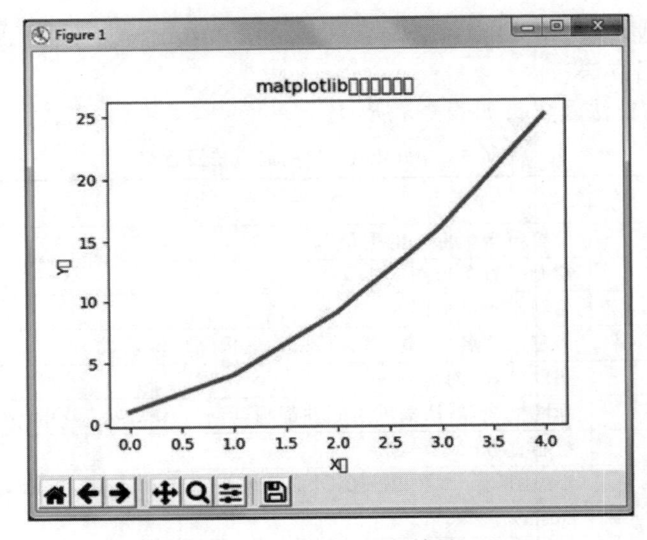

图 6-9 例 6-8 运行结果

（2）校正折线图。

在例 6-8 绘制的折线图中，数据点对应的坐标值初始是从 0 开始的，这是由于 plot()函数在绘制折线图时，默认 x 坐标值为 0。但实际上需要从 1 开始，因此，折线图需要校正。为了改变 plot()函数的默认行为，可以通过同时设置输入值和输出值来实现。

在图 6-9 折线图中，折线图的标题、坐标轴中的中文显示都是乱码，可以借助 Matplotlib 函数进行完善。

例 6-9 利用 Matplotlib 绘制完美的折线图。

```
import matplotlib.pyplot as plt
input_dot = [1,2,3,4,5]
picture_dot = [1,4,9,16,25]
plt.plot(input_dot,picture_dot,linewidth = 3)
```

```
plt.rcParams['font.sans-serif'] = ['SimHei']        #实现显示中文——设置字体
plt.rcParams['axes.unicode_minus'] = False          #正常显示负号
plt.title("Matplotlib绘制折线图二")
plt.xlabel("X轴")
plt.ylabel("Y轴")
plt.tick_params(axis='both',labelsize=10)
plt.show()
```

运行程序,输出结果如图6-10所示。

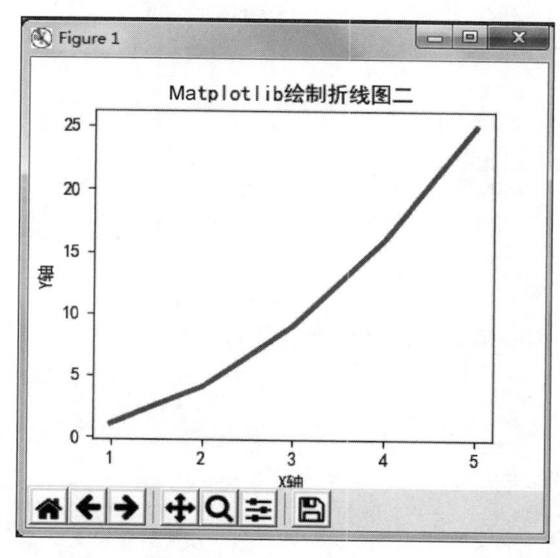

图6-10　例6-9运行结果

2)散点图

利用Matplotlib绘制散点图,同样可以设置输入值和输出值以及散点图的颜色等。

(1)绘制散点图。

例6-10　利用Matplotlib绘制散点图。

```
import matplotlib.pyplot as plt
x_values=[1,2,3,4,5]
y_values=[2,5,8,6,4]
plt.scatter(x_values,y_values,s=50)
plt.rcParams['font.sans-serif'] = ['SimHei']        #实现显示中文——设置字体
plt.rcParams['axes.unicode_minus'] = False          #正常显示负号
plt.title("Matplotlib绘制散点图")
plt.xlabel("坐标轴X轴")
plt.ylabel("坐标轴Y轴")
plt.show()
```

运行程序,输出结果如图6-11所示。

(2)修饰散点图。

利用Matplotlib绘制散点图,默认为蓝色点和黑色的轮廓。当散点图中包含很多数据点时,黑色轮廓可能会粘连在一起,出现分辨不清的情况,可以使用scatter函数删除数据点的轮廓以及

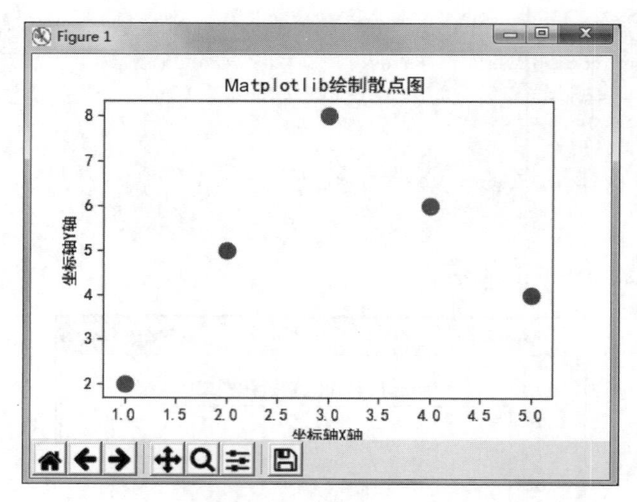

图 6-11　例 6-10 运行结果

自定义散点图的颜色。

例 6-11　利用 Matplotlib 更换散点图颜色和删除轮廓。

```
import matplotlib.pyplot as plt
x_values = [1,2,3,4,5]
y_values = [2,5,8,6,4]
plt.scatter(x_values,y_values,c = 'red',edgecolor = 'none',s = 50)   #设置红色,删除轮廓
plt.rcParams['font.sans-serif'] = ['SimHei']                          #实现显示中文——设置字体
plt.rcParams['axes.unicode_minus'] = False #正常显示负号
plt.title("Matplotlib 绘制散点图")
plt.xlabel("坐标轴 X 轴")
plt.ylabel("坐标轴 Y 轴")
plt.show()
```

运行程序,输出结果如图 6-12 所示。

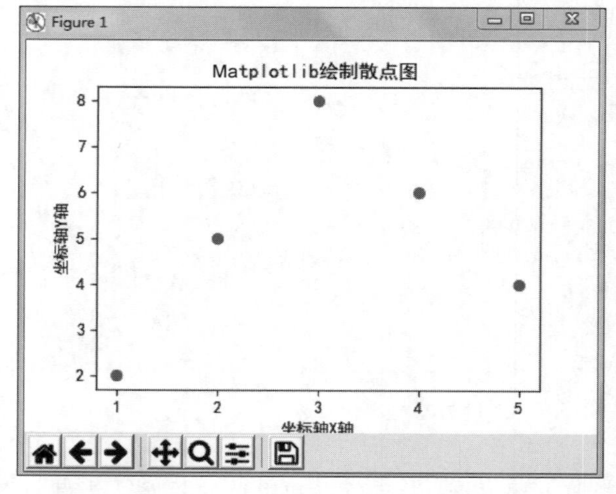

图 6-12　例 6-11 运行结果

3）条形图

条形图即长条图或直条图，是用一个单位长度表示一定的数量，根据数量的多少画成长短不同的直条，然后把这些直条按一定的顺序排列起来。利用 Matplotlib 同样可以绘制条形图，有垂直条形图和水平条形图两种。

（1）绘制水平条形图。

例 6-12 利用 Matplotlib 绘制水平、橘色条形图并将结果存储在当前路径下。

```
from matplotlib import pyplot as plt
plt.rcParams['font.sans-serif'] = ['SimHei']          #实现显示中文——设置字体
plt.rcParams['axes.unicode_minus'] = False            #正常显示负号
a = ["王小天", "李晨晨", "陈小悦", "田甜", "冉让", "庞拓"]
b = [88,90,98,86,92,80]
plt.figure(figsize=(6,3))
plt.barh(range(len(a)),b,height=0.3,color='orange')   #绘制水平条形图
plt.yticks(range(len(a)),a,rotation=0)                #对应 y 轴与字符串
plt.grid(alpha=0.3)                                   #添加网格,alpha 参数是设置网格的透明度
plt.title("Matplotlib绘制水平条形图")
plt.savefig("./水平条形图.png")                        #结果存储在当前系统默认路径
plt.show()
```

运行程序，输出结果如图 6-13 所示。

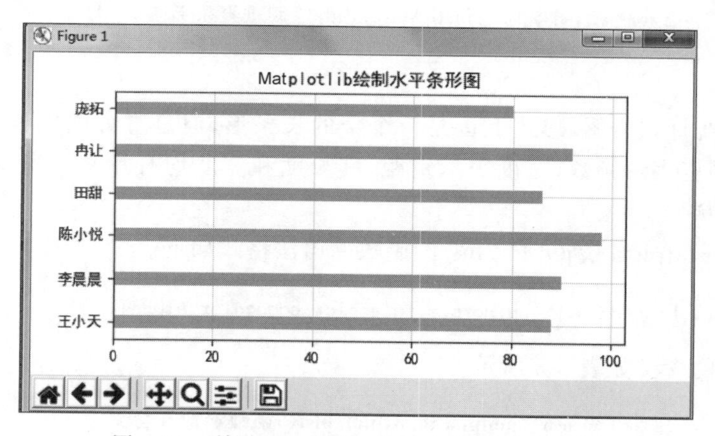

图 6-13 利用 Matplotlib 绘制水平、橘色条形图

（2）绘制垂直条形图。

例 6-13 利用 Matplotlib 绘制垂直条形图，并将结果存储在当前系统默认路径中。

```
from matplotlib import pyplot as plt
plt.rcParams['font.sans-serif'] = ['SimHei']          #实现显示中文——设置字体
plt.rcParams['axes.unicode_minus'] = False            #正常显示负号
a = ["王小天", "李晨晨", "陈小悦", "田甜", "冉让", "庞拓"]
b = [88,90,98,86,92,80]
plt.figure(figsize=(15,7))
plt.bar(range(len(a)),b,width=0.3)                    #绘制垂直条形图
plt.xticks(range(len(a)),a,rotation=90)               #对应 x 轴与字符串
plt.savefig("./垂直条形图.png")                        #结果存储在当前系统默认路径
plt.show()
```

运行程序，输出结果如图 6-14 所示。

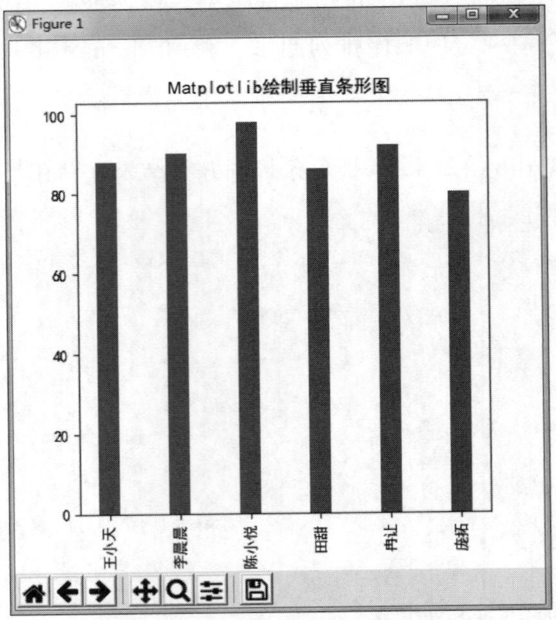

图 6-14　利用 Matplotlib 绘制垂直条形图

4）直方图

直方图是一种统计报告图，形式上也是一个个的长条形，但是直方图用长条形的面积表示频数，所以长条形的高度表示频数，宽度表示组距，其长度和宽度均有意义。当宽度相同时，一般就用长条形长度表示频数。

绘制直方图的 matplotlib.pyplot.hist()函数的语法格式如下。

```
matplotlib.pyplot.hist(data,[bins,normed,facecolor,edgecolor,alpha])
```

其中各个参数的含义如表 6-6 所示。

表 6-6　matplotlib.pyplot.hist()函数参数及含义

参　　数	含　　义
data	必选参数，绘图数据
bins	可选项，直方图的长条形数目，默认为 10
normed	可选项，是否将得到的直方图向量归一化，默认为 0，代表不归一化，显示频数。normed=1，表示归一化，显示频率
facecolor	可选项，长条形的颜色
edgecolor	可选项，长条形边框的颜色
alpha	可选项，透明度

例 6-14　利用 Matplotlib 绘制直方图。

```
import matplotlib.pyplot as plt
plt.rcParams['font.sans-serif'] = ['SimHei']        #用黑体显示中文
```

```
plt.rcParams['axes.unicode_minus'] = False                #正常显示负号
a = [83,64,55,74,76,85,89,84,68,77,90,93,60,55,74,82,91,79,82,66]  #全体分数
b = [40,50,60,70,80,90,100]                               #划分分数段
plt.hist(a, b, histtype = 'bar',facecolor = 'blue',edgecolor = 'black',alpha = 0.7, rwidth = 0.5)
plt.grid(alpha = 0.3)
plt.legend()
plt.xlabel("全班 20 人不同分数段")
plt.ylabel("不同分数段的人数")
plt.title('Matplotlib 绘制直方图')
plt.show()
```

运行程序,输出结果如图 6-15 所示。

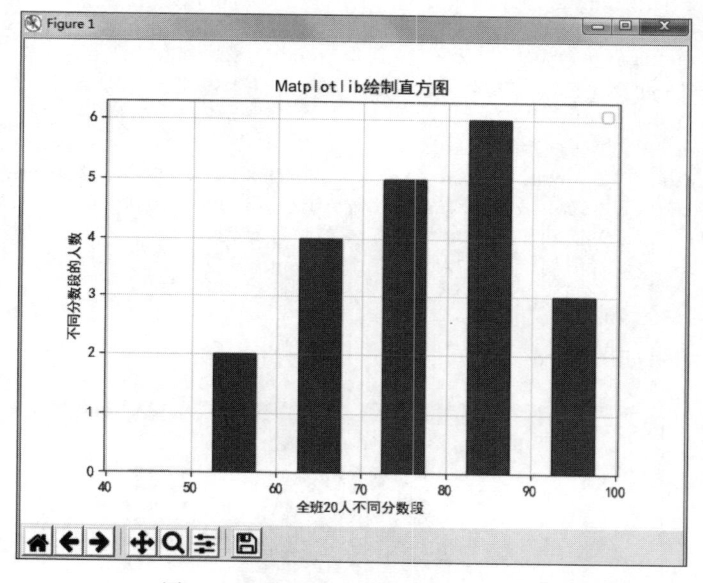

图 6-15　利用 Matplotlib 绘制直方图

5）饼图

饼图是用圆形及圆内扇形的角度来表示数值大小的图形,它主要用于表示一个样本(总体)中各组成部分的数据占全部数据的比例。利用 Matplotlib 同样可以绘制出饼图。

matplotlib. pyplot. pie()函数的语法格式如下:

```
matplotlib.pyplot.pie() (size, explode, labels, colors,labeldistance, autopct, shadow,startangle,
pctdistance, radius, counterclock, wedgeprops, textprops,center, frame, rotatelabels, hold, data)
```

其中常用参数的意义如表 6-7 所示。

表 6-7　matplotlib. pyplot. pie()函数参数及含义

参　　数	含　　义
size	必选项,各部分尺寸
explodes	可选项,设置各部分突出显示
label	可选项,设置各部分标签
labeldistance	可选项,设置标签文本距圆心位置

续表

参　数	含　义
autopct	可选项，控制饼图内小数点前后位数的百分比设置
shadow	可选项，设置是否有阴影
startangle	可选项，起始角度，默认从 0 开始逆时针旋转
pctdistance	设置圆内文本距圆心距离

例 6-15　利用 Matplotlib 绘制饼图。

```
import matplotlib.pyplot as plt
plt.rcParams['font.sans-serif'] = ['SimHei']            #显示中文
plt.rcParams['axes.unicode_minus'] = False              #正常显示负号
label_list = ["水费", "电费", "生活费","交通费","快递费","服装费"]   #各部分标签
size = [45, 35, 200,100,30,300]                         #各部分大小
color = ["blue", "red", "green","orange","pink","gray"] #各部分颜色
explode = [0, 0, 0,0,0,0.05]                            #突出部分值
plt.title("Matplotlib绘制饼图")
plt.pie(size, explode = explode, colors = color, labels = label_list, labeldistance = 1.1, autopct
= "%1.1f%%", shadow = False, startangle = 90, pctdistance = 0.6)
plt.axis("equal")    #设置横轴和纵轴大小相等,这样饼才是圆的
plt.legend()         #设置图例,默认右对齐
plt.show()
```

运行程序，输出结果如图 6-16 所示。

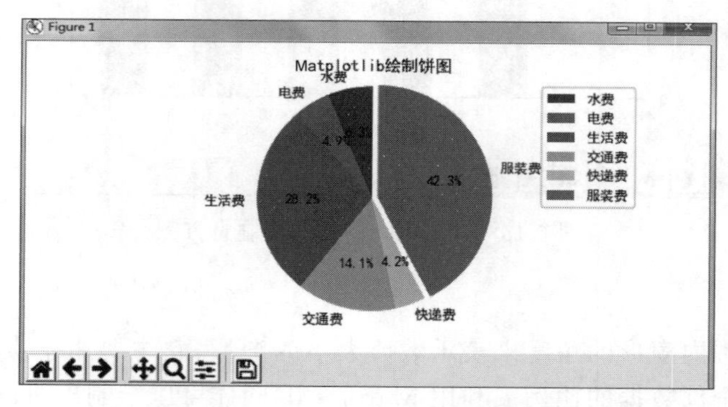

图 6-16　利用 Matplotlib 绘制饼图

6.2.5　知识拓展

1. Matplotlib 搭配 Numpy 模块

在使用 Matplotlib 时，经常会与 Numpy 模块搭配使用，用以解决输入、输出数据实时变化的情况。Numpy(Numerical Python) 是 Python 的一个扩展程序库，支持大量的维度数组与矩阵运算，而且还可以针对数组运算提供大量的数学函数库。

Numpy 的前身 Numeric，最早是由 Jim Hugunin 与其他协作者共同开发。2005 年，Travis Oliphant 在 Numeric 中结合了另一个同性质的程序库 Numarray 的特色，并加入了其他扩展而开发了 Numpy。Numpy 模块是 Python 的一种开源的数值计算扩展，不需要下载安装，可以直接调

用，因此应用非常广泛。

例 6-16　利用 Matplotlib 和 Numpy 搭配绘制曲线图。

```
import matplotlib.pyplot as plt
import numpy as np                                    #调用 Numpy 模块
plt.rcParams['font.sans-serif'] = ['SimHei']          #显示中文标签
plt.rcParams['axes.unicode_minus'] = False            #正常显示负号
x = np.linspace(0, 4 * np.pi, 50)                     #x 轴在 0～4π 均匀分配 50 份数据
y = np.sin(x)
plt.figure(num = 2,figsize = (8,5),facecolor = 'white',edgecolor = 'blue')
plt.title("Matplotlib 和 Numpy 搭配绘制曲线图")
plt.plot(x, y)
plt.show()
```

运行程序，输出结果如图 6-17 所示。

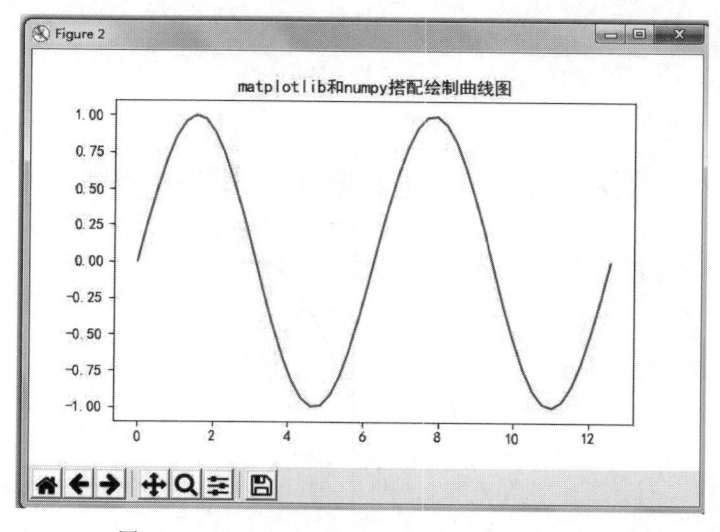

图 6-17　Matplotlib 和 Numpy 搭配绘制曲线图

2. 自定义坐标轴

Matplotlib 绘制图形时，可以根据需要自行修改坐标轴。

1) 定制 x、y 坐标轴

有时需要自定义坐标轴，例如，绘制数学函数的正弦、余弦函数时，坐标轴需要放在图形的中间位置，那么 Matplotlib 可以通过使用 xticks()、yticks()等函数实现。

例 6-17　利用 Matplotlib 绘制正弦、余弦函数。

```
import matplotlib.pyplot as plt
import numpy as np
plt.rcParams['font.sans-serif'] = ['SimHei']              #显示中文标签
plt.rcParams['axes.unicode_minus'] = False                #正常显示负号
X = np.linspace( - np.pi,np.pi,256,endpoint = True)       #获取 x 坐标
sin = np.sin(X)                                           #获取 y 坐标
cos = np.cos(X)
#设置 x,y 轴的坐标刻度
```

```
plt.xticks([-np.pi,-np.pi/2,0,np.pi/2,np.pi],[r'$-\pi$',r'$-\pi/2$',r'$0$',r'$\pi/2$',
r'$\pi$'])
plt.yticks([-1,0,1])
#画正弦、余弦函数图
plt.plot(X,sin,"b-",lw=2.5,label="正弦函数")
plt.plot(X,cos,"r-",lw=2.5,label="余弦函数")
plt.title("Matplotlib绘制正弦、余弦图",fontsize=16,color="green")
ax=plt.gca()                                    #获取Axes对象
ax.spines['right'].set_color('none')            #隐藏右边界
ax.spines['top'].set_color('none')              #隐藏上边界
#将x,y坐标轴刻度显示到下方位置
ax.xaxis.set_ticks_position('bottom')
ax.spines['bottom'].set_position(('data',0))
#平移坐标轴
ax.yaxis.set_ticks_position('left')
ax.spines['left'].set_position(('data',0))
plt.legend(loc="upper left",fontsize=12)        #设置图例左对齐
plt.show()
```

运行程序,输出结果如图6-18所示。

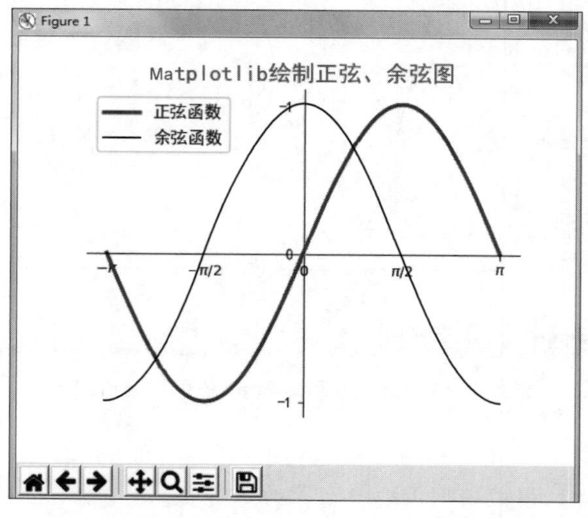

图6-18　利用Matplotlib绘制正弦、余弦图

2）定制双y轴

Matplotlib可以在一个图片窗口中绘制不同的图形,用以突出不同功能。

例6-18　利用Matplotlib双坐标轴绘制条形图和指数函数。

```
import matplotlib.pyplot as plt
import numpy as np
plt.rcParams['font.sans-serif']=['SimHei']              #实现显示中文——设置字体
plt.rcParams['axes.unicode_minus'] = False
#绘制第一个条形图
a = ["王小天", "李晨晨", "陈小悦", "田甜", "冉让", "庞拓"]
b = [88,90,98,86,92,80]
```

```
fig = plt.figure()
ax1 = fig.add_subplot()
ax1.bar(a,b, width=0.2, align='center', color='g')
ax1.set_title("Matplotlib 双 y 轴绘图")
ax1.set_ylim([0, 100])
plt.ylabel("左侧坐标轴表示分数段")
#绘制第二个指数函数
x = np.arange(0., 2 * np.e, 0.005)
y2 = np.log(x)
ax2 = ax1.twinx()  #this is the important function
ax2.plot(x, y2, 'r')
ax2.set_xlim([0, 2 * np.e])
ax2.set_ylabel('右侧坐标轴表示指数函数')
plt.show()
```

运行程序，输出结果如图 6-19 所示。

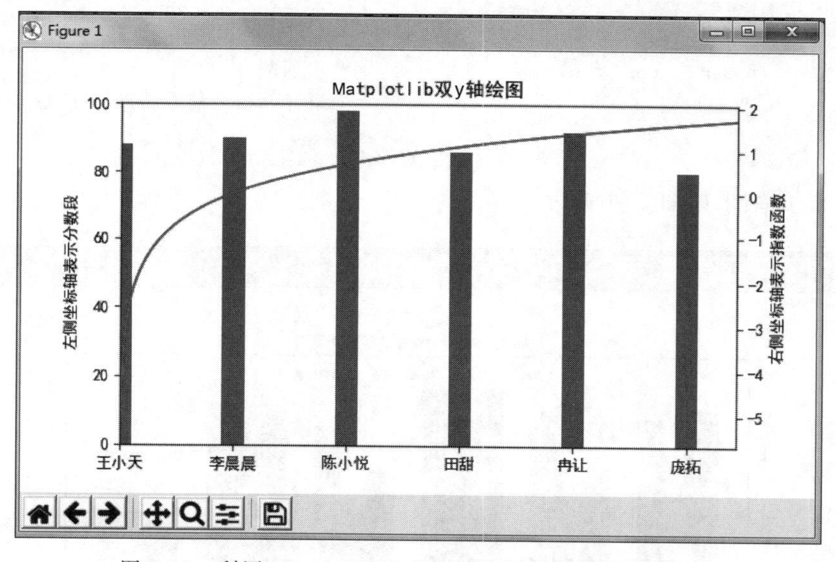

图 6-19　利用 Matplotlib 双坐标轴绘制条形图和指数函数

【注意】

例 6-18 在设置双 y 轴的标签说明时，根据需要体现的分数段和指数函数而分别设置了对应的 y 标签。如果 x 轴、y 轴同时全部设置，那么 Matplotlib 会根据"后来者居上"的原则，后条语句覆盖上一条语句进行替换。

3. Matplotlib 绘制多元条形图

生活中经常需要对多组数据进行统一对比，找出差距。例如，学生每学期学习多门课程，需要对多门课程同时进行对比分析。Matplotlib 同样可以实现。

例 6-19　利用 Matplotlib 绘制多元条形图。

```
from matplotlib import pyplot as plt
from matplotlib import font_manager
```

```
plt.rcParams['font.sans-serif'] = ['SimHei']          #实现显示中文——设置字体
plt.rcParams['axes.unicode_minus'] = False
a = ["王小天", "李晨晨", "陈小悦", "田甜", "冉让", "庞拓"]
b_shuxue = [88,90,98,86,92,80]
b_yingyu = [80,92,88,67,85,82]
b_computer = [90,77,96,76,93,60]
bar_width = 0.25
x_1 = list(range(len(a)))
x_2 = list(i+bar_width for i in x_1)
x_3 = list(i+bar_width for i in x_2)
plt.figure(figsize=(10,4),dpi=80)
plt.bar(range(len(a)),b_computer,width=bar_width,label="计算机")
plt.bar(x_2,b_yingyu,width=bar_width,label="英语")
plt.bar(x_3,b_shuxue,width=bar_width,label="数学")
plt.xticks(x_2,a,rotation=90) #对应 x 轴与字符串
plt.title("Matplotlib 绘制垂直多元条形图")
plt.legend(loc='upper center',ncol=4)                  #设置图例,居中对齐
plt.savefig("./垂直条形图.png")                         #结果存储在当前系统默认路径中
plt.show()
```

运行程序,输出结果如图 6-20 所示。

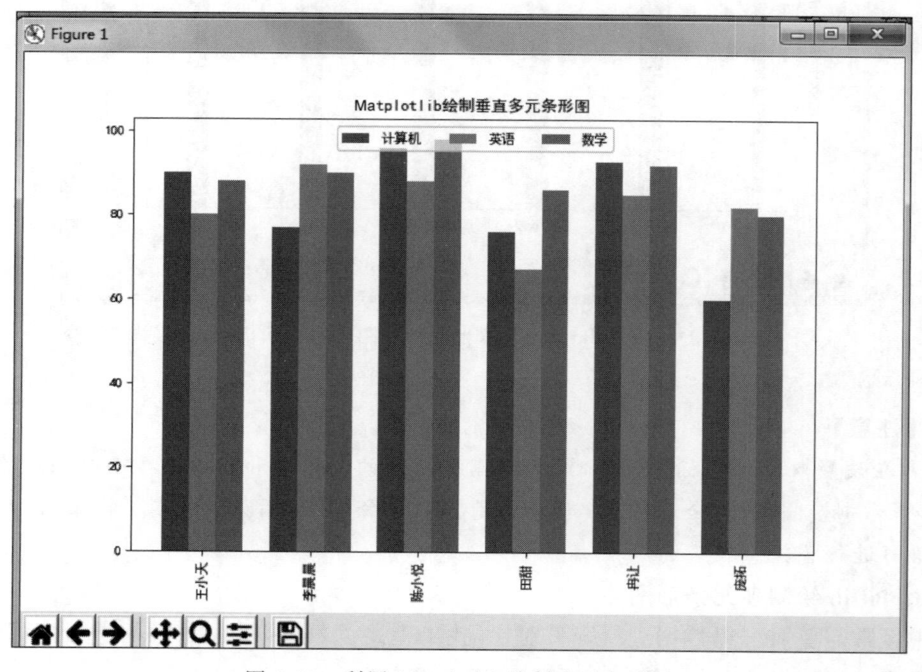

图 6-20　利用 Matplotlib 绘制多元条形图

4. Matplotlib 绘制三维图形

前面绘制的图形都是平面图形,即二维图形。利用 Matplotlib 不仅可以绘制各种二维图形,还可以制作三维图形。

例 6-20 利用 Matplotlib 绘制三维图形（三维折线图和三维散点图）。

```
from mpl_toolkits.mplot3d import Axes3D
import matplotlib.pyplot as plt
import numpy as np
#绘制三维图形
fig = plt.figure()
ax = fig.gca(projection = '3d')
#生成测试数据
data = np.random.randint(0, 255)
xdata = np.sin(data) + 0.1 * np.random.randn(100)
ydata = np.cos(data) + 0.1 * np.random.randn(100)
zdata = 15 * np.random.random(100)
#绘制三维折线图,颜色红色,设置标签
ax.plot(xdata, ydata, zdata, 'rv - ', label = '三维折线')
#设置图例的字体、字号,显示图例
plt.rcParams['font.sans - serif'] = ['SimHei']        #实现显示中文——设置字体
plt.rcParams['axes.unicode_minus'] = False        #实现显示中文——字符显示
ax.legend()
#绘制三维散点图,颜色默认蓝色
ax.scatter(xdata, ydata, zdata, 'rv - ')
plt.show()
```

运行程序，输出结果如图 6-21 所示。

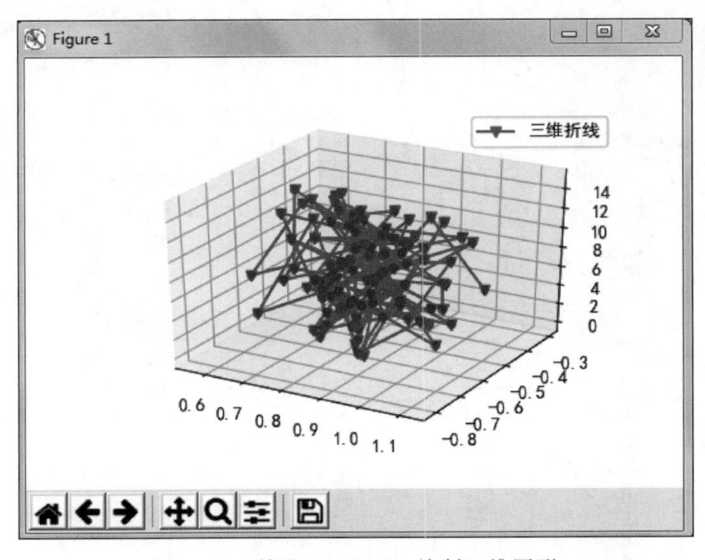

图 6-21 利用 Matplotlib 绘制三维图形

【注意】

在图 6-21 中，红色代表折线图，蓝色的点是散点图。当然，Matplotlib 还可以根据需要绘制不同的三维图形。

5. Matplotlib 绘制动态二维图

Matplotlib 绘图功能非常强大，除了前面绘制的各种二维、三维图形外，还可以绘制动态的二维、三维图形。

在绘制二维动态图形时，主要使用 animation. FuncAnimation()函数来实现。

其语法格式如下。

```
animation.FuncAnimation(fig,func,frames,init_func,interval,blit)
```

其中的参数 func 是更新图形的函数；frames 是总共更新的次数；intit_func 是图形开始使用的函数；interval 是更新的间隔时间(ms)；blit 决定是更新整张图的点(False)还是只更新变化的点(True)。

例 6-21 利用 Matplotlib 绘制动态二维图。

```
import numpy as np
from matplotlib import pyplot as plt
from matplotlib import animation
fig = plt.figure()
ax = plt.axes(xlim = (0, 2), ylim = ( - 2, 2))
data, = ax.plot([], [], lw = 2)
#初始化设置
def init():
    data.set_data([], [])
    return data,
def animate(i):
    x = np.linspace(0, 2, 1000)
    y = np.sin(4 * np.pi * (x - 0.01 * i))  #更新数据
    data.set_data(x, y)
    return data,
plt.xticks([0,np.pi/2,np.pi],[r'$0$',r'$\pi/2$',r'$\pi$'])          #设置 x 坐标轴取值的范围
plt.yticks([ - 1,0,1])                                   #设置 y 坐标轴取值的范围
anim = animation.FuncAnimation(fig, animate, init_func = init, frames = 100, interval = 20, blit =
True)                                                    #图像以每帧 20ms 的间隔变化
plt.show()
```

运行程序，输出结果如图 6-22 所示。

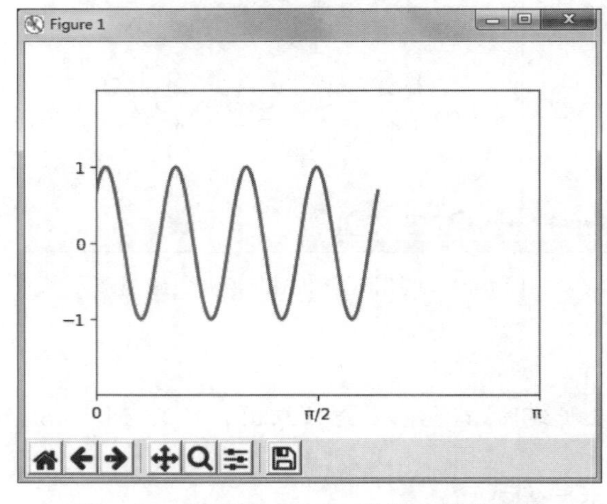

图 6-22　利用 Matplotlib 绘制二维动态图

【注意】

在例 6-21 的运行结果中，图像始终是以每帧 20ms 的间隔在变化的，建议读者需要实际输入程序、运行，方可看到真正的动态效果。

任务 3　Tkinter GUI 编程组件——动感地带

视频讲解

6.3.1　任务说明

Python 图形化界面设计可以调用不同的模块绘制各种场景使用的图形，尤其游戏场景中的界面都是动态的。下面介绍如何利用 Tkinter 模块来实现动态界面设计。

6.3.2　任务展示

动感地带程序的运行结果如图 6-23 所示。

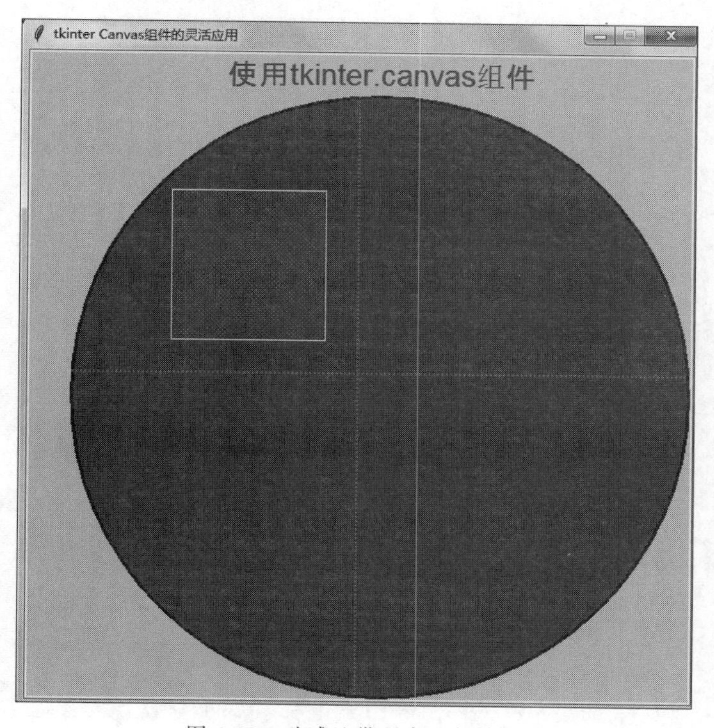

图 6-23　动感地带程序运行效果

6.3.3　任务实现

动感地带具体实现代码如下。

```
from tkinter import *                    #导入 tkinter 模块库
import time                              #导入时间(time)模块库
```

```
tk = Tk()   #定义画布
tk.title('tkinter Canvas 组件的灵活应用')        #设置画布的标题为"tkinter Canvas 组件的灵活应用"
tk.resizable(0,0)   #将画布窗口大小固定不变
my_picture = Canvas(tk, width = 600, height = 600,bg = 'pink')   #设置画图区域在画布上的大小和颜色
my_picture.pack()   #默认布局参数
my_picture.create_text(320,20,text = "使用 tkinter.canvas 组件",font = ( "Arial",20),\
                      fill = 'blue',tags = "string")   #在画布的(320,20)坐标位置显示文本,文本
#内容为"使用 tkinter.canvas 组件",并设置字体为 Arial、字号为 20,填充颜色为"蓝色"
my_picture.create_oval(40,40,600,600,width = 3,fill = 'purple')   #以(40,40)~(600,600)坐标点为
#区域绘制椭圆
my_picture.create_line(40,300,600,300,width = 1.5,fill = 'red',dash = 6)   #以网格、虚线形式绘制对
#应椭圆的 x 轴直线
my_picture.create_line(300,40,300,600,width = 1.5,fill = 'red',dash = 6)   #以网格、虚线形式绘制对
#应椭圆的 y 轴直线
moving_picture = my_picture.create_rectangle(10,10,110,110,outline = 'yellow',\
                                            stipple = 'gray12',fill = 'red')   #以坐标点(10,10)
~(110,110)为区域绘制矩形,外围边线为黄色,填充颜色为红色图案
def move_obj(my_picture,idx,pos):   #定义函数,实现矩形动态移动坐标位置
    if pos == 1:   #当 pos 等于 1 时,移动矩形坐标位置点为(130, 330)~(270, 470)
        my_picture.coords(idx, (130, 330, 270, 470))
    elif pos == 2:   #当 pos 等于 2 时,移动矩形坐标位置点为(130, 130)~(270, 270)
        my_picture.coords(idx, (130, 130, 270, 270))
    elif pos == 3:   #当 pos 等于 3 时,移动矩形坐标位置点为(330, 130)~(470, 270)
        my_picture.coords(idx, (330,130, 470, 270))
    elif pos ==4:   #当 pos 等于 4 时,移动矩形坐标位置点为(330, 330)~(470, 470)
        my_picture.coords(idx, (330, 330, 470, 470))
    else:
        return 0
i = 5   #定义变量 i,初始值为 5
while i:   #根据变量 i 的值判断循环遍历开始
    move_obj(my_picture,moving_picture,1)   #调用 move_obj()函数,并传递对应的参数,使 pos 等于 1
    time.sleep(0.3)   #时间暂停 0.3s
    tk.update_idletasks()   #重新画出画布
    tk.update()   #更新画布

    move_obj(my_picture,moving_picture,2)   #调用 move_obj()函数,并传递对应的参数,使 pos 等于 2
    time.sleep(0.3)   #时间暂停 0.3s
    tk.update_idletasks()   #重新画出画布
    tk.update()   #更新画布

    move_obj(my_picture,moving_picture,3)   #调用 move_obj()函数,并传递对应的参数,使 pos 等于 3
    time.sleep(0.3)   #时间暂停 0.3s
    tk.update_idletasks()   #重新画出画布
    tk.update()   #更新画布
    move_obj(my_picture,moving_picture,4)   #调用 move_obj()函数,并传递对应的参数,使 pos 等于 4

    tk.update_idletasks()   #重新画出画布
    tk.update()   #更新画布
    i = i - 1   #遍历循环结束一轮后,改变变量 i 的值,使其减 1
```

6.3.4　相关知识链接

1. GUI 库

GUI(Graphical User Interface,图形用户界面)是指采用图形方式显示的计算机操作用户界面。例如,运行 Python 的 IDLE 就是一种 GUI,生活中登录网页的浏览器也是一种 GUI,所以 GUI 应用广泛,可以实现可视化编程。

2. Tkinter 库

Tkinter 是 Python 的标准 GUI 库,Python 使用 Tkinter 可以创建完整的 GUI 程序。在 Tkinter 中,可以直接使用命令按钮、文本框、标签、单选按钮等组件进行 GUI 编程,实现可视化效果。

3. 导入 Tkinter 库

Tkinter 库是 Python 安装包中内置的库,所以只要安装好 Python 之后就能直接导入,而且运行 Python 的 IDLE(集成开发环境)也是用 Tkinter 编写而成的。导入 Tkinter 库,直接借助命令 import tkinter(全部小写字母)即可实现。

4. Tkinter 窗口中显示中文

如果需要在组件中显示中文,则需要在编写的程序中首行添加"#-*- coding: UTF-8 -*-",用来指明字符编码为 UTF-8 格式。

5. Tkinter 组件

用 Tkinter 创建的窗口如同一个容器,可以根据需要添加各种组件,便于使用。Tkinter 包含 15 种核心组件,用以实现不同的功能。各种组件及含义如表 6-8 所示。

表 6-8　Tkinter 组件及含义

控　件	含　义
Button	按钮控件,用于显示按钮
Canvas	画布控件,显示图形元素,例如线条或文本
Checkbutton	多选框控件,用于在程序中提供多项选择框
Entry	输入控件,用于显示简单的文本内容
Frame	框架控件,在屏幕上显示一个矩形区域,多用来作为容器
Label	标签控件,可以显示文本或位图
Listbox	列表框控件,用来显示一个选择列表
Menubutton	菜单按钮控件,用于显示菜单项
Menu	菜单控件,显示菜单栏、下拉菜单和弹出菜单
Message	消息控件,用来显示多行文本,与 Label 类似
Radiobutton	单选按钮控件,显示一个单选的按钮状态
Scale	范围控件,显示一个数值刻度,用于设置输出限定范围的数字区间
Scrollbar	滚动条控件,当内容超过可视化区域时使用,例如列表框
Text	文本控件,用于显示多行文本
Toplevel	容器控件,用来提供一个单独的对话框,和 Frame 类似
Spinbox	输入控件,与 Entry 类似,但是可以指定输入范围值
PanedWindow	窗口布局管理插件,可以包含一个或者多个子控件
LabelFrame	简单的容器控件,常用于复杂的窗口布局
tkMessageBox	用于显示应用程序的消息框

6. 常用 Tkinter 组件

1）按钮

Tkinter 按钮组件用于在 Python 应用程序中添加按钮。按钮上可以是文本或图像，按钮可用于监听用户的行为，使用 tkinter.Button 可以创建按钮。按钮的常用属性有前景、背景颜色、高度、宽度、文本内容等，按钮的常用控制参数及含义如表 6-9 所示。

表 6-9　按钮控件的常用参数及含义

参　　数	含　　义
activebackground	当鼠标放上去时，按钮的背景色
activeforeground	当鼠标放上去时，按钮的前景色
anchor	控制文本的位置，默认为中心
bd	按钮边框的大小，默认为 2 像素
bg	指定按钮的背景颜色
command	按钮关联的函数，当按钮被单击时，执行该函数
fg	按钮的前景色（按钮文本的颜色）
font	文本字体
height	按钮的高度
image	按钮上要显示的图片
state	设置按钮组件状态，可选的有 NORMAL、ACTIVE、DISABLED，默认为 NORMAL
underline	下画线。默认按钮上的文本都不带下画线。取值表示带下画线的字符串位置索引，例如为 0 时，第一个字符带下画线；为 1 时，前两个字符带下画线，以此类推
width	按钮的宽度，如未设置此项，其大小自动适应按钮的内容（文本或图片的大小）
wraplength	限制按钮每行显示的字符数量
text	按钮的文本内容

按钮的常用方法及含义如表 6-10 所示。

表 6-10　按钮的常用方法

方　　法	描　　述
flash()	频繁重画按钮，使其在活动和普通样式下切换
invoke()	调用与按钮相关联的命令

例 6-22　Tkinter 按钮组件的使用。

```
import tkinter                                  #使用 Tkinter 前需要先导入
root = tkinter.Tk()                             #实例化对象，建立窗口 Window
def hello_click():
  your_button = tkinter.Button(root,anchor = tkinter.N,        #顶对齐
                               text = '单击确定时的显示按钮',
                               bd = 3,
                               underline = 3,
                               activebackground = 'green',
                               fg = 'red')
  your_button.pack()
my_button = tkinter.Button(root,anchor = tkinter.E,
                           text = '确定',
```

```
                            bg = 'red',
                            width = 4,
                            height = 3,
                            command = hello_click)
my_button.pack()
root.mainloop()                                  #主窗口循环显示
```

运行程序,输出结果如图 6-24 所示。

2）标签

标签是用来提供在窗口中显示文本的组件。除了可以显示文本,也可以显示图片,使用 tkinter. Label 可以创建标签。标签的常用属性有标签的文本位置、边框的粗细、对齐方式等。标签的常用控制参数及含义如表 6-11 所示。

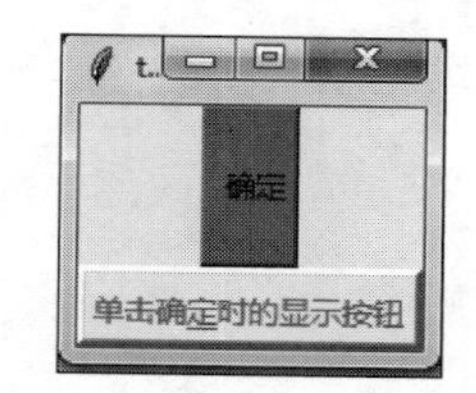

图 6-24　例 6-22 运行结果

表 6-11　标签的常用参数及含义

参　数	含　义	参　数	含　义
anchor	标签中文本的位置	height	指定标签的高度
bg	指定标签的背景颜色	image	指定标签显示的图片
bd	指定标签的边框宽度	justify	指定标签中多行文本的对齐方式
bitmap	指定标签中的位图	text	指定标签中的文本,可以使用"\n"换行
font	指定标签中文本的字体	width	指定标签的宽度
fg	指定标签的前景色		

例 6-23　Tkinter 标签组件的使用。

```
import tkinter
root = tkinter.Tk()
def hello_click():
  my_label = tkinter.Label(root,anchor = tkinter.W,        #左对齐
                           text = '我是标签,标签是我',
                           bd = 3,
                           bg = 'blue',
                           height = 3,
                           width = 20,
                           fg = 'red')
  my_label.pack()
my_button = tkinter.Button(root,anchor = tkinter.E,        #右对齐
                           text = '单击按钮,显示标签',
                           bg = 'red',
                           width = 20,
                           height = 3,
                           command = hello_click)
my_button.pack()
root.mainloop()
```

运行程序,输出结果如图 6-25 所示。

3）文本框

Tkinter 文本框是用来接收用户输入的文本字符信息。使用 tkinter. Entry 和 tkinter. Text 可

以创建单行文本框和多行文本框组件。可以设置文本框的边框大小、字体、颜色等属性，文本框常用参数及含义如表 6-12 所示。

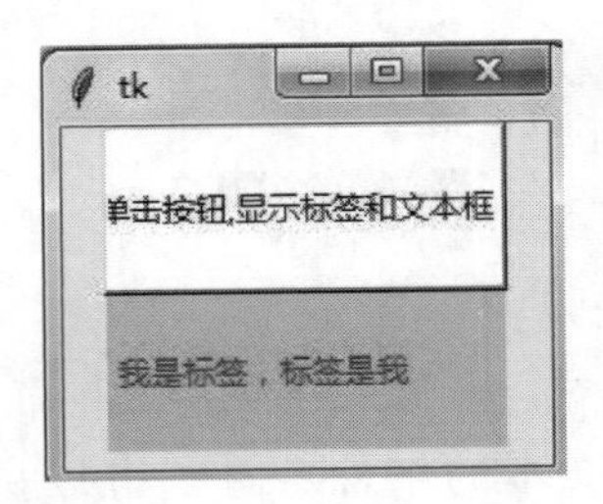

图 6-25　例 6-23 运行结果

表 6-12　文本框的常用参数及含义

参　数	含　义
bg	输入框的背景颜色
bd	边框的大小，默认为 2 像素
cursor	光标的形状设定，如 arrow、circle、cross、plus 等
font	文本字体
fg	文字颜色，值为颜色或者颜色代码
highlightcolor	文本框高亮边框颜色，当文本框获取焦点时显示
relief	边框样式，设置控件 3D 效果，可选的有 flat、groove、raised、ridge、solid、sunken，默认为 flat(字母必须全部小写)
selectbackground	选中文字的背景颜色
selectborderwidth	选中文字的背景边框宽度
selectforeground	选中文字的颜色
show	指定文本框内容显示为字符，值随意。例如密码可以将值设为 show="*"
state	只读和可写状态(normal/disabled)，默认 state=normal 状态
textvariable	文本框的值，是一个 StringVar()对象
width	文本框宽度
xscrollcommand	设置水平方向滚动条，一般在用户输入的文本框内容宽度大于文本框显示的宽度时使用

文本框常用的方法及含义如表 6-13 所示。

表 6-13　文本框常用的方法及含义

方　法	含　义
delete (first, last=None)	删除文本框中指定位置值
get()	获取文件框的值
index (index)	返回指定的索引值
insert (index, s)	向文本框中插入值，index 为插入位置，s 为插入值
select_adjust (index)	把选中的区域扩大到指定的位置。如果当前的选择区域已经包含指定的位置，则不会有任何改变
select_clear()	清空文本框
select_from (index)	通过索引值 index 来设置光标的位置

续表

方　法	含　义
select_present()	如果有选中，返回 True，否则返回 False
select_range (start, end)	选中指定索引位置的值，start（包含）为开始位置，end（不包含）为结束位置，start 必须比 end 小
select_to (index)	选中指定索引与光标之间的值

例 6-24 Tkinter 文本框组件的使用。

```
import tkinter
root = tkinter.Tk()
def hello_click():
    my_label = tkinter.Label(root,anchor = tkinter.W,        #左对齐
                             text = '我是标签,标签是我',
                             bd = 3,
                             bg = 'pink',
                             height = 3,
                             width = 20,
                             fg = 'white')
    my_label.pack()
    my_text = tkinter.Text(root,font = '黑体',
                           height = 2,
                           relief = 'groove'

                           )
    my_text.pack()
my_button = tkinter.Button(root,anchor = tkinter.E,      #右对齐
                           text = '单击按钮,显示标签和文本框',
                           bg = 'red',
                           width = 20,
                           height = 3,
                           command = hello_click)
my_button.pack()
root.mainloop()
```

运行程序，输出结果如图 6-26 所示。

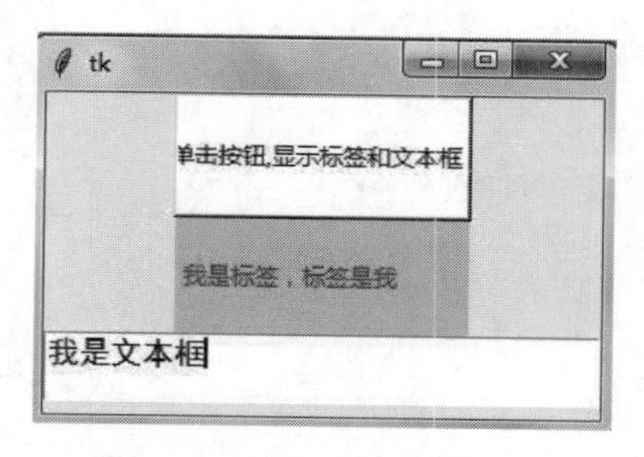

图 6-26　例 6-24 运行结果

4）单选框和复选框

单选框通常是以组为单位，将多个单选框放在一起构成一组，而每次只能选择其中一个。使用 tkinter. Radiobutton 创建单选框，可以设置单选框的前景颜色、背景颜色、大小、状态等属性。

复选框则是由一个复选框组件表示选中和未选中两种不同的状态。使用 tkinter. Checkbutton 创建复选框，可以设置复选框的前景颜色、背景颜色、大小、状态等属性。

单选框和复选框共有的常用属性参数及含义如表 6-14 所示。

表 6-14 单选框和复选框的参数及含义

参 数	含 义	参 数	含 义
anchor	文本位置	image	组件中的图片
bg	背景颜色	text	组件中的文本，可以使用"\n"
bd	边框的宽度	value	组件被选中后关联变量的值
font	组件中文本的字体	variable	组件所关联的变量
fg	组件的前景颜色	width	组件的宽度
height	组件的高度		

例 6-25 Tkinter 单选框和复选框组件的使用。

```
import tkinter
root = tkinter.Tk()
root.title("单选框和复选框")
my_label1 = tkinter.Label(root,anchor = tkinter.N,          #顶对齐
                          text = '请选择你的性别',
                          fg = 'red')
my_label1.pack()
my_label2 = tkinter.Label(root, text = '', fg = 'green')
my_label2.pack(anchor = tkinter.E)
def xuanzhe_my_radio():
    mystr = ''
    mystr += "你的选择是" + str(r.get())
    my_label2.config(text = mystr)
    #my_text.delete(0.0,tkinter.END)
    #my_text.insert('insert',mystr)
r = tkinter.StringVar()
r.set('1')
my_radio1 = tkinter.Radiobutton(root,variable = r,
                          value = '1',
                          text = '男',
                          command = xuanzhe_my_radio)
my_radio1.pack()
my_radio2 = tkinter.Radiobutton(root,variable = r,
                          value = '2',
                          text = '女',
                          command = xuanzhe_my_radio)
my_radio2.pack()
flag1 = False
count = 0
listcontent = ['你选择的语言是']
language = ['Python']
my_label3 = tkinter.Label(root,text = '')
def click_1():
```

```
        global flag1,count
        flag1 = not flag1
        if count % 2 == 1:
            my_check1['onvalue'] = 1
            my_check1['fg'] = 'green'
            count += 1
        else:
            my_check1['variable'] = c
            my_check1['fg'] = 'red'
            count += 1
        if flag1:
           listcontent.append(language[0])
           my_check1.deletecommand
        else:
           listcontent.remove(language[0])
        my_label3['text'] = listcontent

    c = tkinter.IntVar()
    c.set(1)
    my_check1 = tkinter.Checkbutton(root, text = 'Python', variable = c, onvalue = 0, command = click_1)
    my_check1.pack(anchor = tkinter.E)
    my_label3.pack()
    root.mainloop()
```

运行程序，输出结果如图 6-27 所示。

图 6-27　例 6-25 运行结果

【注意】

在例 6-25 中，设置了两个单选框作为一组（“男”和“女”），以及设置了一个复选框“Python”。为了突出显示运行效果，程序中设置了当复选框被选中时，复选框文本前景色为红色，否则为绿色。

5）菜单

在 Tkinter 中可以增加菜单组件。菜单分为顶级菜单、下拉菜单和弹出式菜单三种。菜单组件的添加和其他组件有所不同，菜单需要通过创建的主窗口的 config 方法添加到窗口中。

菜单组件同样有前景颜色、背景颜色、字体等属性，常见菜单组件的参数及含义如表 6-15 所示。

表 6-15　菜单组件的参数及含义

参　数	含　义	参　数	含　义
label	指定菜单的名称	acceletor	快捷键
command	被单击时调用的方法	underline	下画线

菜单组件常用的方法及含义如表 6-16 所示。

表 6-16 菜单组件常用方法

方　法	含　义
add_command	在菜单中添加一个菜单项。如果该菜单是顶层菜单，则添加的菜单项依次向右添加。如果该菜单是顶层菜单的一个菜单项，则添加的是下拉菜单的菜单项
add_radiobutton	创建单选按钮菜单项
add_checkbutton	创建检查按钮菜单项
add_cascade	通过将给定的菜单与父菜单相关联来创建新的分层菜单
add_separator()	在菜单中添加分隔线
delete(startindex [,endindex])	删除从 startindex 到 endindex 的菜单项
entryconfig(index,options)	修改由索引标识的菜单项，并更改其选项
index(item)	返回指定菜单项标签的索引号
insert_separator(index)	在 index 指定的位置插入一个新的分隔符
invoke(index)	调用 index 指定的菜单项相关联的方法，如果是单选按钮，设置该菜单项为选中状态；如果是多选按钮，则切换该菜单项的选中状态
type(index)	返回由 index 参数指定的菜单项类型，返回值可以是 cascade、checkbutton、command、radiobutton 或 separator

(1) 顶级菜单。顶级菜单就是放在窗口最顶层的菜单，是通过单击鼠标或者利用快捷键的方式打开，通常和下拉菜单一起使用。

(2) 下拉菜单。单击顶层菜单弹出的菜单即是下拉菜单。下拉菜单需要绑定在顶层菜单上才可以使用。

例 6-26 调用 Tkinter 菜单组件制作顶级菜单和下拉菜单。

```
from tkinter import *

root = Tk()
root.title("顶级菜单和下拉菜单")
#创建主菜单
menu_main = Menu(root)
#创建子菜单
menu1 = Menu(menu_main,tearoff = 0)
menu1.add_command(label = '新文件', accelerator = 'Ctrl + N')
menu1.add_command(label = '打开', accelerator = 'Ctrl + O')
menu1.add_command(label = '保存', accelerator = 'Ctrl + S')
menu1.add_command(label = '另存为')

menu1.add_separator()
menu1.add_command(label = '关闭')
menu_main.add_cascade(label = '文件',menu = menu1)
menu1 = Menu(menu_main,tearoff = 0)
#创建单选框
for i in ["复制", "剪切", "粘贴"]:
```

```
    menu1.add_radiobutton(label = i)
#添加分隔符
menu1.add_separator()
#添加复选框
menu1.add_command(label = 'About')
menu_main.add_cascade(label = "编辑", menu = menu1)
root.config(menu = menu_main)
root.mainloop()
```

运行程序,输出结果如图 6-28 所示。

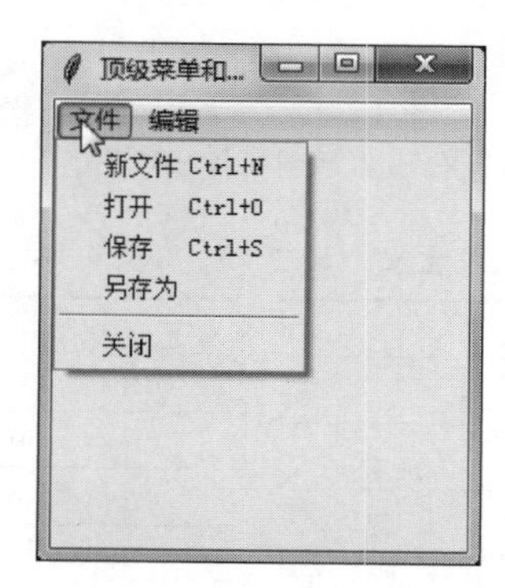

图 6-28　例 6-26 运行效果

(3) 弹出式菜单。弹出式菜单就是通过右击弹出的菜单。利用 Python 的菜单组件同样可以制作弹出式菜单。

例 6-27　利用菜单组件设计弹出式菜单。

```
import tkinter as tk
root = tk.Tk()
root.title('弹出式菜单的使用')
def click():
    pass

menubar = tk.Menu(root)
menubar.add_command(label = "复制",command = click)
menubar.add_command(label = "剪切",command = click)
menubar.add_separator()
menubar.add_command(label = "粘贴",command = click)
def popup(event):
    menubar.post(event.x_root,event.y_root)

root.bind("< Button - 3 >",popup)
root.mainloop()
```

运行程序,输出结果如图 6-29 所示。

6) 绘制图形

Canvas 组件是画布组件,提供绘图功能,用来绘制直线、椭圆、多边形、矩形等创建图形编辑器,实现定制窗口部件。Canvas 绘图组件的控制参数及含义如表 6-17 所示。

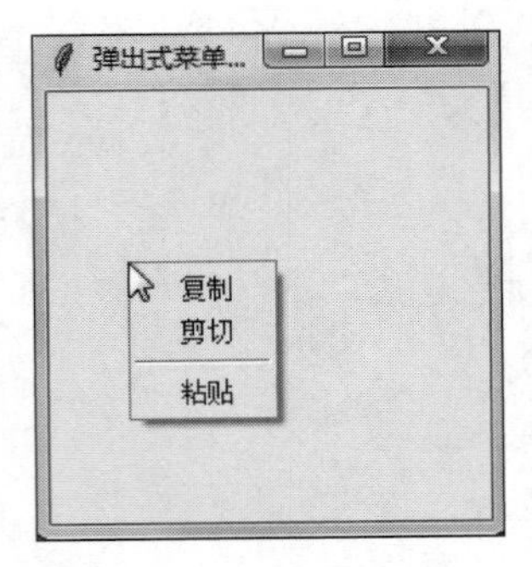

图 6-29 弹出式菜单

Canvas 组件的常用绘图方法及含义如表 6-18 所示。

表 6-17 Canvas 绘图组件的控制参数及含义

参 数	含 义
bg	绘图组件的背景色
bd	绘图组件的边框宽度
bitmap	绘图组件的位图
cursor	指定当鼠标在 Canvas 上移过时的鼠标样式
fg	绘图组件的前景色
height	绘图组件的高度
image	绘图组件中的图片
width	绘图组件的宽度

表 6-18 Canvas 绘图组件的常用方法及含义

方 法	含 义
create_arc	绘制圆弧
create_bitmap	绘制位图
create_image	绘制图片
create_line	绘制直线
create_oval	绘制椭圆
create_polygon	绘制多边形
create_rectangle	绘制矩形
create_text	绘制文字
create_window	绘制窗口
delete	删除绘制的图形

例 6-28 使用 Canvas 组件绘制多种图形。

```
import tkinter as tk
root = tk.Tk()
root.title('Canvas 绘图组件的使用')
canvas = tk.Canvas(root,
                   width = 600,
                   height = 600,
                   bg = 'grey',
                   bd = 10,
                   )
canvas.create_line(300, 100, 400, 100, fill = "red", width = 3)
canvas.create_oval(50,50,200,200,width = 5,fill = 'white')
canvas.create_arc (0,240,240,400,start = 0,extent = 120,fill = 'red',width = 5)
points = [320,280,380,260, 370, 200]
canvas.create_polygon(points, outline = 'pink',
             fill = 'yellow', width = 2)
canvas.create_rectangle(80,350,180,450,width = 3)
canvas.create_text(260,30,text = "使用 tkinter.canvas 组件",font = "time 10 bold underline",fill =
'black',tags = "string")
canvas.create_oval(280,320,400,450,width = 5,fill = 'white')
canvas.pack()
root.mainloop()
```

运行程序，输出结果如图 6-30 所示。

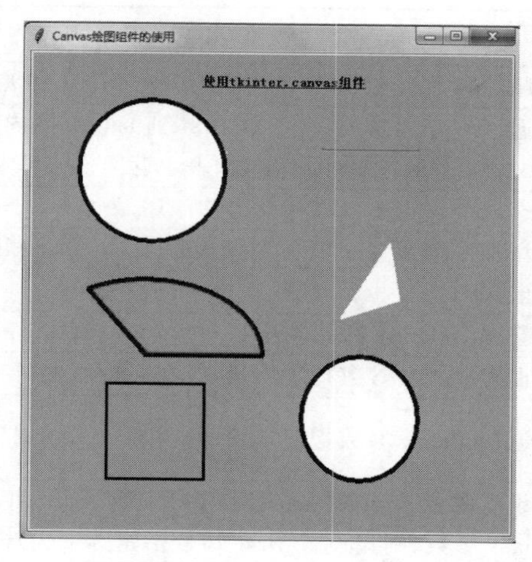

图 6-30　使用 Canvas 组件绘制多种图形

7）列表框

列表框组件(Listbox)通常被用于显示一组文本选项。列表框组件与前面介绍的单选按钮和复选框组件类似，不过列表框组件是以列表的形式来提供选项的。列表框组件常用属性及含义如表 6-19 所示。

表 6-19　列表框组件的控制参数及含义

参　数	含　义
bg	设置背景颜色，默认值由系统指定
bd	指定列表框的边框宽度，默认值由系统指定，通常是 2 像素
cursor	指定当鼠标在 Listbox 组件上移过时鼠标的样式，默认值由系统指定
font	指定 Listbox 组件中文本的字体
fg	绘图组件的前景色
height	设置列表框显示的行数(不是像素)，默认值是 10
highlightbackground	指定当 Listbox 组件没有获得焦点的时候高亮边框的颜色，默认值由系统指定，通常是标准背景颜色
listvariable	指向一个 StringVar 类型的变量，该变量存放列表框中所有的项目，在 StringVar 类型的变量中，用空格分隔每个项目
width	绘图组件的宽度
xscrollcommand	为 Listbox 组件添加一条水平滚动条，需要将此选项与 Scrollbar 组件相关联
yscrollcommand	为 Listbox 组件添加一条垂直滚动条，需要将此选项与 Scrollbar 组件相关联

列表框常用方法及含义如表 6-20 所示。

表 6-20　列表框组件的常用方法及含义

方　法	含　义
activate(index)	将给定索引号对应的选项激活
curselection()	返回一个元组，包含被选中选项的序号(从 0 开始)，如果没有选中任何选项，则返回一个空元组

续表

方　　法	含　　义
delete(first，last=None)	删除参数 first 到 last 范围内(包含 first 和 last)的所有选项
get(first，last=None)	返回一个元组，包含参数 first 到 last 范围内(包含 first 和 last)的所有选项的文本；如果忽略 last 参数，表示返回 first 参数指定选项的文本
index(index)	返回与 index 参数相应选项的序号
insert(index，* elements)	添加一个或多个项目到列表框中。例如使用 lb. insert(END) 添加新选项到末尾
itemcget(index，option)	获得 index 参数指定项目对应的选项(由 option 参数指定)
itemconfig(index，options)	设置 index 参数指定项目对应的选项(由可变参数 options 指定)
selection_includes(index)	返回 index 参数指定选项的选中状态，返回 1 表示选中，返回 0 表示未选中
selection_set(first，last=None)	设置参数 first 到 last 范围内(包含 first 和 last)选项为选中状态，如果忽略 last 参数，则只设置 first 参数指定选项为选中状态

例 6-29 列表框的使用。

```
from tkinter import *
root = Tk()
root.title('Tkinter 列表框的使用')
my_listbox = Listbox(root, selectmode = MULTIPLE, height = 15)
my_listbox.pack()
list_items = [11,22,33,44]
for item in list_items :
    #END 表示每插入一个列表项,都是放在列表框最后位置
    my_listbox.insert(END,item)
my_button1 = Button(root, text = '删除', command = lambda x = my_listbox:x.delete(ACTIVE))
my_button2 = Button(root, text = '增加', command = lambda x = my_listbox:x.insert('end','增加的新内容
'))
my_button1.pack()
my_button2.pack()
for item in list_items:
    my_listbox.insert('end', item)   #从最后一个位置开始加入值
mainloop()
```

运行程序，输出结果如图 6-31 所示。

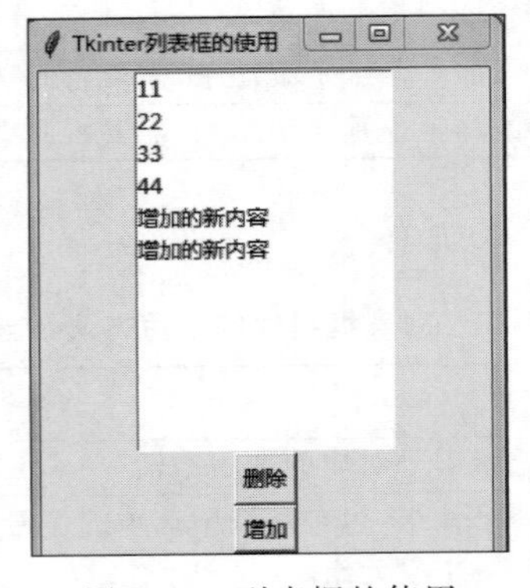

图 6-31　列表框的使用

6.3.5　知识拓展

1. 加密文本框

文本框在实际使用中，除了正常显示内容外，还经常被用来输入一些保密性文本，例如聊天工具QQ、微信中的密码，这时的文本框就需要以特殊的符号（通常用*）来表示输入的内容，即将文本框的信息加密。

例6-30　用文本框模仿QQ登录界面。

```
import tkinter as tk
root = tk.Tk()
root.title('QQ登录界面')
root.geometry('400x300')
my_label1 = tk.Label(root,text = '用户名',bd = 3, bg = 'white',fg = 'red')
my_label1.pack()
my_label1.place(relx = 0.2,rely = 0.3)   #设置标签1在窗口的相对位置
my_text1 = tk.Entry(root, show = None, font = ('Arial', 14))
my_text1.pack()
my_text1.place(relx = 0.4,rely = 0.3)   #设置文本框1在窗口的相对位置
my_label2 = tk.Label(root,text = '密码', bd = 3, bg = 'blue',fg = 'red')
my_label2.pack()
my_label2.place(relx = 0.2,rely = 0.5)   #设置标签2在窗口的相对位置
my_text2 = tk.Entry(root, show = '*', font = ('Arial', 14))   #显示成密文形式
my_text2.pack()
my_text2.place(relx = 0.4,rely = 0.5)   #设置文本框2在窗口的相对位置
root.mainloop()
```

运行程序，输出结果如图6-32所示。

图6-32　例6-30运行效果

2. 按钮式单选框和复选框

单选框和复选框除了用普通的外观体现其效果外，还可以以按钮形式体现。

例6-31　将例6-25单选框和复选框以按钮形式体现。

```
import tkinter
root = tkinter.Tk()
root.title("以按钮形式体现单选框和复选框")
```

```
my_label1 = tkinter.Label(root,anchor = tkinter.N,          #顶对齐
                          text = '请选择你的性别',
                          fg = 'red')
my_label1.pack()
my_label2 = tkinter.Label(root, text = '', fg = 'green')
my_label2.pack(anchor = tkinter.E)
def xuanzhe_my_radio():
    mystr = ''
    mystr += "你的选择是" + str(r.get())
    my_label2.config(text = mystr)
    #my_text.delete(0.0,tkinter.END)
    #my_text.insert('insert',mystr)
r = tkinter.StringVar()
r.set('1')
my_radio1 = tkinter.Radiobutton(root,variable = r,
                          value = '1',
                          text = '男',
                          indicatoron = 0,          #将单选按钮绘制成按钮形式
                          command = xuanzhe_my_radio)
my_radio1.pack()
my_radio2 = tkinter.Radiobutton(root,variable = r,
                          value = '2',
                          text = '女',
                          indicatoron = 0,          #将单选按钮绘制成按钮形式
                          command = xuanzhe_my_radio)
my_radio2.pack()
flag1 = False
count = 0
listcontent = ['你选择的语言是']
language = ['Python']
my_label3 = tkinter.Label(root,text = '')
def click_1():
    global flag1,count
    flag1 = not flag1
    if count % 2 == 1:
        my_check1['onvalue'] = 1
        my_check1['fg'] = 'green'
        count += 1
    else:
        my_check1['variable'] = c
        my_check1['fg'] = 'red'
        count += 1
    if flag1:
        listcontent.append(language[0])
        my_check1.deletecommand
    else:
        listcontent.remove(language[0])
    my_label3['text'] = listcontent

c = tkinter.IntVar()
c.set(1)
my_check1 = tkinter.Checkbutton(root, text = 'Python',
                          variable = c,onvalue = 0,
```

```
                                    indicatoron = 0,    #将单选按钮绘制成按钮形式
                                    command = click_1)
my_check1.pack(anchor = tkinter.E)
my_label3.pack()
root.mainloop()
```

运行程序,输出结果如图 6-33 所示。

图 6-33 以按钮形式体现单选框和复选框

3. 多个复选框

当程序中有多个复选框需要选择时,可以通过设置条件实现触发效果。

例 6-32 实现多个复选框综合应用。

```
import tkinter as tk
tk_window = tk.Tk()
tk_window.title('多个复选框一起使用')
tk_window.geometry('300x300')
my_label = tk.Label(tk_window, bg = 'red', font = ('Arial', 14) ,width = 20, text = 'empty')
my_label.pack()
my_label.place(relx = 0.2,rely = 0.4)
def my_click_selection():
    if (var1.get() == 1) & (var2.get() == 0):    #如果选中第一个选项,未选中第二个选项
        my_label.config(text = '我爱 Python ')
    elif (var1.get() == 0) & (var2.get() == 1):   #如果选中第二个选项,未选中第一个选项
        my_label.config(text = '我爱 Java')
    elif (var1.get() == 0) & (var2.get() == 0):    #如果两个选项都未选中
        my_label.config(text = '我两种语言都不喜欢')
    else:
        my_label.config(text = '我喜欢 Python 和 Java')    #如果两个选项都选中
var1 = tk.IntVar()   #定义 var1 和 var2 整型变量用来存放选择行为返回值
var2 = tk.IntVar()
my_check1 = tk.Checkbutton(tk_window, text = 'Python', variable = var1, onvalue = 1, offvalue = 0,
command = my_click_selection)
my_check1.pack()
my_check1.place(relx = 0.2,rely = 0.6)
my_check2 = tk.Checkbutton(tk_window,text = 'Java',variable = var2, onvalue = 1, offvalue = 0, command
= my_click_selection)
my_check2.pack()
my_check2.place(relx = 0.5,rely = 0.6)
tk_window.mainloop()
```

运行程序,输出结果如图 6-34 所示。

图 6-34　多个复选框综合应用

视频讲解

任务 4　Tkinter 对话框——人机交互

6.4.1　任务说明

在 GUI 编程中,对话框是人机交互和检索信息的重要控件。Tkinter 提供了一系列的对话框,可以用来显示文本消息、提示警告信息和错误信息、选择文件或颜色,其他一些简单的对话框还可以请求用户输入文本或数字。这些对话框统称为模式对话框(Modal),是相对于非模式窗体而言的,弹出的对话框必须应答,在关闭之前无法操作其后面的其他窗体。

6.4.2　任务展示

人机交互程序的运行效果如图 6-35 所示。

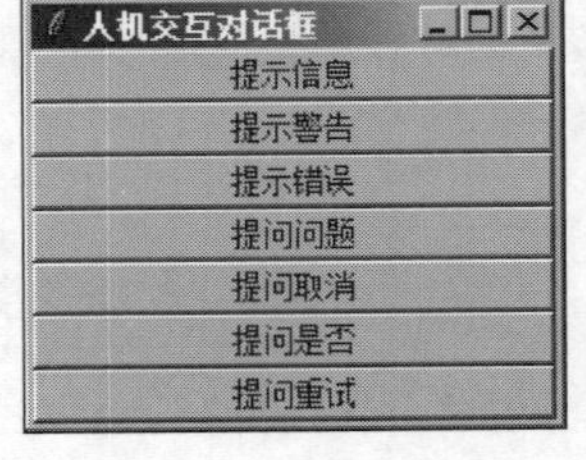

图 6-35　人机交互程序的运行结果

6.4.3　任务实现

人机交互具体实现代码如下。

```
import tkinter as tk    #导入 Tkinter 模块库,为它定义了一个别名 tk
GUI = tk.Tk()    #创建 Windows 窗口对象
GUI.title('人机交互对话框')    #设置窗口标题
GUI.geometry("200x200 + 500 + 100")    #初始化窗口的大小和位置
def button1_clicked():messagebox.showinfo("提示信息","程序已经安装完成.")
#自定义 button1 的按钮响应事件,弹出 showinfo 对话框
def button2_clicked():messagebox.showwarning("提示警告","程序携带病毒!")
#自定义 button2 的按钮响应事件,弹出 showwarning 对话框
def button3_clicked():messagebox.showerror("提示错误","程序安装失败!")
#自定义 button3 的按钮响应事件,弹出 showerror 对话框
def button4_clicked():messagebox.askquestion("提问问题","将程序安装在默认位置?")
#自定义 button4 的按钮响应事件,弹出 askquestion 对话框
```

```
def button5_clicked():messagebox.askokcancel("提问取消"," 取消安装程序?")
 #自定义 button5 的按钮响应事件,弹出 askokcancel 对话框
def button6_clicked():messagebox.askyesno("提问是否"," 是否卸载程序?")
 #自定义 button6 的按钮响应事件,弹出 askyesno 对话框
def button7_clicked():messagebox.askretrycancel("提问重试"," 重新安装程序?")
 #自定义 button7 的按钮响应事件,弹出 askretrycancel 对话框
button1 = tk.Button(GUI,text = "提示信息",command = button1_clicked)
 #通过 command 属性来指定 button1 的响应事件
button1.pack(fill = tk.X)
 #表示将 button1 组件添加到窗口中显示,在 x 方向上自动调整大小
button2 = tk.Button(GUI,text = "提示警告",command = button2_clicked)
 #通过 command 属性来指定 button2 的响应事件
button2.pack(fill = tk.X)
 #表示将 button2 组件添加到窗口中显示,在 x 方向上自动调整大小
button3 = tk.Button(GUI,text = "提示错误",command = button3_clicked)
 #通过 command 属性来指定 button3 的响应事件
button3.pack(fill = tk.X)
 #表示将 button3 组件添加到窗口中显示,在 x 方向上自动调整大小
button4 = tk.Button(GUI,text = "提问问题",command = button4_clicked)
 #通过 command 属性来指定 button4 的响应事件
button4.pack(fill = tk.X)
 #表示将 button4 组件添加到窗口中显示,在 x 方向上自动调整大小
button5 = tk.Button(GUI,text = "提问取消",command = button5_clicked)
 #通过 command 属性来指定 button5 的响应事件
button5.pack(fill = tk.X)
 #表示将 button5 组件添加到窗口中显示,在 x 方向上自动调整大小
button6 = tk.Button(GUI,text = "提问是否",command = button6_clicked)
 #通过 command 属性来指定 button6 的响应事件
button6.pack(fill = tk.X)
 #表示将 button6 组件添加到窗口中显示,在 x 方向上自动调整大小
button7 = tk.Button(GUI,text = "提问重试",command = button7_clicked)
 #通过 command 属性来指定 button7 的响应事件
button7.pack(fill = tk.X)
 #表示将 button7 组件添加到窗口中显示,在 x 方向上自动调整大小
GUI.mainloop()   #表示进入消息循环,也就是显示窗口
```

6.4.4　相关知识链接

常见的模式对话框有消息对话框、输入对话框、文件选择对话框、颜色选择对话框等。Tkinter 模块的子模块 messagebox、filedialog、colorchooser、simpledialog 中包括一些常用的预定义对话框,当然也可以通过继承 Toplevel 创建自定义的对话框。如果对于界面显示没有太严苛的要求,建议使用预定义对话框,无论从功能还是容错机制上都更有优势。

1. Tkinter 模块的子模块

1）messagebox

Tkinter 子模块 messagebox 主要用来实现消息提示、确认消息和提交内容,其主要包含 askokcancel、askquestion、askretrycancel、askyesno、showerror、showinfo、showwarning 等函数。

2）filedialog

Tkinter 子模块 filedialog 主要用来实现弹出打开目录、打开文件对话框、保存文件对话框,其主要包含 askdirectory、askopenfile、askopenfiles、askopenfilename、askopenfilenames、asksaveasfile、 asksaveasfilename 等函数。

3）colorchooser

Tkinter 子模块 colorchooser 主要用来实现弹出颜色选择对话框，其主要包含颜色选择对话框函数 askcolor。

4）simpledialog

Tkinter 子模块 simpledialog 主要用来实现弹出整数输入、浮点数输入、字符串输入对话框，其主要包含 askinteger、askfloat、askstring 等函数。

5）Toplevel

Tkinter 子模块 Toplevel 主要用来实现显示额外的窗口、对话框和其他弹出窗口，Toplevel 组件是一个独立的顶级窗口，这种窗口通常拥有标题栏、边框等部件，和 Tk()创建出来的根窗口是一样的。

2. 常用对话框

1）消息对话框

消息对话框的主要函数可以归类为提问类和显示类。消息对话框的常用函数及含义如表 6-21 所示。

表 6-21　消息对话框的常用函数

函　　数	含　　义
showinfo(title=None, message=None, ** options)	给出一条提示信息
showerror(title=None, message=None, ** options)	给出一条错误信息
showwarning(title=None, message=None, ** options)	给出一条警告信息
askokcancel(title=None, message=None, ** options)	询问用户操作是否继续
askquestion(title=None, message=None, ** options)	显示一个问题
askretrycancel(title=None, message=None, ** options)	询问用户是否要重试操作
askyesno(title=None, message=None, ** options)	显示一个问题，选择 OK 则返回 True

消息对话框常用参数如表 6-22 所示。

表 6-22　消息对话框的常用参数

参数	含　　义
title	对话框窗口标题
message	显示内容(可使用\n、\t 等参数对显示内容进行换行、对齐设置)
default	设置默认的按钮
icon	指定对话框显示的图标，可以指定的值有 ERROR、INFO、QUESTION 或 WARNING
parent	如果不指定该选项，那么对话框默认显示在根窗口上；如果想要将对话框显示在子窗口 w 上，那么可以设置 parent=w

例 6-33　消息对话框的使用。

```
import tkinter    #使用 Tkinter 前需要先导入
from tkinter import messagebox as msgbox
msgbox.showinfo("提示对话框","欢迎来到王者荣耀!")
msgbox.showwarning("提示对话框","我方水晶正在被攻击!")
msgbox.showerror("提示对话框","团灭啦!")
msgbox.askokcancel("提问对话框","启动游戏?")
```

```
msgbox.askquestion("提问对话框","买个皮肤?")
msgbox.askyesno("提问对话框","我秀吗?")
msgbox.askretrycancel("提问对话框","再来一局?")
mainloop()
```

运行程序,输出结果如图 6-36 所示。

(a) 第一个对话框

(b) 第二个对话框

(c) 第三个对话框

(d) 第四个对话框

(e) 第五个对话框

(f) 第六个对话框

(g) 第七个对话框

图 6-36　例 6-33 运行结果

2）文件对话框

实际编程处理数据时，很多数据都存放在 Excel 文件、CSV 文件、TIF 影像文件中，此时需要在程序中定义一个变量并将相应的文件路径赋值给该变量，一旦数据文件路径发生改变，则需要修改代码。因此，使用文件对话框代替在代码中直接编写文件路径，可以打开文件对话框、保存文件对话框、选择文件夹（目录）对话框。文件对话框的常用函数及含义如表 6-23 所示。

表 6-23　文件对话框的常用函数及含义

函　　数	含　　义
askdirectory(** options)	打开目录对话框，返回目录名称
askopenfile(** options)	打开文件对话框，返回打开的文件对象
askopenfiles(** options)	打开文件对话框，返回打开文件对象列表
askopenfilename(** options)	打开文件对话框，返回打开文件名称
askopenfilenames(** options)	打开文件对话框，返回打开文件名称列表
asksaveasfile(mode='w', ** options)	打开保存对话框，返回保存的文件对象
asksaveasfilename(mode='w', ** options)	打开保存对话框，返回保存的文件名

文件对话框的常用参数及含义如表 6-24 所示。

表 6-24　文件对话框的常用参数及含义

参　　数	含　　义
defaultextension	指定文件的后缀
filetypes	指定筛选文件类型的下拉菜单选项，该选项的值是由二元组构成的列表，每个二元组由（类型名，后缀）构成
initialdir	初始化目录
initialfile	初始化文件
parent	如果不指定该选项，那么对话框默认显示在根窗口上，如果想要将对话框显示在子窗口 w 上，那么可以设置 parent=w
title	指定文件对话框的标题栏文本

例 6-34　文件对话框的使用。

```
from tkinter import *
import tkinter.filedialog
root = Tk()
def file1():#创建打开文件对话框
    filename1 = tkinter.filedialog.askopenfilename()
    return filename1   #输出返回值
def file2():#创建保存文件对话框
    filename2 = tkinter.filedialog.asksaveasfilename()
    return filename2
btn1 = Button(root,text = "打开文件",command = file1)
btn2 = Button(root,text = "保存文件",command = file2)
btn1.pack()
btn2.pack()
root.mainloop()
```

运行程序，输出结果如图 6-37 所示。

(a) 第一个对话框

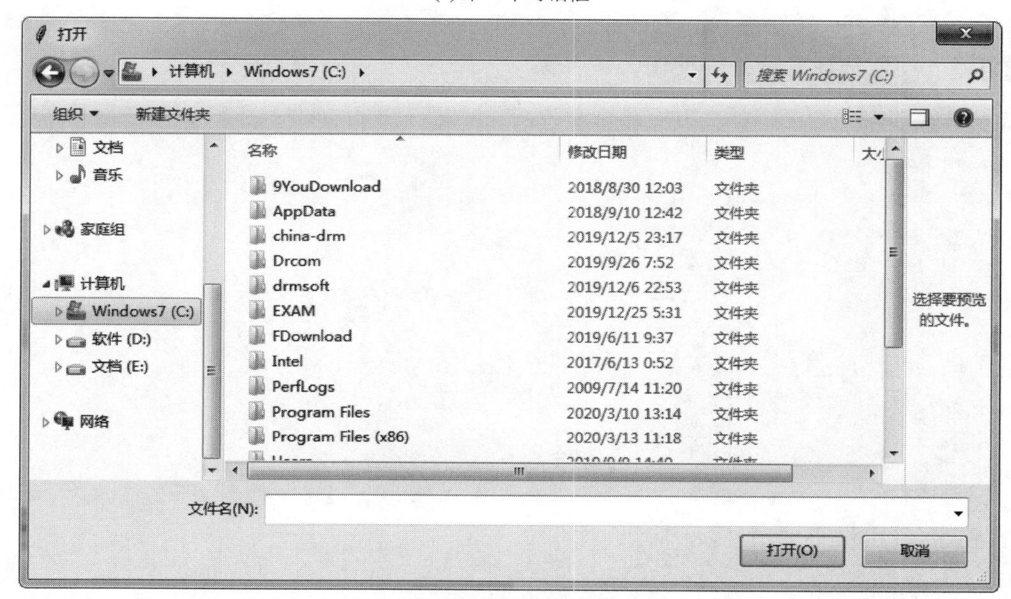

(b) 第二个对话框

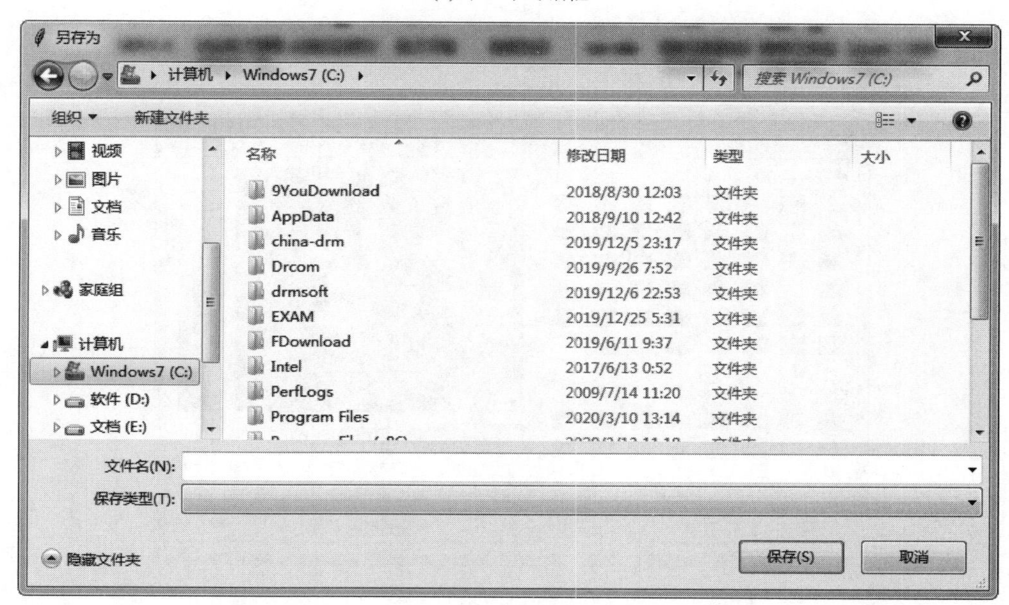

(c) 第三个对话框

图 6-37 例 6-34 运行结果

3）颜色选择对话框

Tkinter 子模块 colorchooser 包含颜色选择对话框函数 askcolor。其具体形式如下。

```
askcolor(color = None, ** options)
```

askcolor 函数有三个参数：color 表示初始颜色，是必选项；title 和 parent 可有可无，title 是指定颜色对话框的标题栏文本，parent 是指定对话框默认显示在根窗口上，如果想要将对话框显示在子窗口 w 上，那么可以设置 parent＝w。

例 6-35 颜色选择对话框的使用。

```
import tkinter
from tkinter import *
import tkinter.colorchooser
def colorchooser1():
    r = tkinter.colorchooser.askcolor()
    print (r)
root = tkinter.Tk()
button = tkinter.Button(root,text = '选择颜色',command = colorchooser1,background = 'yellow')   #背景
#色为黄色，也可以不进行设置
button.pack()
root.mainloop()
```

运行程序，输出结果如图 6-38 所示。

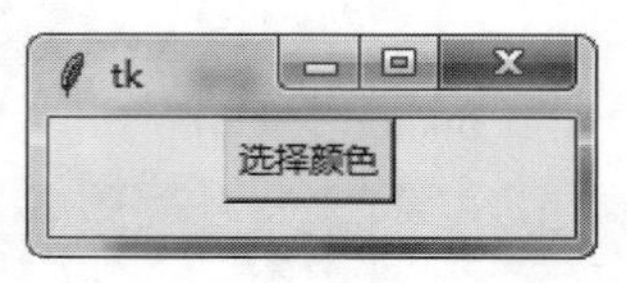

(a) 第一个对话框

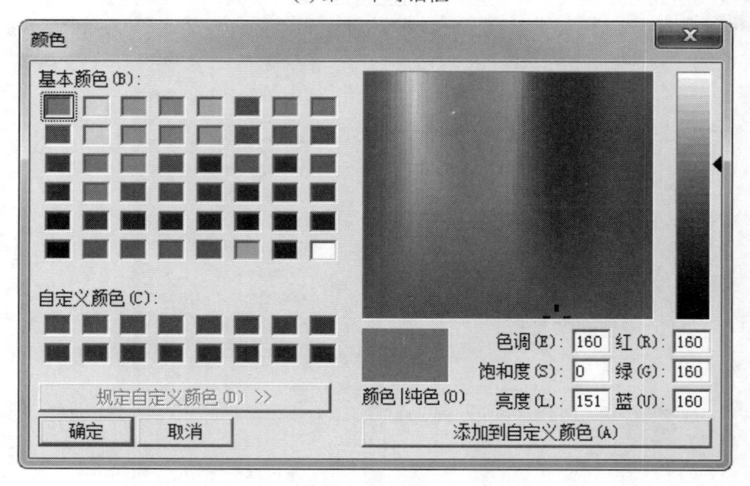

(b) 第二个对话框

图 6-38　例 6-35 运行结果

6.4.5 知识拓展

1. 输入对话框

当所编写的程序中需要用户给出一个整型数、浮点型或者字符(串)时,除了直接修改代码外,最直接的办法就是使用输入对话框,让用户直接输入,这样可避免修改代码。Tkinter 子模块 simpledialog 中包含 askfloat、askinteger、askstring 等用于打开输入对话框的函数。输入对话框的常用函数及作用如表 6-25 所示。

表 6-25 输入对话框常用函数及含义

函数	含义
askfloat(title, prompt, ** kw)	打开输入对话框,输入并返回浮点数
askinteger(title, prompt, ** kw)	弹出一个对话框,接受用户输入一个整型数(当用户错误地输入浮点数或者字符串时,该对话框会弹出警告提示窗,并让用户重新输入)
askstring(title, prompt, ** kw)	弹出一个对话框,接受用户输入一个字符或字符串,当用户输入数字(包括浮点数时,该对话框会将用户的输入转换为字符类型,再返回给用户)

输入对话框的常用参数及含义如表 6-26 所示。

表 6-26 输入对话框常用参数及含义

参数	含义	参数	含义
title	窗口标题	minvalue	最小值
prompt	提示文本信息	max value	最大值
initialvalue	初始值		

例 6-36 输入对话框的使用。

```
import tkinter
from tkinter import *
import tkinter.simpledialog
def tx1():
    read = tkinter.simpledialog.askstring('请输入一个字符或字符串','字符型变量:',initialvalue =
'Welcome!')
    print (read)
def tx2():
    read = tkinter.simpledialog.askinteger('请输入一个整数','整型变量:',initialvalue = '189')
    print (read)
def tx3():
    read = tkinter.simpledialog.askfloat('请输入一个浮点数','浮点型变量:',initialvalue = '3.14')
    print (read)
root = tkinter.Tk()
button1 = tkinter.Button(root,text = '输入字符串',command = tx1)
button1.pack(side = 'left')
button2 = tkinter.Button(root,text = '输入整数',command = tx2)
button2.pack(side = 'left')
button3 = tkinter.Button(root,text = '输入浮点数',command = tx3)
button3.pack(side = 'left')
root.mainloop()
```

运行程序，输出结果如图 6-39 所示。

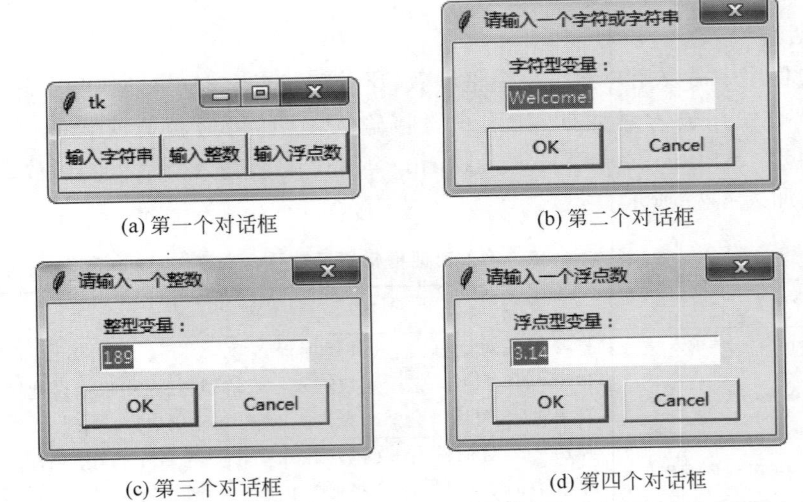

(a) 第一个对话框　(b) 第二个对话框

(c) 第三个对话框　(d) 第四个对话框

图 6-39　例 6-36 运行结果

2. 自定义对话框

不管是使用 simpledialog 还是 dialog，整个对话框的布局都是比较固定的，开发者只能为其指定 title、text 等选项，如果希望在对话框中添加其他组件，开发者需要使用自定义的对话框，包括定制模式和非模式行为，则可通过继承 Toplevel 来实现。simpledialog 和 dialog 都是模式的，模式对话框就是不处理它就没法处理父窗口，而非模式对话框就是不用先处理此对话框也可以处理父窗口。

自定义对话框的常用函数如下。

```
Toplevel(master = None, ** options)
```

自定义对话框的常用参数及含义如表 6-27 所示。

表 6-27　自定义对话框常用参数及含义

参　数	含　义
master	父组件
background	设置背景颜色，默认值由系统指定，为了防止更新，可以将颜色值设置为空字符串
borderwidth	设置边框宽度
colormap	指定用于该组件以及其子组件的颜色映射
container	该选项如果为 True，意味着该窗口将被用作容器，一些其他应用程序将被嵌入，默认值是 False
cursor	指定当鼠标在 Toplevel 上飘过的时候的鼠标样式，默认值由系统指定
height	设置高度
highlightbackground	指定当 Toplevel 没有获得焦点的时候高亮边框的颜色
highlightcolor	指定当 Toplevel 获得焦点的时候高亮边框的颜色
highlightthickness	指定高亮边框的宽度
menu	设置该选项为 Toplevel 窗口提供菜单栏

续表

参　　数	含　　义
padx	水平方向上的边距
pady	垂直方向上的边距
relief	指定边框样式，默认值是 flat，还可以设置 sunken、raised、groove 或 ridge，如果要设置边框样式，设置 borderwidth 或 bd 选项不为 0，才能看到边框
takefocus	指定该组件是否接收输入焦点(用户可以通过 Tab 键将焦点转移上来)，默认值是 False
width	设置宽度

例 6-37 自定义对话框的使用。

```
from tkinter import *
root = Tk()
def create():     #创建
    top = Toplevel()
    top.title('我的弹窗')
    msg = Message(top,text = '已创建一个新的窗口',background='yellow',width=150)
    msg.pack()
Button(root,text = '新建窗口',command = create,width=20).pack(padx = 20,pady = 50)
mainloop()
```

运行程序，输出结果如图 6-40 所示。

(a) 第一个对话框

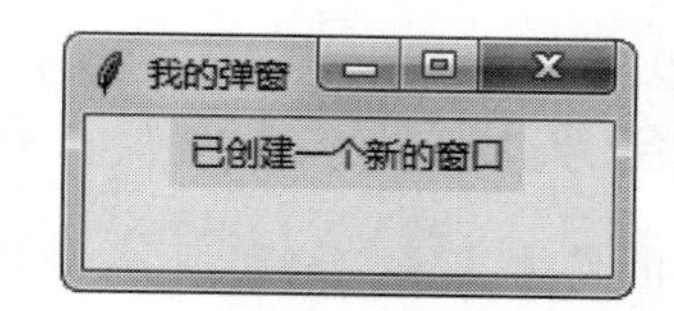

(b) 第二个对话框

图 6-40　例 6-37 运行结果

任务 5　Pygame——疯狂僵尸游戏

6.5.1　任务说明

Pygame 是被设计用来写游戏的 Python 模块集合，Pygame 是在优秀的 SDL 库上开发的功能包，专为电子游戏设计，包含图像、声音功能和网络支持，允许实时电子游戏研发而无须被低级语言(如机器语言和汇编语言)束缚。基于这样一个设想，所有需要的游戏功能和理念(主要是图像方面)都完全简化为游戏逻辑本身，所有的资源结构都可以由高级语言提供，如 Python。虽然不使用 Pygame 也可以写一个游戏，但是如果充分利用 Pygame 中的模块，开发要容易得多。把游戏设计者从低级语言的束缚中解放出来，专注于游戏逻辑本身。使用 Python 可以导入 Pygame 来开发具有全部特性的游戏和多媒体软件，Pygame 是极度轻便的，并且可以运行在多种平台和操作系统上。Pygame在游戏开发中十分受欢迎，再加上其开源的特性，促使一大批游戏开发者为完善和加强它的功能而努力。

6.5.2　任务展示

疯狂僵尸游戏程序的运行效果如图6-41所示。

图6-41　疯狂僵尸的运行结果

6.5.3　任务实现

疯狂僵尸游戏的具体实现代码如下。

```
import pygame                                          #导入 Pygame 模块
import sys                                             #导入 sys 模块
pygame.init()                                          #进行模块的初始化
size = width, height = 600, 500                        #设置窗口像素变量
speed = [-2, 1]                                        #设置速度变量
bg = (255, 255, 255)                                   #设置背景颜色变量
screen = pygame.display.set_mode(size)                 #创建指定大小的窗口
pygame.display.set_caption("疯狂僵尸")                   #设置窗口的标题
test= pygame.image.load("test.png")                    #载入图片
position = test.get_rect()                             #取得图片的位置矩形
while True:                                            #无限循环,直到接收到窗口关闭事件
    for event in pygame.event.get():                   #获取事件队列
        if event.type == pygame.QUIT:                  #如果接收到的是窗口关闭事件
            sys.exit()                                 #退出循环
    position = position.move(speed)                    #移动图像
    if position.left < 0 or position.right > width:    #图像到达窗口的左边界或者右边界
        test= pygame.transform.flip(test, True, False) #水平方向翻转图像
        speed[0] = -speed[0]                           #图像反方向移动
    if position.top < 0 or position.bottom > height:   #图像到达窗口的上边界或者下边界
```

```
        speed[1] = - speed[1]                    #图像反方向移动
    screen.fill(bg)                              #填充背景
    screen.blit(test, position)                  #更新图像
    pygame.display.flip()                        #更新窗口界面
    pygame.time.delay(10)                        #时间延迟 10ms
```

6.5.4 相关知识链接

1. 安装 Pygame

在开发 Pygame 游戏之前，需要安装 Pygame 库。用户可以通过以下方法进行安装。

通过 cmd 窗口输入命令安装，具体如图 6-42 所示。

图 6-42 安装 Pygame

2. Pygame 的模块

Pygame 中有很多可以被独立使用的模块，每个模块对应着不同的功能，学习这些模块对游戏开发会起到关键性的作用。Pygame 的模块及含义如表 6-28 所示。

表 6-28 Pygame 的模块及含义

模块名	含义
pygame.cdrom	管理计算机上的 CD/DVD 驱动器、音频光盘
pygame.cursors	使用光标资源
pygame.display	控制显示窗口和屏幕
pygame.draw	绘制图形
pygame.event	处理事件与事件队列
pygame.font	加载和表示字体
pygame.image	加载和保存图像
pygame.joystick	与游戏杆、游戏手柄、追踪球进行交互
pygame.key	处理与键盘操作相关的事件与事件队列
pygame.mixer	加载和播放声音
pygame.mouse	处理与鼠标操作相关的事件与事件队列
pygame.movie	播放视频
pygame.music	播放音频
pygame.overlay	视频叠加图形
pygame.scrap	本地剪贴板访问
pygame.rect	管理矩形区域
pygame.sndarray	访问音频采样数据
pygame.sprite	操作移动图像

续表

模 块 名	含 义
pygame. surface	表示图像
pygame. surfarray	使用数组接口访问 surface 像素数据
pygame. time	监控时间
pygame. transform	对图像进行水平和垂直翻转

3. 常用 Pygame 模块

1）pygame. locals

pygame. locals 模块包含 Pygame 定义的各种常量，包括事件类型、按键和视频模式等，它的内容会被自动放入到 Pygame 模块的名字空间中。

导入所有 Pygame 常量的格式如下。

```
from pygame locals import *
```

如果需要导入具体的常量，具体格式如下。

```
from pygame locals import 常量名
```

2）pygame. surface

pygame. surface 用于表示图像的对象，它的常用格式如下。

```
pygame.surface((width, height), flags = 0, depth = 0, masks = None)
```

pygame. surface 方法有 5 个参数：width 表示图像宽度；height 表示图像高度；flags 是 surface 对象额外功能的掩码；depth 用来设置像素格式；masks 是由 4 个整数(R，G，B，A)组成，将对每个像素的颜色进行按位与计算。通常，surface 对象不需要 masks 参数。pygame. surface 的常用方法及含义如表 6-29 所示。

表 6-29　pygame. surface 的常用方法及含义

方 法	含 义
pygame.surface.blit()	将一个图像绘制到另一个图像上方
pygame.surface.convert()	修改图像(surface 对象)的像素格式
pygame.surface.convert_alpha()	修改图像的像素格式，包含 alpha 通道
pygame.surface.copy()	创建一个 surface 对象的备份
pygame.surface.fill()	使用纯色填充 surface 对象
pygame.surface.scroll()	移动 surface 对象
pygame.surface.set_colorkey()	设置 colorkeys
pygame.surface.get_colorkey()	获取 colorkeys
pygame.surface.set_alpha()	设置整个图像的透明度
pygame.surface.get_alpha()	获取整个图像的透明度
pygame.surface.lock()	锁定 surface 对象内存使其可以进行像素访问
pygame.surface.unlock()	解锁 surface 对象内存使其无法进行像素访问
pygame.surface.mustlock()	检测该 surface 对象是否需要被锁定
pygame.surface.get_locked()	检测该 surface 对象当前是否为锁定状态

续表

方　　法	含　　义
pygame.surface.get_locks()	返回该 surface 对象的锁定
pygame.surface.get_at()	获取一个像素的颜色值
pygame.surface.set_at()	设置一个像素的颜色值
pygame.surface.get_at_mapped()	获取一个像素映射的颜色索引号
pygame.surface.get_palette()	获取 surface 对象 8 位索引的调色板
pygame.surface.get_palette_at()	返回给定索引号在调色板中的颜色值
pygame.surface.set_palette()	设置 surface 对象 8 位索引的调色板
pygame.surface.set_palette_at()	设置给定索引号在调色板中的颜色值
pygame.surface.map_rgb()	将一个 RGBA 颜色转换为映射的颜色值
pygame.surface.unmap_rgb()	将一个映射的颜色值转换为 color 对象
pygame.surface.set_clip()	设置该 surface 对象的当前剪切区域
pygame.surface.get_clip()	获取该 surface 对象的当前剪切区域
pygame.surface.subsurface()	根据父对象创建一个新的子 surface 对象
pygame.surface.get_parent()	获取子 surface 对象的父对象
pygame.surface.get_abs_parent()	获取子 surface 对象的顶层父对象
pygame.surface.get_offset()	获取子 surface 对象在父对象中的偏移位置
pygame.surface.get_abs_offset()	获取子 surface 对象在顶层父对象的偏移位置
pygame.surface.get_size()	获取 surface 对象的尺寸
pygame.surface.get_width()	获取 surface 对象的宽度
pygame.surface.get_height()	获取 surface 对象的高度
pygame.surface.get_rect()	获取 surface 对象的矩形区域
pygame.surface.get_bitsize()	获取 surface 对象像素格式的位深度
pygame.surface.get_bytesize()	获取 surface 对象每个像素使用的字节数
pygame.surface.get_flags()	获取 surface 对象的附加标志
pygame.surface.get_pitch()	获取 surface 对象每行占用的字节数
pygame.surface.get_masks()	获取用于颜色与映射索引号之间转换的掩码
pygame.surface.set_masks()	设置用于颜色与映射索引号之间转换的掩码
pygame.surface.get_shifts()	获取当位移动时在颜色与映射索引号间转换的掩码
pygame.surface.set_shifts()	设置当位移动时在颜色与映射索引号间转换的掩码
pygame.surface.get_losses()	获取最低有效位在颜色与映射索引号间转换的掩码
pygame.surface.get_bounding_rect()	获取最小包含所有数据的 rect 对象
pygame.surface.get_view()	获取 surface 对象的像素缓冲区视图
pygame.surface.get_buffer()	获取 surface 对象的像素缓冲区对象
pygame.surface._pixels_address	像素缓冲区地址

例 6-38　pygame.surface 的使用。

```
import pygame
import sys
from pygame.locals import *
pygame.init()
bg = (255, 255, 0)
size = width, height = 300, 200
```

```
screen = pygame.display.set_mode(size)
pygame.display.set_caption("ball surface")
ball = pygame.image.load("ball.png")
ball_rect = ball.get_rect()
screen.fill(bg)                  #使用纯色填充 Surface 对象
screen.blit(ball, ball_rect)#将一个图像绘制到另一个图像上方
pygame.display.flip()
pygame.time.delay(10)
print(ball.get_rect())           #获取 Surface 对象的矩形区域
print(ball.get_size())           #获取 Surface 对象的尺寸
```

运行程序，输出结果如图 6-43 所示。

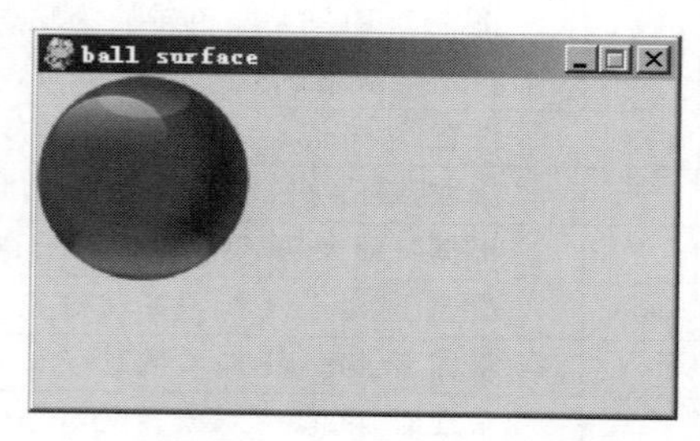

(a) surface对象纯色填充和图像绘制

```
Python 3.7.7 Shell
File Edit Shell Debug Options Window Help
Python 3.7.7 (tags/v3.7.7:d7c567b08f, Mar 10 2020, 10:41:24) [MSC v.1900 64 bit
(AMD64)] on win32
Type "help", "copyright", "credits" or "license()" for more information.
>>>
============== RESTART: C:\Users\Administrator\Desktop\surface.py ==============
pygame 1.9.6
Hello from the pygame community. https://www.pygame.org/contribute.html
<rect(0, 0, 100, 100)>
(100, 100)
>>>
Ln: 9 Col: 4
```

(b) surface对象的矩形区域和尺寸

图 6-43　例 6-38 运行结果

3）pygame.display

pygame.display 是用于控制窗口和屏幕显示的模块。这个模块提供控制 Pygame 显示界面(display)的各种函数。Pygame 的 surface 对象可以显示为一个窗口，也可以全屏模式显示。当创建并显示一个常规的 surface 对象后，在该对象上的改变并不会立刻反映到屏幕上，必须选择一个翻转函数来显示改动后的画面。pygame.display 的常用方法及含义如表 6-30 所示。

表 6-30　pygame.display 的常用方法及含义

方　法	含　义
pygame.display.init()	初始化 display 模块
pygame.display.quit()	结束 display 模块
pygame.display.get_init()	如果 display 模块已经初始化，返回 True
pygame.display.set_mode()	初始化一个准备显示的窗口或屏幕
pygame.display.get_surface()	获取当前显示的 surface 对象

续表

方 法	含 义
pygame. display. flip()	更新整个待显示的 surface 对象到屏幕上
pygame. display. update()	更新部分软件界面显示
pygame. display. get_driver()	获取 Pygame 显示后端的名字
pygame. display. Info()	创建有关显示界面的信息对象
pygame. display. get_wm_info()	获取关于当前窗口系统的信息
pygame. display. list_modes()	获取全屏模式下可使用的分辨率
pygame. display. mode_ok()	为显示模式选择最合适的颜色深度
pygame. display. gl_get_attribute()	获取当前显示界面 OpenGL 的属性值
pygame. display. gl_set_attribute()	设置当前显示模式的 OpenGL 属性值
pygame. display. get_active()	当前显示界面显示在屏幕上时返回 True
pygame. display. iconify()	最小化显示的 surface 对象
pygame. display. toggle_fullscreen()	切换全屏模式和窗口模式
pygame. display. set_gamma()	修改硬件显示的 gamma 坡道
pygame. display. set_gamma_ramp()	自定义修改硬件显示的 gamma 坡道
pygame. display. set_icon()	修改显示窗口的图标
pygame. display. set_caption()	设置窗口标题
pygame. display. get_caption()	获取窗口标题
pygame. display. set_palette()	设置显示界面的调色板

例 6-39 pygame. display 的使用。

```
import pygame
import sys
def hello_Python():
    pygame.init()                                          #初始化 display 模块
    pygame.display.set_mode((400,300))                     #设置窗口的像素
    pygame.display.set_caption('Hello Python!')            #设置窗口的主题
    while True:
        for event in pygame.event.get():
            if event.type == pygame.QUIT:
                sys.exit()
    pygame.display.update()                                #更新窗口显示内容
if __name__ == "__main__":
    hello_Python()
```

运行程序，输出结果如图 6-44 所示。

图 6-44 例 6-39 运行结果

4) pygame. font

pygame. font 是 Pygame 中加载和表示字体的模块，可以直接调用系统字体，也可以调用 TTF 字体。使用字体首先应该创建一个 font 对象，对于系统自带的字体，调用格式如下。

```
font1 = pygame.font.SysFont('arial',16)
```

第一个参数是字体名，第二个参数是字号。正常情况下

系统里都会有 arial 字体，如果没有会使用默认字体，默认字体和用户使用的系统有关。

另外一种调用方法就是使用自己的 TTF 字体，调用格式如下。

```
my_font = pygame.font.Font("my_font.ttf",16)
```

其中，第一个参数是 TTF 文件名，第二个参数是字号。这种方法的好处是可以把字体文件和游戏文件一起打包分发，避免计算机上没有这个字体而无法显示的问题。

Pygame.font 的常用方法及含义如表 6-31 所示。

表 6-31　Pygame.font 的常用方法及含义

方　法	含　义
pygame.font.init()	初始化字体模块
pygame.font.quit()	还原字体模块
pygame.font.get_init()	检查字体模块是否被初始化
pygame.font.get_default_font()	获得默认字体的文件名
pygame.font.get_fonts()	获取所有可使用的字体
pygame.font.match_font()	在系统中搜索一种特殊的字体
pygame.font.SysFont()	从系统字体库创建一个 font 对象

例 6-40　pygame.font 的使用。

```
import pygame
from pygame.locals import *
import sys
pygame.init()
pygame.font.init()                                          #初始化字体模块
screen = pygame.display.set_mode((400, 300))
print(pygame.font.get_default_font())                       #获得默认字体的文件名
print(pygame.font.get_fonts())                              #获取所有可使用的字体
font = pygame.font.SysFont("", 50)                          #从系统字体库创建一个 font 对象
Myfont = font.render("Myfont", True, (0, 255, 0))           #在 surface 对象上绘制文本
x = (400 - Myfont.get_width()) / 2
y = (300 - Myfont.get_height()) / 2
background = pygame.image.load("background.jpg").convert()
screen.blit(Myfont, (x, y))
pygame.display.update()
```

运行程序，输出结果如图 6-45 所示。

5) pygame.image

pygame.image 是用于图像传输的 Pygame 模块，该模块包含加载和保存图像的函数，同时转换为 surface 对象支持的格式。pygame.image 支持载入的图像格式有 JPG、PNG、GIF、BMP、PCX、TGA、TIF、LBM、PBM、XPM，pygame.image 支持保存的图像格式有 BMP、TGA、PNG、PEG。pygame.image 的常用方法及含义如表 6-32 所示。

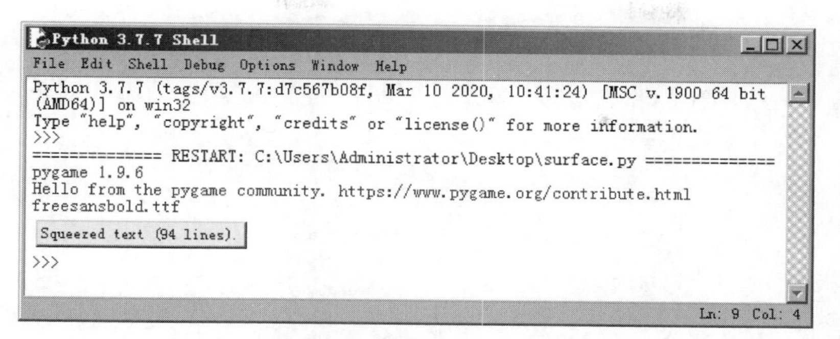

(a) 默认字体和可使用字体

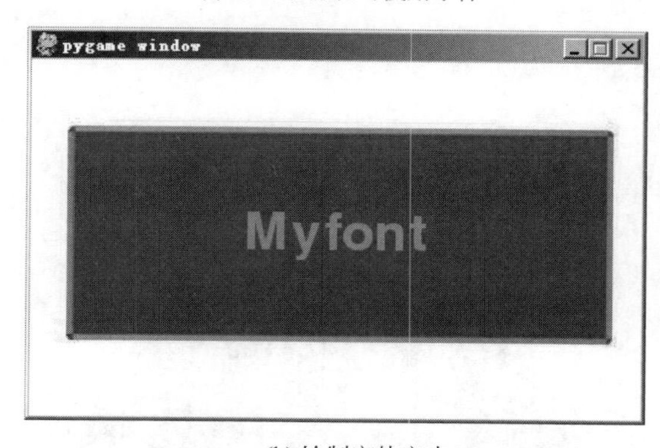

(b) 绘制字体文本

图 6-45 例 6-40 运行结果

表 6-32 pygame.image 的常用方法及含义

方 法	含 义
pygame.image.load()	从文件加载新图片
pygame.image.save()	将图像保存到磁盘上
pygame.image.get_extended()	检测是否支持载入扩展的图像格式
pygame.image.tostring()	将图像转换为字符串描述
pygame.image.fromstring()	将字符串描述转换为图像
pygame.image.frombuffer()	创建一个与字符串描述共享数据的 surface 对象

例 6-41 pygame.image 的使用。

```
import pygame
import sys
white = (255, 255, 255)
blue = (0, 0, 255)
width = 400
height = 400
screen = pygame.display.set_mode((width, height))
pygame.display.set_caption("图像保存")
screen.fill(white)
center = (width//2, height//2)
radius = min(center)
```

```
width = 0
pygame.draw.circle(screen, blue, center, radius, width)  #画一个蓝色的圆形
fname = "circle_blue.png"                                 #指定文件名
pygame.image.save(screen, fname)                          #保存图像文件
print("file {} has been saved".format(fname))             #提示保存图像成功
pygame.display.flip()
while True:
    for event in pygame.event.get():
        if event.type == pygame.QUIT:
            pygame.quit()
            sys.exit()
        elif event.type == pygame.KEYDOWN:
            if event.key == pygame.K_ESCAPE:
                pygame.quit()
                sys.exit()
```

运行程序，输出结果如图 6-46 所示。

(a) 绘制图像

```
*Python 3.7.7 Shell*
File  Edit  Shell  Debug  Options  Window  Help
Python 3.7.7 (tags/v3.7.7:d7c567b08f, Mar 10 2020, 10:41:24) [MSC v.1900 64 bit
(AMD64)] on win32
Type "help", "copyright", "credits" or "license()" for more information.
>>>
================= RESTART: C:\Users\Administrator\Desktop\11.py =================
pygame 1.9.6
Hello from the pygame community. https://www.pygame.org/contribute.html
file circle_blue.png has been saved
                                                                    Ln: 5  Col: 0
```

(b) 保存图像

图 6-46　例 6-41 运行结果

4. Pygame 的图形绘制

pygame.draw 是用于绘制各种图形的 Pygame 模块。Pygame 不但可以加载各种格式的图片，同时也可以通过绘制图形来制作游戏。

pygame.draw 的常用方法及含义如表 6-33 所示。

表 6-33 pygame.draw 的常用方法及含义

方 法	含 义
pygame.draw.rect()	画一个矩形
pygame.draw.polygon()	画一个多边形
pygame.draw.circle()	画一个圆形
pygame.draw.ellipse()	画一个椭圆
pygame.draw.arc()	画一条弧线
pygame.draw.line()	画一条直线
pygame.draw.lines()	画一系列直线段
pygame.draw.aaline()	画一条直线抗锯齿线
pygame.draw.aalines()	画一系列直线抗锯齿线

例 6-42 pygame.draw 的使用。

```
import pygame
import sys
import math
from pygame.locals import *
pygame.init()
#定义颜色 RGB 值
WHITE = (255, 255, 255)
BLACK = (0, 0, 0)
GREEN = (0, 255, 0)
RED = (255, 0, 0)
BLUE = (0, 0, 255)
size = width, height = 600, 500
points = [(250, 75), (350, 25), (450, 75), (500, 25), (500, 125), (450, 75), (350, 125)]
position = 125, 200
screen = pygame.display.set_mode(size)
pygame.display.set_caption("pygame 图形绘制")
clock = pygame.time.Clock()
while True:
    for event in pygame.event.get():
        if event.type == QUIT:
            sys.exit()
    screen.fill(WHITE)
    pygame.draw.rect(screen, BLACK, (50, 50, 150, 50), 0)                  #画一个矩形
    pygame.draw.polygon(screen, GREEN, points, 0)                          #画一个多边形
    pygame.draw.circle(screen, RED, position, 75, 1)                       #画一个圆形
    pygame.draw.ellipse(screen, BLUE, (300, 150, 200, 100), 1)             #画一个椭圆
    pygame.draw.arc(screen, RED, (50, 350, 150, 80), 0, math.pi, 1)        #画一条弧线
    pygame.draw.line(screen, BLACK, (300, 400), (500, 400), 1)             #画一条直线
    pygame.display.flip()
    clock.tick(100)
```

运行程序,输出结果如图 6-47 所示。

5. Pygame 的事件处理

所谓事件就是程序上发生的事,例如鼠标、键盘发生按下、移动等操作,游戏程序需要对这些事件做出反应。例 6-38 中程序一直运行直到用户关闭窗口而产生了一个 QUIT 事件,Pygame 会

接受用户的各种操作(例如按键、移动鼠标等)产生事件。事件随时可能发生,而且数量也可能会很多,Pygame 的做法是把一系列的事件存放在一个队列里逐个进行处理。Pygame 中的常用事件如表 6-34 所示。

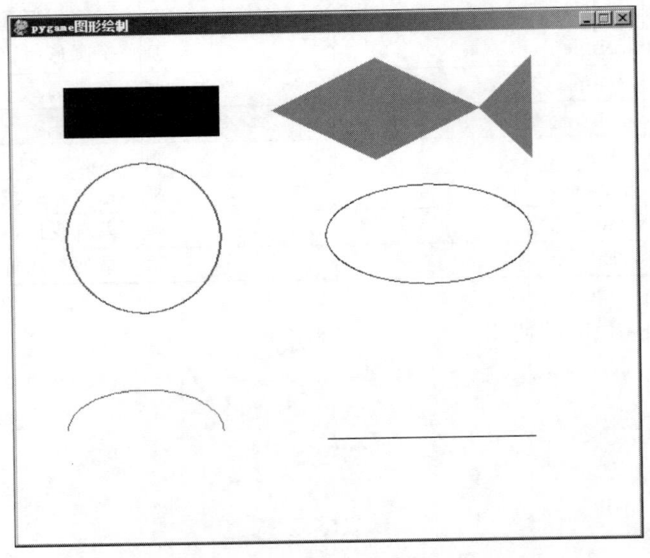

图 6-47　例 6-42 运行结果

表 6-34　Pygame 中的常用事件

事　　件	产 生 途 径	参　　数
QUIT	用户单击"关闭"按钮	none
ATIVEEVENT	Pygame 被激活或者隐藏	gain、state
KEYDOWN	键被按下	unicode、key、mod
KEYUP	键被放开	key、mod
MOUSEMOTION	鼠标移动	pos、rel、buttons
MOUSEBUTTONDOWN	鼠标键被按下	pos、button
MOUSEBUTTONUP	鼠标键被放开	pos、button
JOYAXISMOTION	游戏手柄(Joystick or pad) 移动	joy、axis、value
JOYBALLMOTION	游戏球(Joy ball) 移动	joy、axis、value
JOYHATMOTION	游戏手柄(Joystick) 移动	joy、axis、value
JOYBUTTONDOWN	游戏手柄键被按下	joy、button
JOYBUTTONUP	游戏手柄键被放开	joy、button
VIDEORESIZE	Pygame 窗口缩放	size、w、h
VIDEOEXPOSE	Pygame 窗口部分公开(expose)	none
USEREVENT	触发了一个用户事件	code

例 6-43　Pygame 事件的使用。

```
import pygame
def draw_ball(place,color,pos):                #定义画球函数
    pygame.draw.circle(place,color,pos,20)
```

```
#方向键对应的值
Up = 273
Down = 274
Right = 275
Left = 276
if __name__ == '__main__':
    pygame.init()
    size = width, height = 600, 600
    bg = (255, 255, 255)
    pygame.display.set_caption("用方向键控制小球移动方向")
    screen = pygame.display.set_mode(size)
    screen.fill((bg))
    pygame.display.flip()
    #设置球的初始坐标
    ball_x = 100
    ball_y = 100
    #设置球的初始速度
    x_speed = 1
    y_speed = 0
    while True:
        for event in pygame.event.get():
            if event.type == pygame.QUIT:
                exit()
            if event.type == pygame.KEYDOWN:
                #向上键被按下时,小球往上移动
                if event.key == Up:
                    y_speed = -1
                    x_speed = 0
                #向下键被按下时,小球往下移动
                elif event.key == Down:
                    y_speed = 1
                    x_speed = 0
                #右键被按下时,小球往右移动
                elif event.key == Right:
                    y_speed = 0
                    x_speed = 1
                #左键被按下时,小球往左移动
                elif event.key == Left:
                    y_speed = 0
                    x_speed = -1
        screen.fill(bg)                    #刷新屏幕
        ball_x += x_speed
        ball_y += y_speed
        #判断小球是否碰到右边界,碰到后反向移动
        if ball_x + 20 >= 600:
            ball_x = 600 - 20
            x_speed *= -1
        #判断小球是否碰到左边界,碰到后反向移动
        if ball_x + 20 <= 0:
            ball_x = 0
            x_speed *= -1
        #判断小球是否碰到下边界,碰到后反向移动
        if ball_y + 20 >= 600:
```

```
        ball_y = 600 - 20
        y_speed * = - 1
    #判断小球是否碰到上边界,碰到后反向移动
    if ball_y + 20 <= 0:
        ball_y = 0
        y_speed * = - 1
    draw_ball(screen,(255,0,0),(ball_x,ball_y))
    pygame.display.update()
```

运行程序,输出结果如图 6-48 所示。

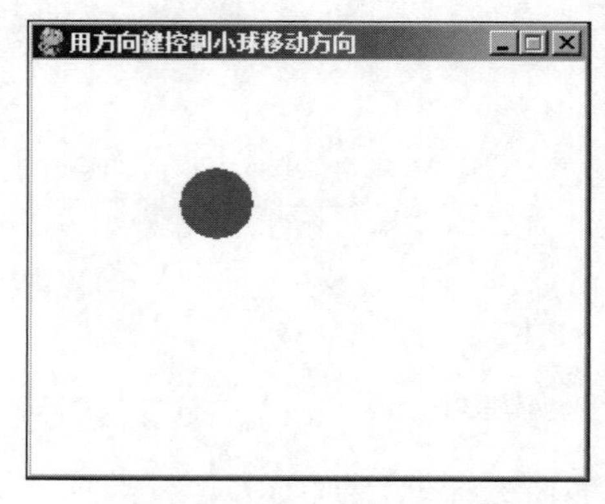

图 6-48　例 6-43 运行结果

6.5.5　知识拓展

1. Pygame 的声音和音效

pygame.mixer 是用于加载和播放声音的 Pygame 模块,其主要包含 Sound 和 Music 两类对象。

1）Sound 对象

Sound 对象主要用来控制游戏音效的播放,程序在初始化声音设备后就可以读取一个音乐文件到一个 Sound 对象中,不过只支持 WAV 或者 OGG 格式。Sound 对象的常用方法及含义如表 6-35 所示。

表 6-35　Sound 对象的常用方法及含义

方　法	含　义
pygame.mixer.Sound.play	开始播放声音
pygame.mixer.Sound.stop	停止声音播放
pygame.mixer.Sound.fadeout	淡出后停止声音播放
pygame.mixer.Sound.set_volume	设置此声音的播放音量
pygame.mixer.Sound.get_volume	获取播放音量
pygame.mixer.Sound.get_num_channels	计算此声音播放的次数
pygame.mixer.Sound.get_length	得到声音的长度
pygame.mixer.Sound.get_raw	返回 Sound 样本的 bytestring 副本

2）Music 对象

Music 对象主要用来控制背景音乐的播放，支持播放 MP3 和 OGG 格式音乐文件，不过 MP3 格式并不是所有系统都支持（Linux 默认不支持 MP3 播放）。Music 对象的常用方法及含义如表 6-36 所示。

表 6-36　Music 对象的常用方法及含义

方　法	含　义
pygame. mixer. music. load()	载入一个音乐文件
pygame. mixer. music. play()	开始播放音乐
pygame. mixer. music. rewind()	重新开始播放音乐
pygame. mixer. music. stop()	结束音乐播放
pygame. mixer. music. pause()	暂停音乐播放
pygame. mixer. music. unpause()	恢复音乐播放
pygame. mixer. music. fadeout()	淡出的效果结束音乐播放
pygame. mixer. music. set_volume()	设置音量
pygame. mixer. music. get_volume()	获取音量
pygame. mixer. music. get_busy()	检查是否正在播放音乐
pygame. mixer. music. set_pos()	设置播放的位置
pygame. mixer. music. get_pos()	获取播放的位置
pygame. mixer. music. queue()	将文件放入队列中，并排在当前播放的音乐之后
pygame. mixer. music. set_endevent()	当播放结束时发出一个事件
pygame. mixer. music. get_endevent()	获取播放结束时发送的事件

例 6-44　pygame. mixer 的使用。

```
import pygame
import sys
from pygame.locals import *
pygame.init()
pygame.mixer.init()
pygame.mixer.music.load("bg_music.ogg")
pygame.mixer.music.set_volume(0.3)
pygame.mixer.music.play()
left_sound = pygame.mixer.Sound("left.wav")
left_sound.set_volume(0.3)
right_sound = pygame.mixer.Sound("right.wav")
right_sound.set_volume(0.3)
bg_size = width, height = 600, 500
screen = pygame.display.set_mode(bg_size)
pygame.display.set_caption("音乐播放器")
pause = False
pause_image = pygame.image.load("stop.png").convert_alpha()
unpause_image = pygame.image.load("play.png").convert_alpha()
pause_rect = pause_image.get_rect()
pause_rect.left, pause_rect.top = (width - pause_rect.width) // 2, (height - pause_rect.height) // 2
```

```
clock = pygame.time.Clock()
while True:
    for event in pygame.event.get():
        if event.type == QUIT:
            sys.exit()
        if event.type == MOUSEBUTTONDOWN:
            if event.button == 1:
                left_sound.play()        #单击鼠标左键播放 left 音效
            if event.button == 3:
                right_sound.play()       #单击鼠标右键播放 right 音效
        if event.type == KEYDOWN:
            if event.key == K_SPACE:
                pause = not pause        #按空格键暂停播放
    screen.fill((255, 255, 255))
    if pause:
        screen.blit(pause_image, pause_rect)
        pygame.mixer.music.pause()
    else:
        screen.blit(unpause_image, pause_rect)
        pygame.mixer.music.unpause()
    pygame.display.flip()
    clock.tick(10)
```

运行程序，输出结果如图 6-49 所示。

(a) 音乐播放状态

(b) 音乐暂停状态

图 6-49　例 6-44 运行结果

2. Pygame 精灵的使用

pygame.sprite 模块里面包含一个名为 Sprite 的类，这是 Pygame 本身自带的一个精灵。但是这个类的功能比较少，因此需要新建一个类对其继承，在 Sprite 类的基础上丰富功能，以方便使用。精灵可以认为是一个个的小图片，一种可以在屏幕上移动的图形对象，并且可以与其他图形对象交互。精灵图像可以是使用 Pygame 绘制函数绘制的图像，也可以是原来就有的图像文件。Sprite 的常用变量及含义如表 6-37 所示。

表 6-37　Sprite 的常用变量及含义

变　　量	含　　义
self. image	负责显示图形
self. rect	负责显示的位置
self. update	负责使精灵行为生效
Sprite. add	添加精灵到 groups 中
Sprite. remove	把精灵从 groups 中删除
Sprite. kill	从 groups 中删除全部精灵
Sprite. alive	判断精灵是否属于 groups

例 6-45　Pygame 精灵的使用。

```
import pygame
import sys
from pygame.locals import *
from random import *

class Ball(pygame.sprite.Sprite):
    def __init__(self, image, position, speed, bg_size):
        pygame.sprite.Sprite.__init__(self)
        self.image = pygame.image.load(image).convert_alpha()
        self.rect = self.image.get_rect()
        self.rect.left, self.rect.top = position
        self.speed = speed
        self.width, self.height = bg_size[0], bg_size[1]
    def move(self):
        self.rect = self.rect.move(self.speed)
        if self.rect.right < 0:
            self.rect.left = self.width
        elif self.rect.left > self.width:
            self.rect.right = 0
        elif self.rect.bottom < 0:
            self.rect.top = self.height
        elif self.rect.top > self.height:
            self.rect.bottom = 0
def main():
    pygame.init()
    fruit_image = "xigua.png"
    bg_image = "background.png"
    running = True
    bg_size = width, height = 541, 499
    screen = pygame.display.set_mode(bg_size)
    pygame.display.set_caption("西瓜精灵")
    background = pygame.image.load(bg_image).convert_alpha()
    balls = []
    for i in range(5):
        position = randint(0, width-100), randint(0, height-100)
        speed = [randint(-10, 10), randint(-10, 10)]
        ball = Ball(fruit_image, position, speed, bg_size)
        balls.append(ball)
    clock = pygame.time.Clock()
    while running:
```

```
        for event in pygame.event.get():
            if event.type == QUIT:
                sys.exit()
        screen.blit(background, (0, 0))
        for each in balls:
            each.move()
            screen.blit(each.image, each.rect)
        pygame.display.flip()
        clock.tick(20)
if __name__ == "__main__":
    main()
```

运行程序，输出结果如图 6-50 所示。

图 6-50　例 6-45 运行结果

项目小结

本项目通过 5 个任务的学习和实践，熟悉并可以灵活运用 Python 图形化界面设计，实现可视化效果。使用 Turtle 实现绘制各种不同的图片，使用 Matplotlib 生成各种数据图，使用 Tkinter GUI 编程组件可以制作菜单、绘制图形、实现用户界面设计等，使用 Tkinter 对话框实现窗口中人机交互，使用 Pygame 模块实现疯狂僵尸游戏设计。

习题

一、填空题

1. Turtle 库有人也称之为(　　)。
2. Turtle 绘图命令分为四种，分别是(　　)、(　　)和全局控制命令和其他命令。

3. (　　)库是 Python 中最常用的可视化工具之一。
4. Python 使用(　　)库可以创建完整的 GUI 程序。
5. Tkinter 模块预定义对话框子模块有(　　)、(　　)、(　　)、(　　)等。
6. simpledialog 主要包含(　　)、(　　)、(　　)函数。
7. pygame.image 主要负责(　　)和(　　)图像。
8. 关于鼠标的事件类型主要有(　　)、(　　)、(　　)。
9. 文本框的信息加密通常以特色的符号(　　)来表示输入的内容。
10. Tkinter 模块中单选框、复选框可以有(　　)种显示方式。

二、选择题

1. Turtle 模块画图以(　　)为单位。
   A. 厘米　　B. 像素
   C. 米　　D. 英寸
2. Matplotlib 可以通过使用(　　)等函数实现修改坐标轴。
   A. x 、y　　B. xzhou、yzhou
   C. xticks()、yxticks()　　D. 以上都不对
3. (　　)是用来提供在窗口中显示文本信息的组件。
   A. 标签　　B. 文本框
   C. 复选框　　D. 单选框
4. 自定义的对话框应该使用(　　)子模块。
   A. messagebox　　B. toplevel
   C. filedialog　　D. simpledialog
5. colorchooser 的颜色选择对话框函数是(　　)。
   A. askyesno　　B. askokcancel
   C. askquestion　　D. askcolor
6. Pygame 中负责图形绘制的模块是(　　)。
   A. pygame.event　　B. pygame.draw
   C. pygame.key　　D. pygame.mouse
7. pygame.display.set_mode()的作用是(　　)。
   A. 初始化 display 模块　　B. 设置窗口的图标
   C. 初始化一个准备显示的窗口或屏幕　　D. 更新窗口界面显示
8. 如果需要在组件中显示中文,通常需要在编写的程序中首行添加(　　)。
   A. '''中文注释'''　　B. #—coding
   C. -*- coding:UTF-8 -*-　　D. #-*- coding:UTF-8 -*-

三、简答题

1. Python 常用图形化工具模块有哪些?
2. 简要阐述 Turtle 模块绘图时的注意事项。
3. 为什么通常 Matplotlib 搭配 Numpy 模块一起使用?
4. Matplotlib 模块可以绘制哪些类型的图形?
5. messagebox 主要包含哪些函数?

6. simpledialog 中主要包含哪些函数？

7. Pygame.image 的常用方法有哪些？

8. Pygame.mixer 包含的对象类型有哪些？

9. Music 对象支持什么格式的音乐文件？

10. 常用 Tkinter 组件有哪些？

四、编程题

1. 写函数，利用 Filedialog 模块，选择打开文件，然后输出文件路径和文件名。

2. 写函数，用 Tkinter 实现一个简单的对话框，单击 click 按钮时会在终端打印出'hello world'。

3. 写函数，用 Pygame.draw 画出三个半径不同、颜色不同的圆。

4. 写函数，画出一组同心圆，并且同心圆跟着鼠标移动位置。

项目7

网络爬虫

学习目标

本项目介绍了爬虫的概念和作用，以 Python 中的一个高效爬虫框架 Scrapy 为核心完成 3 个爬虫任务。要求读者掌握 Scrapy 的工作原理、安装方法以及完成爬虫项目的基本流程。重点掌握 Xpath 表达式的书写方法以及 Request 对象、Response 对象的使用方法。

任务 1　Scrapy 爬虫基础——体彩历史数据爬取

视频讲解

Scrapy 是用 Python 编写的一种开源爬虫框架，适用于爬取网页，提取结构性数据，为数据分析和数据挖掘提供基础素材。掌握 Scrapy 框架的使用方法，不仅能使爬虫程序的编写更加高效、简洁，更重要的是能了解开源框架的设计思路，学习编程思想。

7.1.1　任务说明

很多人喜欢购买体育彩票，特别是其中的“大乐透”。一些玩家希望获取全部历史开奖数据，通过数据分析来建立预测模型。获取这些数据的最可靠来源是官方网站，如果采用 Scrapy 框架编写爬虫程序，用很少的代码就能爬取所有数据。

7.1.2　任务展示

大乐透彩票官网的历史数据页面如图 7-1 所示。

爬取的历史数据如图 7-2 所示，每一行结果数据为字典类型，字典中的 Value 是列表类型，列表中的第 1 列是期号，后 7 列是对应的 7 个开奖号码。

责任彩票 信息公开 新闻资讯 相约体彩 公益·文化 地方动态 精彩视频 专题报道 服务·工具 超级大乐透 竞彩 传统足彩 顶呱刮 排列玩法 7星彩 体彩数据

中国体育彩票 探秘体彩大乐透 阳光开奖全流程

中国体彩网 www.lottery.gov.cn

超级大乐透 每周一、三、六开奖 最近30期 最近50期 最近100期 期至 期 查看

期号	前区号码					后区号码		一等奖				二等奖				详情	销售额(元)	奖池奖金(元)	开奖日期
	1	2	3	4	5			注数	奖金(元)	追加注数	追加奖金(元)	注数	奖金(元)	追加注数	追加奖金(元)				
20009	19	29	31	34	35	06	10	6	10,000,000	2	8,000,000	102	152,272	26	121,817		306,054,010	1,426,304,213.30	2020-01-20
20008	14	17	19	24	32	01	06	4	10,000,000	2	8,000,000	57	344,283	9	275,426		312,604,530	1,436,007,520.58	2020-01-18
20007	02	10	19	24	30	05	08	12	7,162,433	5	5,729,946	131	96,229	34	76,983		275,894,030	1,413,642,398.91	2020-01-15
20006	09	22	25	31	32	08	12	1	10,000,000	0	0.00	106	118,123	28	94,498		274,628,114	1,474,266,993.99	2020-01-13
20005	06	10	33	34	35	01	03	7	10,000,000	1	8,000,000	198	70,540	96	56,432		306,743,622	1,430,492,845.62	2020-01-11
20004	17	20	21	29	30	05	09	4	10,000,000	1	8,000,000	129	80,526	40	64,420		279,672,368	1,439,766,324.29	2020-01-08
20003	23	25	26	30	34	03	07	0	0.00	0	0.00	52	333,491	11	266,792		284,089,915	1,441,800,541.84	2020-01-06
20002	03	07	18	25	30	02	07	6	9,908,421	2	7,926,736	152	89,594	39	71,675		314,707,905	1,369,911,815.83	2020-01-04
20001	17	25	26	32	34	04	07	2	10,000,000	0	0.00	95	145,642	26	116,513		290,178,486	1,387,021,574.86	2020-01-01
19150	07	11	12	16	33	05	07	19	6,819,667	0	0.00	115	114,036	23	91,228		296,427,458	1,347,226,023.61	2019-12-30
19149	01	02	07	33	35	06	10	0	0.00	0	0.00	85	177,509	23	142,007		317,712,338	1,422,864,761.57	2019-12-28
19148	03	04	07	11	30	08	09	5	10,000,000	1	8,000,000	91	119,722	35	95,777		289,764,338	1,357,789,883.69	2019-12-25
19147	09	12	19	22	33	07	08	6	9,568,706	1	7,654,964	101	108,661	31	86,928		291,104,886	1,365,277,988.01	2019-12-23
19146	10	11	26	33	34	01	06	15	6,697,152	13	5,357,721	92	159,122	34	127,297		314,007,833	1,381,880,354.85	2019-12-21
19145	05	09	19	22	32	03	05	5	10,000,000	3	8,000,000	188	231,444	69	185,155		296,865,423	1,484,740,051.76	2019-12-18
19144	02	05	20	28	31	02	11	5	10,000,000	2	8,000,000	153	220,193	16	176,154		293,207,584	1,542,864,127.46	2019-12-16
19143	04	22	23	24	32	06	12	5	10,000,000	0	0.00	94	657,567	26	526,053		319,892,573	1,598,566,973.30	2019-12-14
19142	03	04	26	29	33	06	07	3	10,000,000	2	8,000,000	71	705,678	23	564,542		299,921,169	1,627,275,280.73	2019-12-11
19141	02	10	20	21	35	01	12	3	10,000,000	0	0.00	135	378,250	31	302,600		300,500,952	1,655,481,325.91	2019-12-09
19140	03	07	08	25	27	03	05	7	10,000,000	1	8,000,000	118	334,833	35	267,866		316,440,627	1,668,432,904.08	2019-12-07

共1941条记录 1/98页 首页 上一页 下一页 尾页 第1页

图 7-1 体彩历史数据页面

```
Terminal
D:\Lottery>scrapy crawl sport
开始....
{'issue': ['20009', '19', '29', '31', '34', '35', '06', '10']}
{'issue': ['20008', '14', '17', '19', '24', '32', '01', '06']}
{'issue': ['20007', '02', '10', '19', '24', '30', '05', '08']}
{'issue': ['20006', '09', '22', '25', '31', '32', '08', '12']}
{'issue': ['20005', '06', '10', '33', '34', '35', '01', '03']}
{'issue': ['20004', '17', '20', '21', '29', '30', '05', '09']}
{'issue': ['20003', '23', '25', '26', '30', '34', '03', '07']}
{'issue': ['20002', '03', '07', '18', '25', '30', '02', '07']}
{'issue': ['20001', '17', '25', '26', '32', '34', '04', '07']}
{'issue': ['19150', '07', '11', '12', '16', '33', '05', '07']}
{'issue': ['19149', '01', '02', '07', '33', '35', '06', '10']}
{'issue': ['19148', '03', '04', '07', '11', '30', '08', '09']}
Platform and Plugin Updates: PyCharm is ready to update. (today 7:45)
```

图 7-2 爬取的部分历史数据

7.1.3　任务实现

1. 分析目标网站

在浏览器中打开目标网页 https://www.lottery.gov.cn/historykj/history_1.jspx?_ltype=dlt,然后右击,查看网页源代码,与历史数据相关的部分代码如下。

```
<tr>
        <td height = "23" align = "center" bgcolor = " #f9f9f9"> 20009 </td>
        <td align = "center" bgcolor = " #f9f9f9" class = "red"> 19 </td>
        <td align = "center" bgcolor = " #f9f9f9" class = "red"> 29 </td>
        <td align = "center" bgcolor = " #f9f9f9" class = "red"> 31 </td>
        <td align = "center" bgcolor = " #f9f9f9" class = "red"> 34 </td>
        <td align = "center" bgcolor = " #f9f9f9" class = "red"> 35 </td>
        <td width = "25" align = "center" bgcolor = " #f9f9f9" class = "blue"> 06 </td>
        <td width = "25" align = "center" bgcolor = " #f9f9f9" class = "blue"> 10 </td>
        <td align = "center" bgcolor = " #f9f9f9"> 6 </td>
        <td align = "center" bgcolor = " #f9f9f9"> 10,000,000 </td>
        <td align = "center" bgcolor = " #f9f9f9"> 2 </td>
```

从中可看出,需要的历史数据在<tr>标签下的<td>标签中,以这两个标签为特征用 XPath 选择器很容易提取数据。再观察每一个页面的网址特征,比如第 2 页的网址为:

```
https://www.lottery.gov.cn/historykj/history_2.jspx?_ltype = dlt
```

翻多页后发现,其中每页对应的数字在变化,其他字符不变,所以,将变化的数字部分用变量替换,即可实现翻页访问多个页面的功能。

2. 创建 Scrapy 项目

首先,在命令提示符窗口中输入"pipinstall Scrapy"命令,完成 Scrapy 框架的安装。然后,创建 Scrapy 项目,需要在"命令提示符"窗口中操作。若将项目保存在 D:\,则先切换当前路径到 D 盘根目录,然后输入如下命令,完成 Scrapy 项目创建工作。

```
scrapy startproject Lottery
```

3. 创建爬虫文件 *.py

此时,在计算机中会发现目录 D:\lottery,表明在 D 盘已成功创建了 Scrapy 项目。接下来,通过 cd Lottery 命令进入 Lottery 目录,输入命令:

```
scrapy genspider sport lottery.gov.cn
```

系统将采用默认的 basic 模板生成爬虫文件 sport。该命令各个部分的作用说明如下。执行效果如图 7-3 所示。

```
D:\>cd Lottery

D:\Lottery>Scrapy genspider sport lottery.gov.cn
Created spider 'sport' using template 'basic' in module:
  Lottery.spiders.sport

D:\Lottery>
```

图 7-3 创建爬虫文件的效果

然后，启动 Pycharm 软件，打开刚创建好的工程文件夹 Lottery，其目录结构如图 7-4 所示。

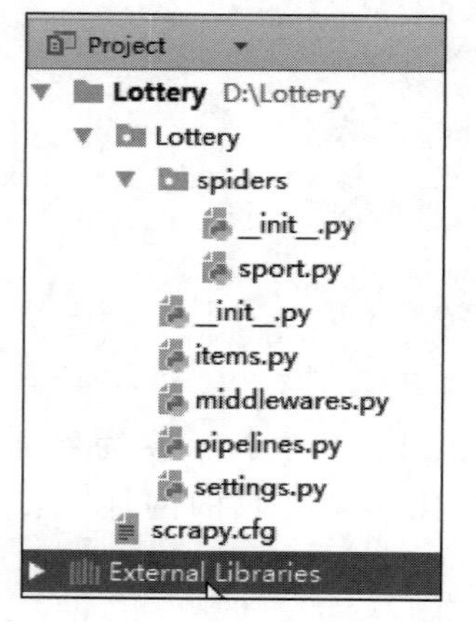

图 7-4 Scrapy 框架新建的工程目录结构

该工程中，在 Lottery 项目文件夹下包含一个同名的子文件夹和一个 scrapy. cfg 配置文件。Lottery 子文件夹下又包含 items、middlewares、pipelines、settings 模块以及 spiders 包，具体用途如下。

(1) items 模块中定义了 items 类，各 items 类必须继承 scrapy. Item 基类。在 items 类中，通过 scrapy. Field()方法定义各 item 类中的变量。

(2) middlewares 模块中定义了各中间件类，包括 SpiderMiddleWares、DownloadMiddleWares 等。

(3) pipelines 模块用于处理 Spider 中获取的 items，将获取的 items 保存至文件或者数据库等。

(4) settings 模块中包含项目相关的配置信息，例如，指定 SPIDER_MODULES，指定 ITEM_PIPELINES 等。

(5) spiders 包中存放的是爬虫文件，其中可以存放多个爬虫文件。每个爬虫文件都会定义自己的爬虫类，它们通常继承至 scrapy. Spider 类或者 scrapy. CrawlSpider 类。

打开爬虫文件 sport. py，系统默认的模板自动产生了如下代码。

```
import scrapy
class SportSpider(scrapy.Spider):
    name = 'sport'
    allowed_domains = ['lottery.gov.cn']
    start_urls = ['http://lottery.gov.cn/']

    def parse(self, response):
        pass
```

其中的 name 是爬虫的名字，allowed_domains 是允许爬取的域名范围，这些信息一般保留不变。parse 函数是默认的解析函数，写爬虫程序就是完善该函数的内容。

4. 修改 settings. py 文件，完成相关环境配置工作

在正式写爬虫程序之前，需要做一些环境参数的配置，为爬虫的正常运行做好准备。

打开 settings. py 文件，在其中做如下修改。

1) 修改 robots 协议

robots 协议也叫爬虫协议，它通常存放在网站根目录下，是 ASCII 编码的文本文件——robots. txt，用于告诉网络搜索引擎此网站中的哪些内容是不应被搜索引擎获取的，哪些是可以被获取的。默认情况下其值为 True，这里修改为 False，内容如下。

```
#Obey robots.txt rules
ROBOTSTXT_OBEY = False
```

2）修改 User_Agent

User_Agent 字段是 HTTP 请求头所包含内容之一。默认的请求头可能会使得目标网站拒绝访问，所以要将其伪装为普通的浏览器请求。

使用 Chrome 浏览器打开体彩网站 http://www.lottery.gov.cn/。按功能键 F12 调出“开发者工具”窗口，选择 Network 选项卡，如图 7-5 所示。

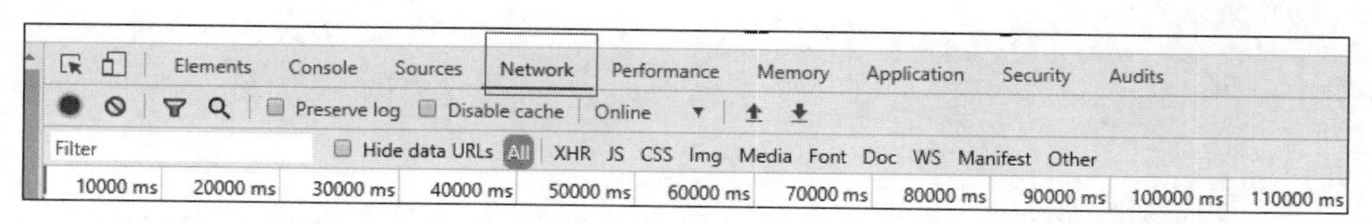

图 7-5　Chrome 浏览器开发者工具中的 Network 选项卡

然后，选择左边的第一个页面，出现 HTTP 请求的 Headers 信息，如图 7-6 所示。找到下部的 User_Agent 字段，选择后面的内容复制。最后，粘贴该内容到 settings.py 文件中的 User_Agent 字段即可。

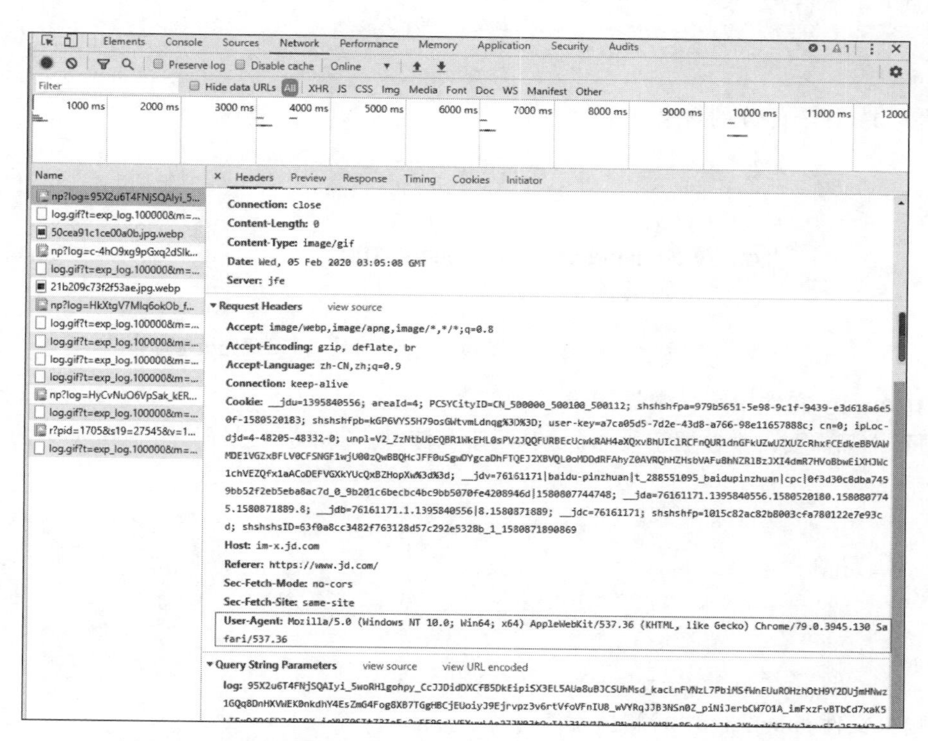

图 7-6　Chrome 浏览器开发者工具中显示的 User_Agent 字段内容

3）关闭过多的日志信息

Scrapy 提供了 log 功能，运行爬虫时，会显示各个模块的执行过程及警告、错误等信息。作为初学,可以关闭过多的显示信息,只显示“警告”级以上的信息。在 settings. py 文件中加入以下语句。

```
LOG_LEVEL = 'WARN'
```

保持 settings. py 文件的其他内容不变,修改的相关内容如下。

```
#1.修改 HTTP 请求头中的 USER_AGENT 字段信息
USER_AGENT = 'Mozilla/5.0 (Windows NT 10.0; Win64; x64) AppleWebKit/537.36 (KHTML, like Gecko) Chrome/79.0.3945.130 Safari/537.36'
#2.关闭爬虫协议
ROBOTSTXT_OBEY = False
#3.修改日志等级,不显示过多的过程信息
LOG_LEVEL = 'WARN'
```

4) 开启 pipeline

pipeline 是数据处理管道,一个工程中可以包含多个,它负责保存 Spider 返回的 Item 对象。其开启和执行的优先级在项目配置文件中设置。在 settings. py 文件中,往 ITEM_PIPELINES 中添加项目管道的类名,就可以激活项目管道组件。例如:

```
ITEM_PIPELINES = {
    'Lottery.pipelines.LotteryPipeline': 100,
   'Lottery.pipelines.DownloadPicspiderPipeline': 300,
}
```

该表达式中,各个部分的含义如下。

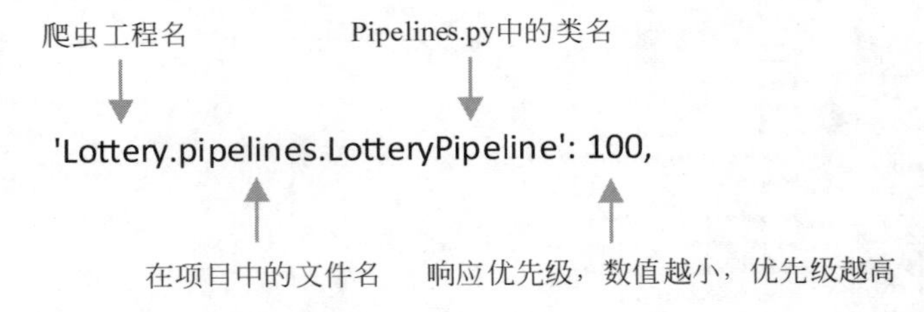

5. 在 Items. py 文件中定义数据字段

在该项目中只需要一个数据字段 issue,其用于存储每一期的开奖号码,用 Scrapy 中的 Field()方法初始化。

```
import scrapy
class LotteryItem(scrapy.Item):
    #define the fields for your item here like:
    issue = scrapy.Field()      #定义数据字段
    pass
```

6. 在爬虫文件 sport. py 中写爬虫程序

该爬虫程序是一个由 basic 模板生成的类 SportSpider。用户写爬虫程序要完成的主要任务是通过 request 和 response 方法完善其中的数据提取程序。

(1) 程序由 start_requests 函数开始,由于访问多页数据,给出了网址的通用形式,并赋值给变

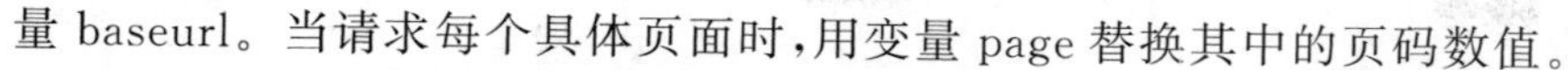

量 baseurl。当请求每个具体页面时,用变量 page 替换其中的页码数值。

(2) 在一个 for 循环中,将每一页 yield 到 scrapy 的调度器,调度器将其入队列,依次发送请求。

(3) 解析每页数据的操作单独写在 parse 函数中,该函数的核心是通过 XPath 选择器提取<tr>标签下对应的每一期信息,生成一个 sector 列表对象。然后,通过一个循环遍历该列表,提取<td>标签下对应的每一期历史数据信息。sport. py 文件源代码如下。

```
import scrapy
from Lottery.items import LotteryItem

class SportSpider(scrapy.Spider):
    name = 'sport'
    allowed_domains = ['lottery.gov.cn']
    start_urls = ['http://lottery.gov.cn/']

    baseurl = 'http://www.lottery.gov.cn/historykj/history_%d.jspx?_ltype=dlt'
    page = 1  #存储页码的变量

    def start_requests(self):
        print("开始....")
        #循环访问多个页面
        for pa in range(2):
            url = self.baseurl % (self.page)  #格式化访问的每页地址
            #将每一页 yield 到 scrapy 的调度器,调度器将其入队列,依次发送请求
            yield scrapy.Request(url, callback = self.parse)
            self.page += 1

    #回调函数,具体提取每页内容
    def parse(self, response):
        #用 XPath 选择器提取需要的数据
        bath_info = response.xpath('//tr')
        for bi in bath_info:                #可以限定范围[0:10]
            item = LotteryItem()            #实例化 item
            item["issue"] = bi.xpath('./td/text()').getall()[0:8]
            yield item
```

7. 修改数据存储和处理程序 pipelines. py

在 pipelines. py 文件中,LotteryPipeline 类和 process_item()函数是由系统自动生成的,只需添加处理结果数据的语句。本项目中添加一个条件判断语句,如果 item["issue"]中内容不为空,则将结果数据打印到屏幕上显示。

```
class LotteryPipeline(object):
    def process_item(self, item, spider):
        if item["issue"]:#如果内容不为空,则打印到屏幕
            print(item)
        return item
```

8. 运行爬虫文件

在 PyCharm 中,选择菜单 View→Tool Windows→Terminal 命令,则可以显示命令提示符窗体,在该窗体中输入命令:

```
Scrapy crawl sport
```

运行爬虫。当然也可以直接启动 Windows 系统中的命令提示符窗口，切换到当前的爬虫工程目录下，输入以上命令来运行爬虫。最后效果如图 7-1 和图 7-2 所示。

7.1.4 相关知识链接

1. 网络爬虫的概念和作用

网络爬虫(又称为网页蜘蛛、网络机器人)是一种按照一定的规则，自动抓取万维网信息的程序或者脚本。另外一些不常使用的名字还有蚂蚁、自动索引、模拟程序或者蠕虫。

网络爬虫按照系统结构和实现技术，大致可以分为以下几种类型：通用网络爬虫(General Purpose Web Crawler)、聚焦网络爬虫(Focused Web Crawler)、增量式网络爬虫(Incremental Web Crawler)、深层网络爬虫(Deep Web Crawler)。实际的网络爬虫系统通常是几种爬虫技术相结合实现的。

要实现一个网络爬虫，采用常见的程序设计语言都可以，比如 C++、Java、PHP 等。然而，Python 语言有众多先天优势，再加上有 Scrapy 等专门用于爬虫的框架程序，使得普通用户使用起来更加简单。

2. Scrapy 简介

Scrapy 是 Python 开发的一个快速、高层次的 Web 抓取框架，用于抓取 Web 站点并从页面中提取结构化的数据。Scrapy 用途广泛，可以用于数据挖掘、监测和自动化测试。其官方网址是 https://Scrapy.org/。如果要深入学习，可以查阅该网站的说明文档。

Scrapy 框架的优点在于任何人都可以根据需求方便地修改应用程序，利用现有框架，减少重复劳动，高效实现爬虫。并且它提供了多种类型的爬虫基类，如 BaseSpider、Sitemap 爬虫等。Scrapy 的架构如图 7-7 所示，其中展示了 Scrapy 所包含的主要功能模块以及爬虫工作的流程。

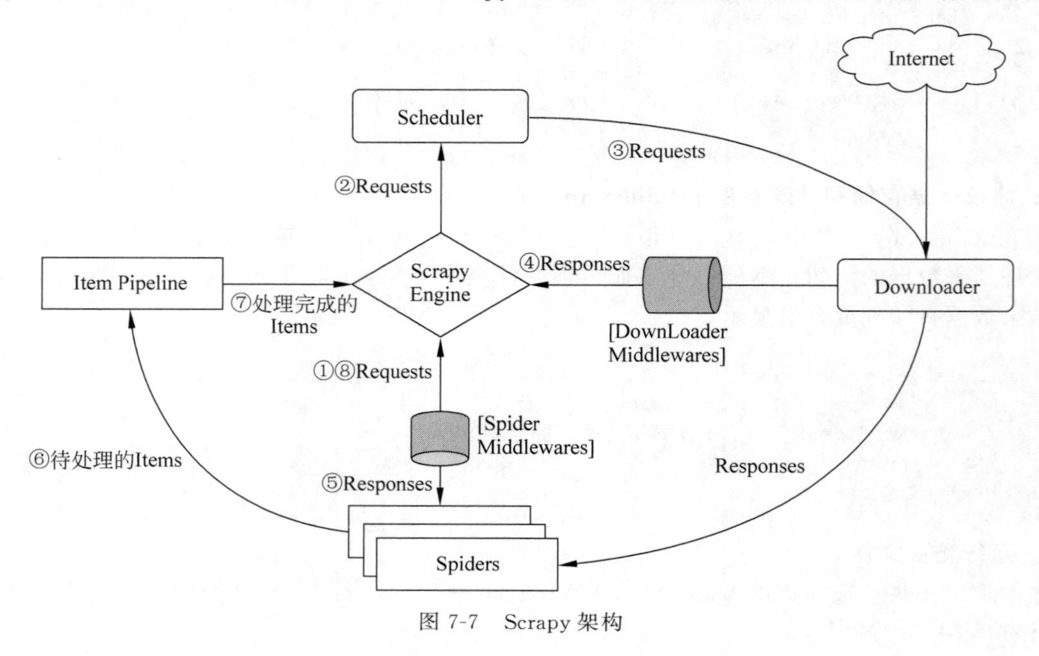

图 7-7　Scrapy 架构

由图 7-7 可见，Scrapy 主要由七大功能模块构成，各模块有独立的核心任务，同时，它们之间又相互协同工作，具体功能及含义如表 7-1 所示。

表 7-1　Scrapy 主要模块及含义

模块名称	含　义
Scrapy Engine(引擎)	Scrapy 框架的核心部分。负责在 Spider 和 ItemPipeline、Downloader、Scheduler 中间通信、传递数据等
Spider(爬虫)	发送需要爬取的链接给引擎，最后引擎把其他模块请求回来的数据再发送给爬虫，爬虫就去解析想要的数据。这个部分是开发者自己写的，因为要爬取哪些链接，页面中的哪些数据是我们需要的，都是由程序员自己决定
Scheduler(调度器)	负责接收引擎发送过来的请求，并按照一定的方式进行排列和整理，负责调度请求的顺序等
Downloader(下载器)	负责接收引擎传过来的下载请求，然后去网络上下载对应的数据再交还给引擎
Item Pipeline(管道)	负责将 Spider(爬虫)传递过来的数据进行保存。具体保存在哪里，由开发者自己决定
DownLoaderMiddlewares(下载中间件)	可以扩展下载器和引擎之间通信功能的中间件
SpiderMiddlewares(Spider 中间件)	可以扩展引擎和爬虫之间通信功能的中间件

各模块之间协同工作时，执行流程如下。

(1) Spiders 的 yield 将 Requests 发送给 Engine。

(2) Engine 对 Requests 不做任何处理发送给 Scheduler。

(3) Scheduler 生成 Requests 交给 Engine。

(4) Engine 拿到 Requests，通过 Middleware 进行层层过滤后，发送给 Downloader。

(5) Downloader 在网上获取到 Response 数据之后，又经过 Middleware 进行层层过滤发送给 Engine。

(6) Engine 获取到 Response 数据之后，返回给 Spiders，Spiders 的 parse()方法对获取到的 Response 数据进行处理，解析出 Items 或者 Requests。

(7) 将解析出来的 Items 或者 Requests 发送给 Engine。

(8) Engine 获取到 Items 或者 Requests，将 Items 发送给 Item Pipeline，将 Requests 发送给 Scheduler。

【注意】

只有当调度器中不存在任何 Requests 了，整个程序才会停止，也就是说，对于下载失败的 URL，Scrapy 也会重新下载。

3. 安装 Scrapy 框架

如果没有安装 Scrapy，在命令提示符窗口中输入 pip install scrapy 命令，系统会自动下载相关资源，完成安装操作，其操作界面如图 7-8 所示。

安装完成后，在命令提示符窗口中，可通过命令行方式执行很多操作。比如直接输入"Scrapy"，则显示可以使用的常见命令。其操作界面如图 7-9 所示。Scrapy 中常见操作命令及含义如表 7-2 所示。

```
C:\Users\Admin>
C:\Users\Admin>pip list
Package    Version
---------- -------
pip        19.3.1
setuptools 28.8.0

C:\Users\Admin>pip install scrapy
Collecting scrapy
  Downloading https://files.pythonhosted.org/packages/3b/e4/69b87d7827abf03dea2ea984230d50f347b00a7a3897bc93f6ec3dafa49
/Scrapy-1.8.0-py2.py3-none-any.whl (238kB)
     |████████████████████████████████| 245kB 93kB/s
Collecting pyOpenSSL>=16.2.0
  Downloading https://files.pythonhosted.org/packages/9e/de/f8342b68fa9e981d348039954657bdf681b2ab93de27443be51865ffa31
/pyOpenSSL-19.1.0-py2.py3-none-any.whl (53kB)
     |████████████████████████████████| 61kB 30kB/s
Collecting Twisted>=17.9.0; python_version >= "3.5"
  Downloading https://files.pythonhosted.org/packages/08/5b/be14d6872632fb5e56095ea9f61c39daf99b27e6fac94a36947fa681a14
/Twisted-19.10.0-cp36-cp36m-win_amd64.whl (3.1MB)
     |                    | 30kB 11kB/s eta 0:04:36
```

图 7-8　在命令提示符窗口中安装 Scrapy 框架

```
C:\Users\Administrator>scrapy
Scrapy 1.8.0 - no active project

Usage:
  scrapy <command> [options] [args]

Available commands:
  bench         Run quick benchmark test
  fetch         Fetch a URL using the Scrapy downloader
  genspider     Generate new spider using pre-defined templates
  runspider     Run a self-contained spider (without creating a project)
  settings      Get settings values
  shell         Interactive scraping console
  startproject  Create new project
  version       Print Scrapy version
  view          Open URL in browser, as seen by Scrapy

  [ more ]      More commands available when run from project directory

Use "scrapy <command> -h" to see more info about a command
```

图 7-9　执行 Scrapy 命令后出现的界面

表 7-2　Scrapy 常见命令及含义

命　　令	格　　式	含　　义
startproject	scrapy startproject <name> [dir]	创建一个新工程
genspider	scrapy genspider [options] <name><domain>	创建一个爬虫文件
settings	scrapy settings [options]	获取爬虫配置信息
crawl	scrapy crawl <spider>	运行一个爬虫
list	scrapy list	列出工程中所有爬虫
Shell	scrapy Shell [url]	启动 URL 调试命令行

例 7-1　通过命令获取 Scrapy 的版本信息。

在命令提示符窗口中输入命令。

```
scrapy version
```

得到版本信息如下。

```
scrapy 1.8.0
```

例 7-2　使用 Scrapy 命令，在浏览器中打开指定网站 http://scrapy.org。

在命令提示符窗口中输入命令。

```
scrapy view http://scrapy.org
```

Scrapy 自动在浏览器中打开网站 http://scrapy.org。

4. 建立 Scrapy 爬虫项目的流程

在 Scrapy 框架下完成一个爬虫项目，具体操作步骤如下。

(1) 创建 Scrapy 项目。

(2) 创建爬虫文件 *.py。

(3) 修改 settings.py 配置文件。

(4) 修改 items.py 设置数据项。

(5) 修改 pipelines.py，写好数据存储和处理的程序。

(6) 修改 middlewares.py 等文件内容。

(7) 运行爬虫。

其中，步骤(4)～(6)根据项目的复杂度，可选择操作。例如，对一些简单任务，可将 items.py 中定义数据字段的操作直接放在爬虫文件中。

步骤(2)中，建立爬虫文件时，用户也可以根据需要指定模板，采用如下格式。

```
Scrapy genspider -t 模板名 文件名 网站域名
```

其中模板名有 basic、crawl、csvfeed、xmlfeed，默认采用的是 basic 模板。根据爬取的对象特征不同可以采取不同模板，比如要爬取 CSV 文件的数据源，则可以指定 csvfeed 模板。另外，在一个项目下面，根据需要也可以创建多个爬虫文件。

步骤(3)中，所修改的配置文件 settings.py 是对整个爬虫项目的环境参数进行设置，除了之前介绍的 User-Agent 等字段外，还有与中间件、管道相关的很多内容可以设置，具体含义查看文档说明即可获知。

步骤(4)中，items.py 文件定义了 Item 类，用来定义公共输出数据格式。Item 是保存爬取到的数据的容器，其使用方法和 Python 字典类似，并且提供了额外保护机制来避免拼写错误导致的未定义字段错误。

步骤(5)中，pipelines.py 文件，顾名思义，是管道文件，其主要作用是将 return 返回的 items 写入数据库、文件等持久化模块中。

步骤(6)中，middlewares.py 文件也是由 Scrapy 自动生成的，名字后面的 s 表示复数，说明这个文件里面可以放很多个中间件。例如代理中间件(HttpProxyMiddleware)，它是爬虫每次访问网站之前都先“经过”的类，它给每次请求换不同的代理 IP，这样就可实现动态改变代理等操作。另外，还有 UA 中间件(UserAgentMiddleware)和重试中间件(RetryMiddleware)等。

5. 使用 Scrapy Shell 调试工具分析目标网页

Scrapy Shell 也称“Scrapy 终端”，它是一个交互终端，用于在未启动 Spider 爬虫的情况下调试代码，方便对目标网页进行分析以及测试是否可以提取到页面数据。

该终端主要用来测试 XPath 或 CSS 表达式，查看它们的工作方式及从爬取的网页中提取的数据。在编写 Spider 时，该终端提供了交互性测试代码的功能，免去了每次修改后运行 Spider 的麻烦。其启动格式如下。

```
Scrapy Shell <url>
```

例 7-3 在 Scrapy Shell 窗口中,访问指定网站 http://doc.scrapy.org/,查看返回信息。

在命令提示符窗口中,输入:

```
Scrapy Shell http://doc.scrapy.org/
```

则出现 Scrapy 访问指定网站的过程信息。Scrapy Shell 自动从下载的页面创建一些对象,如 Response 对象和 Selector 对象。

在 Shell 模式下,输入上面的启动命令后会列出 Scrapy 可使用的一些对象,如图 7-10 所示。

```
apy.org/>
2020-01-28 15:25:35 [scrapy.core.engine] DEBUG: Crawled (200) <GET http://doc.scrapy.org/en/latest/> (referer: None)
[s] Available Scrapy objects:
[s]   scrapy     scrapy module (contains scrapy.Request, scrapy.Selector, etc)
[s]   crawler    <scrapy.crawler.Crawler object at 0x0000019235586198>
[s]   item       {}
[s]   request    <GET http://doc.scrapy.org/>
[s]   response   <200 http://doc.scrapy.org/en/latest/>
[s]   settings   <scrapy.settings.Settings object at 0x0000019236644A20>
[s]   spider     <DefaultSpider 'default' at 0x19236958fd0>
[s] Useful shortcuts:
[s]   fetch(url[, redirect=True]) Fetch URL and update local objects (by default, redirects are followed)
[s]   fetch(req)                  Fetch a scrapy.Request and update local objects
[s]   shelp()           Shell help (print this help)
[s]   view(response)    View response in a browser
>>>
```

图 7-10　Scrapy Shell 可用对象

这些常用对象及含义如表 7-3 所示。

表 7-3　Scrapy Shell 中常用对象及含义

对象名	含　义
crawler	当前 crawler 对象
spider	爬取使用的 spider
request	最后一个获取页面的 request 对象,可以使用 replace() 修改请求或者用 fetch() 提取新请求
response	最后一个获取页面的 response 对象
settings	当前的 Scrapy 设置

另外,Scrapy Shell 中常用的一些方法及含义如表 7-4 所示。

表 7-4　Scrapy Shell 中常用方法及含义

方　法	含　义
shelp()	打印可用的对象和方法
fetch(url[, redirect=True])	爬取新的 URL 并更新所有相关对象
fetch(request)	通过给定 Request 爬取,并更新所有相关对象
view(response)	使用本地浏览器打开给定的响应。这会在计算机中创建一个临时文件,这个文件并不会自动删除
exit()	退出 Shell 环境

例 7-4　在 Shell 模式下，打印当前请求的状态码。

```
>>> response
<200 https://dig.chouti.com>
```

例 7-5　在 Shell 模式下，打印访问头信息。

```
>>> response.headers
{b'Date': [b'Thu, 30 Nov 2017 09:45:06 GMT'], b'Content-Type': [b'text/html; charset=UTF-8'], b'
Server': [b'Tengine'], b'Content-Language': [b'en'], b'X-Via': [b'1.1 bd157:10 (Cdn Ca
che Server V2.0)']}
```

后面还会具体介绍在 Shell 模式下验证 XPath()的方法。

7.1.5　知识拓展

1. 启动文件

在前面的项目操作中，是通过在命令行提示符窗口中执行运行爬虫的命令来启动爬虫的。为了简化启动爬虫的操作，也可以设计启动文件，直接在 PyCharm 中启动爬虫。步骤如下。

(1) 在该项目文件夹下创建新的文件 main.py。

(2) 在 main.py 文件中导入 Scrapy 的命令行模块、sys 模块、os 模块。

```
from scrapy.cmdline import execute
import sys
import os
```

(3) 将系统启动路径设置为当前 mian.py 文件所在的目录。

```
sys.path.append(os.path.dirname(os.path.abspath(__file__)))
```

(4) 在 main.py 文件中添加执行命令行的语句。

```
execute(["scrapy","crawl","sport"])
```

(5) 在 PyCharm 中直接运行 main.py 即可启动爬虫。

2. urllib 库

采用 Python 实现爬虫功能，除了采用专用的爬虫框架 Scrapy 外，也可以直接使用 Python 标准库中用于网络请求的 urllib 库，只是在这种环境下，与爬虫任务相关的所有细节都需要自己去实现，而不再是通过简单设置参数来完成。

urllib 库中，模拟浏览器发起一个 HTTP 请求，需要用到 urllib.request 模块。urllib.request 的作用是发起请求，并获取请求返回结果。

主要用到的一个方法是 urlopen，其调用格式如下。

```
urllib.request.urlopen(url, data=None, [timeout, ]*, cafile=None, capath=None,context=None)
```

该方法中各参数及含义如表 7-5 所示，返回结果是一个 http.client.HTTPResponse 对象。

表 7-5 urlopen 方法输入参数及含义

参　　数	含　　义
data	bytes 类型，可通过 bytes()函数转换为字节流
timeout	用于设置请求超时时间，单位是 s
cafile 和 capath	代表 CA 证书和 CA 证书的路径。使用 HTTPS 时用到
context	必须是 ssl. SSLContext 类型，用来指定 SSL 设置

例 7-6 使用 urllib. request. urlopen()请求京东网站首页，并获取到该页面的源代码。

```
import urllib.request

url = "http://jd.com"
response = urllib.request.urlopen(url)
html = response.read()   #获取到页面的源代码
print(html.decode('UTF-8'))   #转换为 UTF-8 编码显示
```

以上程序运行后的部分结果如图 7-11 所示。

```
                    <div class="mod_tab_content_item service_pop_item mod_loading"></div>
                    <div class="mod_tab_content_item service_pop_item mod_loading"></div>
                    <a class="J_service_pop_close service_pop_close iconfont" href="javascript:;" tabindex="-1">  </a>
                </div>
            </div>
        </div>
    </div>
    <div id="J_fs_act" class="fs_act"></div>
</div>
<!-- CLUB_LINK start seo -->
<div style="display:none">
            <a href="//www.jd.com/zxnews/a172d64e17755263.html">HTC手机哪款好</a>
            <a href="//www.jd.com/nrjs/af98b9fb7f178611.html">双卡双待手机哪款好</a>
            <a href="//www.jd.com/phb/zhishi/1afe932ec41f8476.html">8GB手机排行榜</a>
            <a href="//www.jd.com/jxinfo/d9d0db1eb09fac50.html">联想天逸510s 台式机</a>
            <a href="//www.jd.com/zxnews/00e438ca02b0ae2a.html">海尔滚筒式洗衣机</a>
            <a href="//union.jd.com">网络赚钱</a>
            <a href="//www.jd.com/hprm/12259169922114dc5ef82.html">白酒</a>
            <a href="//www.jd.com/cppf/15901c58fb5406380f01f.html">立白洗衣液</a>
```

图 7-11 用 urllib 库访问京东首页返回的部分源代码信息

在调用 urlopen 方法时，如果加入参数 timeout，则可解决网络超时的问题。除了 urlopen 发起简单请求外，还可以利用更强大的 Request 类来构建一个请求，该请求中可以包含请求头(headers)、请求方式等信息。

视频讲解

任务 2 Scrapy 中的选择器——商品列表信息爬取

Scrapy 提取数据有自己的一套机制，它常被称为选择器(selectors)，其实现方式主要是通过 XPath 或者 CSS 表达式来选择 HTML 文件的特定部分。在 Scrapy 框架下写网络爬虫程序，最为关键的工作就是针对目标信息，设计合适的选择器来提取数据。所以，掌握选择器的使用方法至关重要。

7.2.1　任务说明

购物网站同类商品有成百上千件，当需要获取这些商品信息进行数据分析与处理时，如果采用人工逐条录入的方式显然效率太低，然而，采用爬虫则可以轻松完成此工作。本项目以京东购物网站为例，将“手表”作为关键词，搜索所有商品，爬取每个条目的基本信息，包含商品名称、价格、图片链接地址等。然后，将这些信息保存为JSON类型的文件和CSV文件，并将对应图片以其价格命名，保存到当前文件夹中。在本爬虫项目中，用户可以替换搜索关键词“手表”，爬取自己想要的商品信息。

7.2.2　任务展示

所爬取的部分商品名称、价格、图片链接信息如图7-12所示。


```
{"ID": 1, "P_name": "冠琴(GUANQIN)手表男士防水夜光石英表运动时尚男款腕表多功能精钢带手表男钟表机械表19018 精钢全黑-【热卖石英款】 其他", "P_price": "228.00", "seller": null, "P_url": "//img10.360buyimg.com/n7/jfs/t18727/17/1898897096/324146/34c10b5f/5add9317N67c30e5f.jpg"}
{"ID": 2, "P_name": "【2.6-2.14钟表情人节】真爱无价，以表传情！卡西欧每满300减30，等你来抢！", "P_price": "298.00", "seller": "汉太普手表专营店", "P_url": "//img12.360buyimg.com/n7/jfs/t1/107510/31/6086/255279/5e478327Ec12459ca/4be3943c40200977.jpg"}
{"ID": 3, "P_name": "CASIO旗舰店卡西欧男表G-SHOCK GA-110运动防水男士电子手表男 黑武士GA-110-1BDR", "P_price": "959.00", "seller": null, "P_url": "//img12.360buyimg.com/n7/jfs/t1/97855/15/12702/178618/5e4ca7b2Ebd48d3c8/e758dc7ee947f351.jpg"}
{"ID": 4, "P_name": "【荣耀手表2新品上市】高清蓝牙通话丨独立音乐播放丨14天续航，享12期白条免息【更多荣耀产品暖心陪伴】", "P_price": "1099.00", "seller": "荣耀京东自营旗舰店", "P_url": "//img14.360buyimg.com/n7/jfs/t1/100347/24/11603/98539/5e3a63ffE24663501/3c526b06956362a0.jpg"}
{"ID": 5, "P_name": "【美度暖春献礼】2.19~2.21下单前20名赠品牌定制随心杯，下单即赠价值799元无线蓝牙耳机，享12期白条免息。全店正常发货", "P_price": "3600.00", "seller": "美度表京东自营品牌授权旗舰店", "P_url": "//img13.360buyimg.com/n7/jfs/t1/99289/3/12453/212606/5e4a6622Ef772a64d/db2716941b7bedc1.jpg"}
{"ID": 6, "P_name": "鸣动 智能手表4G全网通电话可下应用上网男女学生成人通用可付款高中生多功能蓝牙手表手机定位安卓 黑蓝全网通（32G）版", "P_price": "1288.00", "seller": null, "P_url": "//img11.360buyimg.com/n7/jfs/t1/92233/30/6871/187983/5df6336aE70ec9474/d96143ebde4b244b.jpg"}
{"ID": 7, "P_name": "Dickies 手表男款43mm黑表盘黑边皮带复古夜光男士手表 爵士黑红热卖款", "P_price": "209.00", "seller": null, "P_url": "//img10.360buyimg.com/n7/jfs/t1/100608/19/12236/238759/5e46c597Eae4933bb/613d42bd39826583.jpg"}
{"ID": 8, "P_name": "【LOLAROSE暖春行动】2月16日0点-2月26日24点，部分款到手立减130，优惠享不停，正品保证，快快下单吧", "P_price": "1230.00", "seller": "LOLA ROSE手表京东自营旗舰店", "P_url": "//img12.360buyimg.com/n7/jfs/t1/88169/38/12521/200911/5e48e27bE5f2fc4e4/5f98ddc363ce9b9d.jpg"}
{"ID": 9, "P_name": "此商品将于2020-02-20,10点参加闪购特卖，罗西尼品牌闪购", "P_price": "459.00", "seller": "罗西尼名唐专卖店", "P_url": "//img12.360buyimg.com/n7/jfs/t1/93584/3/8716/120629/5e06f188E7c1a8af4/66ecb150290236b6.jpg"}
{"ID": 10, "P_name": "【2.20-2.22，DW大牌闪购】真爱无价，以表传情！到手价1209！满800减50，1500减100，2000减200！白条6期免息！点击查看", "P_price": "1209.00", "seller": "丹尼尔惠灵顿京东自营旗舰店", "P_url": "//img10.360buyimg.com/n7/jfs/t1/92937/13/12611/148127/5e4b7c54Eba14a2e7/b9bd9ce9ee899143.jpg"}
{"ID": 11, "P_name": "女人如花，卡西欧联合BEAST野兽派，将艺术之美融入日常。【与SHEEN相遇，闪耀如你】", "P_price": "397.00", "seller": "卡西欧京东自营店", "P_url": "//img14.360buyimg.com/n7/jfs/t1/95732/16/12612/140729/5e4cabe4E4fee9c09/c6c7af9aee5ee989.jpg"}
{"ID": 12, "P_name": "艾戈勒(agelocer)瑞士手表 布达佩斯系列多功能商务轻奢全自动机械表 防水日历商务男士腕表 金钢灰表盘 动能指示 4103D9【推荐】", "P_price": "3399.00", "seller": null, "P_url": "//img12.360buyimg.com/n7/jfs/t1/110427/27/5997/228697/5e46e281E8003ced2/e921e3d9e141c9ad.jpg"}
{"ID": 13, "P_name": "【全国联保】CASIO卡西欧男表商务休闲手表高端智能蓝牙太阳能蓝宝石镜钢带EQB-501非机械表男 EQB-501XYDB-1A太阳能+蓝牙", "P_price": "2871.00", "seller": "卡西欧烁宇专卖店", "P_url": "//img12.360buyimg.com/n7/jfs/t1/48233/12/15701/182541/5dca1a8bE24c56d57/753097622bf4737e.jpg"}
{"ID": 14, "P_name": "CASIO(卡西欧) G-SHOCK系列 男士运动手表 GA-100CF-1A9", "P_price": "639.00", "seller": "京东国际奢品海外自营专区", "P_url":
```


图7-12　保存在JSON文件中的结果数据

下载的部分商品图片如图7-13所示。

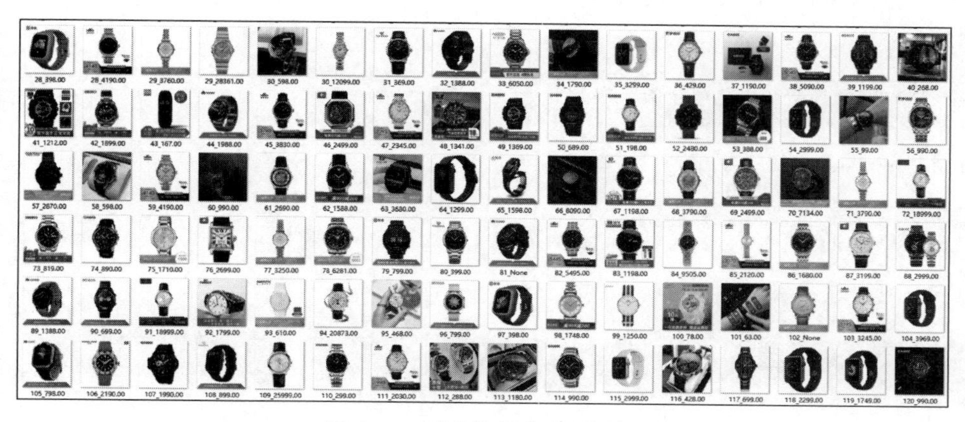

图7-13　下载的部分商品图片

7.2.3　任务实现

1. 分析目标网站

在Chrome浏览器中打开京东网站首页(http://jd.com)，在搜索框中输入关键词“手表”后，查看搜索结果。接下来，分析目标信息在网页源码中的特征。

(1) 按键盘上的功能键 F12，调出“开发者工具”窗口，再按 Ctrl+Shift+C 组合键，进入“选择元素”模式，将光标移动到第一个商品的“名称”上面，会在开发者工具窗口中显示对应的元素信息。其 title 属性的值就是商品名称，复制该名称。

(2) 在网页上右击，选择“查看网页源代码”菜单，按 Ctrl+F 组合键调出“查询框”，粘贴第一步的名称信息，在源码中搜索。由于其中包含较长的 URL 地址信息，为了方便查看关键信息，这里用“占位”两字替换掉这段 URL，得到如下结果。

```
<div id="J_goodsList" class="goods-list-v2 gl-type-1 J-goods-list"><ul class="gl-warp
clearfix" data-tpl="1">
<li data-sku="100009202682" class="gl-item">
<div class="gl-i-wrap">
<div class="p-img">
<a target="_blank" title="NOMOS 日晷指环黑色限定版" href="https://item.jd.com/100009202682.
html" onclick="searchlog(1,100009202682,0,2,'','adwClk=1');searchAdvPointReport('占位=1');">
<img width="220" height="220" class="err-product" data-img="1" source-data-lazy-img="//
img12.360buyimg.com/n7/jfs/t1/91726/30/12742/201316/5e49ff49E3fedec1d/5624a073ced37581.jpg" />
</a><div data-lease="" data-catid="13672" data-venid="1000015285" data-presale=""></div>
</div>
<div class="p-price">
<strong class="J_100009202682" data-done="1"><em>¥</em><i>2180.00</i></strong></div>
<div class="p-name p-name-type-2">
<a target="_blank" title="NOMOS 日晷指环黑色限定版" href="https://item.jd.com/100009202682.
html" onclick="searchlog(1,100009202682,0,1,'','adwClk=1');searchAdvPointReport('占位=1');">
<em>NOMOS 日晷指环黑色限定版</em>
<i class="promo-words" id="J_AD_100009202682"></i>
</a>
/div>
```

(3) 从这段源码看出需要的目标信息都在其中。

名称信息：

```
title="NOMOS 日晷指环黑色限定版"
```

价格信息：

```
¥</em><i>2180.00</i></strong></div>
```

商品图片：

```
<img width="220" height="220" class="err-product" data-img="1" source-data-lazy-img="//
img12.360buyimg.com/n7/jfs/t1/91726/30/12742/201316/5e49ff49E3fedec1d/5624a073ced37581.jpg" />
```

除此之外，还包含产品详情页信息等。

(4) 经抽查验证，确认其他商品同样满足该特征，并且一个页面的所有商品包含在如下标签中。

```
<div id="J_goodsList" class="goods-list-v2 gl-type-1 J-goods-list"><ul class="gl-warp
clearfix" data-tpl="1">,
```

其中,每一个商品又以如下标签为起始标记。

```
<li data-sku="100009202682" class="gl-item">
```

另外,一个商品包含很多个页面,通过观察,查找各个页面的网址规律。翻到第二页,网址如下。

```
https://search.jd.com/Search?keyword=%E6%89%8B%E8%A1%A8&enc=utf-8&qrst=1&rt=1&stop=1&vt=2&page=3&s=37&click=0
```

再多翻几页,发现主要的变化规律如下。

① “page=3”的值,每翻一页增加2。

② “keyword=%E6%89%8B%E8%A1%A8”是编码后的十六进制形式,代表的是搜索关键词“手表”,将整个网址复制到浏览器的地址栏中,这段信息会自动转码为汉字“手表”。所以爬取不同商品时,只需要替换该关键词即可。

2. 创建Scrapy项目

在命令提示符窗口中执行命令:

```
Scrapy startproject JdSpider
```

则在当前目录下自动生成工程文件夹JdSpider。

3. 创建爬虫文件*.py

在命令提示符窗口中,切换到工程目录JdSpider下,执行命令:

```
Scrapy genspider jdgw jd.com
```

则在子目录JdSpider中产生爬虫文件Jdgw.py。

4. 修改setting.py文件完成相关环境配置工作

类似项目7.1的操作,在setting.py文件中修改项目设置,具体内容如下。

```
#1.修改http请求头中的USER_AGENT字段信息
USER_AGENT = 'Mozilla/5.0 (Windows NT 10.0; Win64; x64) AppleWebKit/537.36 (KHTML, like Gecko) Chrome/79.0.3945.130 Safari/537.36'

#2.关闭爬虫协议
ROBOTSTXT_OBEY = False

#3.修改日志等级,不显示过多的过程信息
LOG_LEVEL = 'WARN'

#4.开启两个pipline
ITEM_PIPELINES = {
    'JdSpider.pipelines.JSonPipeline': 100,
    'JdSpider.pipelines.CSVPipeline': 300,
}
```

5. 在items.py文件中定义数据字段

在items.py文件中,将该项目中要获取的关键信息通过Field()方法定义为字段,供项目中其

他文件引用。

```
import scrapy
class JdspiderItem(scrapy.Item):
    #ID 编号
    ID = scrapy.Field()
    #商品名称
    P_name = scrapy.Field()
    #商品价格
    P_price = scrapy.Field()
    #卖家
    seller = scrapy.Field()
    #商品图片 URL 地址
    P_url = scrapy.Field()
    pass
```

6. 在爬虫文件 jdgw. py 中写爬虫程序

该爬虫程序起初由 basic 模板自动生成了 JdgwSpider 类的框架，接下来需要用户通过 request 和 response 等方式完善其中的数据提取工作。

程序由 start_requests 函数开始，由于访问京东的商品页涉及翻页的问题，观察网址规律后，给出了网址的通用形式，并赋值给变量 baseurl。当请求每个具体页面时，用变量 keyword 和 page 替换掉字符串中的值。采用 yield 方式，通过 scrapy. Request 方法循环访问每一个页面，并解析数据。

解析每页数据的操作单独写在函数 parse 中，该函数的核心是通过 XPath 选择器和正则表达式提取目标信息，然后通过 yield 将 item 中的信息传送至 pipline 中做进一步处理，最后，通过 request. urlretrieve()方法直接下载商品图片。jdgw. py 文件源代码如下。

```
import scrapy
from urllib import request
from JdSpider.items import JdspiderItem

#自动新建的爬虫类(继承至 Spider 类)
class JdgwSpider(scrapy.Spider):
    name = 'jdgw'
    allowed_domains = ['jd.com']

    keyword = "手表"    #要搜索的关键词,可自由修改
    page = 1   #访问的页码变量
    count = 0   #保存商品图片的编号变量
    #可以替换搜索关键字
    baseurl = 'https://search.jd.com/Search?keyword = %s&enc = utf - 8&qrst = 1&rt = 1&stop = 1&vt = 
2&wq = %s&page = %d&s = 56&click = 0'

    def start_requests(self):
        #循环请求多个页面的信息
        print("开始....")
        for pa in range(5):       #()中是要请求的页码范围设定
            #格式化访问的每个页面地址
            url = self.baseurl % (self.keyword, self.keyword, self.page)
```

```
            yield scrapy.Request(url, callback = self.parse)
            self.page += 2

    #解析每个页面返回的数据,提取目标字段
    def parse(self, response):
        #返回结果 bath_info 为 selector list 类型
        bath_info = response.xpath('//*[@class = "gl-item"]')
        for bi in bath_info:   #可以限定范围[0:10]
            item = JdspiderItem()   #实例化一个 item
            item["ID"] = self.count + 1
            item["P_name"] = bi.xpath('.//div[@class = "p-img"]//@title').get()
            item["P_price"] = bi.xpath('.//div[@class = "p-price"]/strong/i/text()').get()
            item["seller"] = bi.xpath('.//span[@class = "J_im_icon"]/a/@title').get()
            item["P_url"] = bi.xpath('.//div[@class = "p-img"]//img/@source-data-lazy-img'
).get()
            self.count += 1   #计数变量加 1
            yield item

            #构造保存的图片名称
            surl = str(self.count) + "_" + str(item["P_price"]) + ".jpg"
            p_url = response.urljoin(item["P_url"])
            request.urlretrieve(p_url, surl) #保存图片
```

7. 修改数据存储和处理程序 piplines. py

piplines. py 文件接收爬虫获得的 item 信息,写了两个 pipline,一个用于将结果保存为 JSON 格式的文件,另一个用于保存为 CSV 格式的文件。

```
import json
import codecs
import csv
#将 item 结果写入 JSON 文件
class JSonPipeline(object):
    def __init__(self):
        self.file = codecs.open('goods.json', 'wb', encoding = 'utf-8')
    def process_item(self, item, spider):
        line = json.dumps(dict(item),ensure_ascii = False) + '\n'
        self.file.write(line)
        return item

#将 item 结果写入 CSV 文件
class CSVPipeline(object):
    def __init__(self):
        #打开文件,指定方式为写
        self.file = open("goods.csv", "a", newline = "")
        #设置文件第一行的字段名,注意要跟 Spider 传过来的字典 key 名称相同
        self.fieldnames = ["ID", "P_name", "P_price","seller", "P_url",]
        self.writer = csv.DictWriter(self.file, fieldnames = self.fieldnames)
        self.writer.writeheader()
    def process_item(self, item, spider):
        #写入 Spider 传过来的具体数值
        self.writer.writerow(item)
        #写入完,返回
```

```
        return item
    def close(self, spider):
        self.file.close()
```

8. 运行爬虫文件

在命令提示符窗口中,输入如下命令运行爬虫,其效果如图 7-12 和图 7-13 所示。当然,也可以按照 7.1.5 节中介绍的方法,建立启动文件,采用直接运行 Python 程序的方式来启动爬虫。

```
Scrapy crawl jdgw
```

7.2.4 相关知识链接

在抓取网页时,爬虫需要执行的最常见任务是从 HTML 源提取数据。BeautifulSoup 是非常流行的 Web 抓取库,它根据 HTML 代码的结构构造一个 Python 对象,并且合理地处理标记,但效率比较低。幸运的是,Scrapy 带有自己的提取数据机制,通常被称为选择器,因为它们"选择"由 XPath 或 CSS 表达式获取 HTML 文档的指定部分。一般来说,XPath 更强大,但 CSS 更简洁,效率更高。

1. XPath 选择器

XPath (XML Path Language)是用来在 XML 和 HTML 文档中选择节点的语言,由国际标准化组织 W3C 制定。目前主流浏览器 (Chrome、Firefox、Edge、Safari) 都支持 XPath 语法。

1) XPath 选择器的常用语法

在 Scrapy 中调用 XPath 选择器的格式为:

```
Response.xpath('XPath 表达式')
```

其中,书写 XPath 表达式时,用到的关键符号较多,多个符号还可以综合使用,这里列出常见的一些表达式写法,具体内容及含义如表 7-6 所示。

【注意】

所举示例为网页 https://scrapy.org/。

2) Scrapy 中 XPath 使用示例

在 Chrome 浏览器中打开目标网站 https://scrapy.org/,然后,按功能键 F12 调出"开发者工具"窗口,在 Element 标签页内按 Ctrl+F 组合键,底部出现搜索框,在该搜索框中输入 XPath 表达式即可测试其效果。

表 7-6 XPath 表达式常用写法

类　型	关键符号	举　例	含　义
匹配任何元素节点	*	*	匹配任何元素节点
从根节点选取指定元素	/	/html	选择根节点下的 html 标签
从匹配选择的当前节点选择文档中的节点,而不考虑它们的位置	//	//div	选择所有 div 标签,不管所在位置

续表

类　型	关键符号	举　例	含　义
选取当前节点	.	//head/.	选取当前节点,主要用在多级表达式的场景
选取当前节点的父节点	..	//head/..	选取当前节点的父节点,主要用在多级表达式的场景
选取属性	@	//meta/@name	选择 meta 标签中属性 name 的内容
查找某个特定的节点或者包含某个指定的值的节点	[谓语表达式]	//*[@class="wrapper"]	选择@class="wrapper"的内容
采用函数实现特殊功能	函数名(参数列表)	count(//*[@class="container"])	统计 class=" container"节点个数

例 7-7　在 Chrome 的开发者模式下,使用 XPath 表达式,选择所访问页面根节点下的 html 标签。

在搜索框中输入 XPath 表达式:

```
/html
```

在 Chrome 中调试结果如图 7-14 所示。

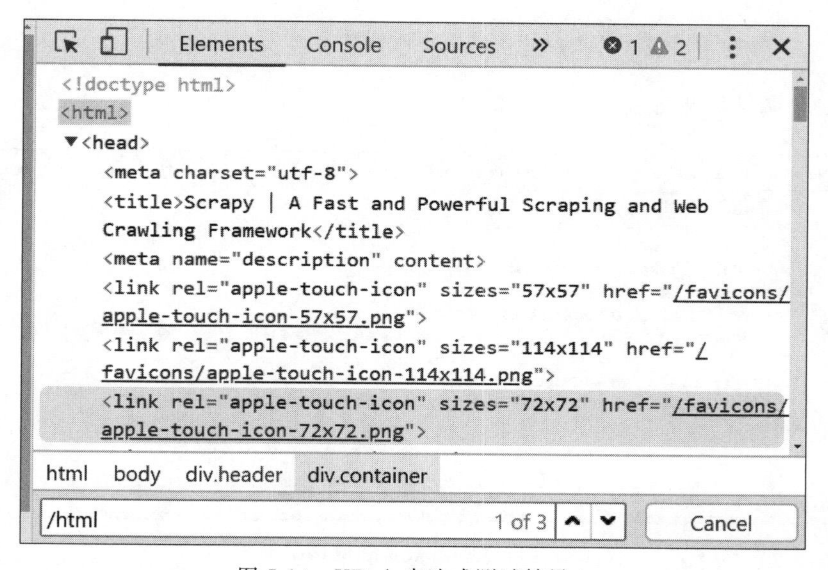

图 7-14　XPath 表达式测试结果 1

例 7-8　在 Chrome 的开发者模式下,使用 XPath 表达式,选择所访问页面中 class="wrapper"属性中的内容。

在搜索框中输入 XPath 表达式:

```
//*[@class="wrapper"]
```

在 Chrome 中调试结果如图 7-15 所示。

图 7-15　XPath 表达式测试结果 2

例 7-9　在 Chrome 的开发者模式下，使用 XPath 表达式，获取所访问页面中 src 属性之后的网址信息。

在搜索框中输入 XPath 表达式：

```
//*[@class="badges-bar"]//img/@src
```

在 Chrome 中调试结果如图 7-16 所示。

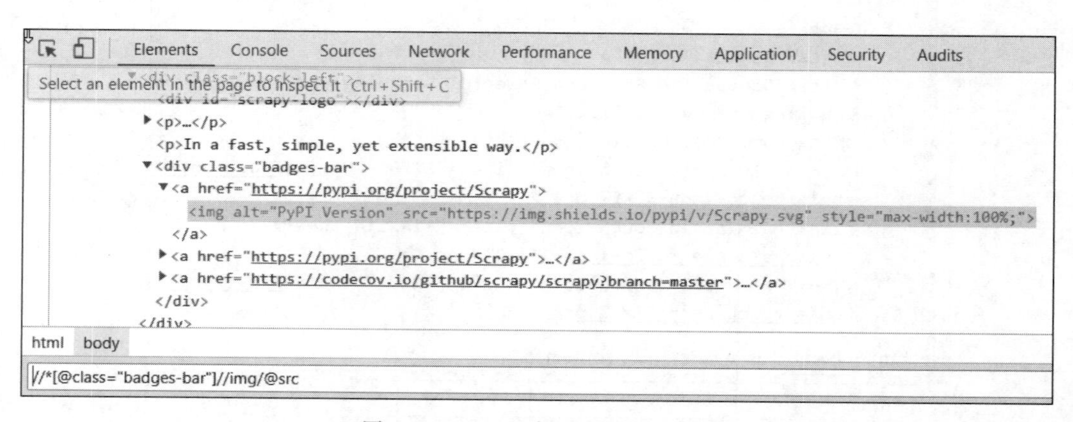

图 7-16　XPath 表达式测试结果 3

例 7-10　在 Scrapy Shell 环境中，访问指定网站 Shell scrapy. org，并获取 class = "badges-bar"下，img 标签中的网址信息。

首先在命令提示符窗口中启动 Shell，输入：

```
Scrapy Shell scrapy.org
```

然后，输入 XPath 表达式：

```
response.xpath('//*[@class="badges-bar"]//img/@src')
```

输出结果：

```
[<Selector xpath='//*[@class="badges-bar"]//img/@src' data='https://img.shields.io/pypi/v/Scrapy.svg'>, <Selector xpath='//*[@class="badges-bar"]//img/@src' data='https://img.shields.io/badge/wheel-ye...'>, <Selector xpath='//*[@class="badges-bar"]//img/@src' data='https://img.shields.io/codecov/c/gith...'>]
```

返回的 selector 对象的 data 数据正是希望获得的网址信息。如果只保留 data 部分的信息，则加入 extract()函数即可。

```
response.xpath('//*[@class="badges-bar"]//img/@src').extract()
```

此时输出：

```
['https://img.shields.io/pypi/v/Scrapy.svg', 'https://img.shields.io/badge/wheel-yes-brightgreen.svg', 'https://img.shields.io/codecov/c/github/scrapy/scrapy/master.svg']
```

例 7-11　在 Chrome 浏览器中打开京东网站，搜索“手表”，然后在“开发者工具”窗口的 Element 标签页中测试 Xpath 表达式效果。

输入搜索关键词：

```
//*[@class="gl-item"]
```

得到结果如图 7-17 所示，共 30 个结果，对应 30 件商品。

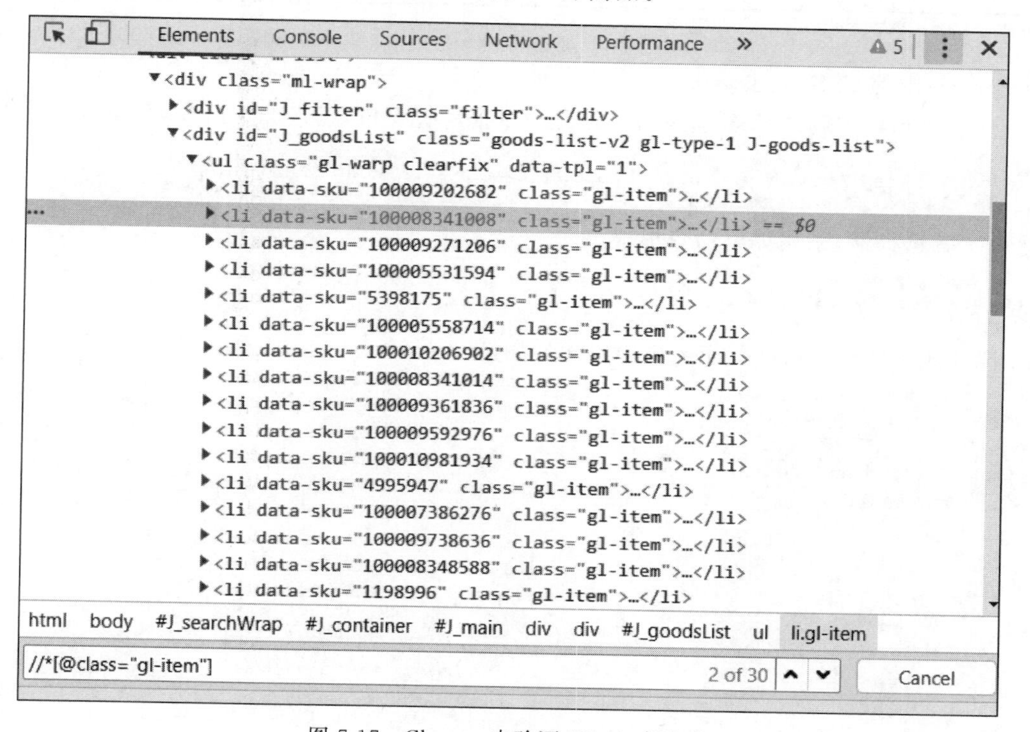

图 7-17　Chrome 中验证 XPath 表达式

同理输入“//＊[@class="gl-item"]//div[@class="p-img"]”，则进一步定位到了包含商品名称信息的源码部分；输入“//＊[@class="gl-item"]//div[@class="p-price"]/strong/i/text()”，定位到价格信息的源码。

2. CSS 选择器

CSS 是一种将 HTML 文档样式化的语言，在 Scrapy 中将其作为一种选择器模式，并与特定的 HTML 元素的样式相关联，用于选择目标信息包含的样式、元素。CSS 可对 HTML 页面中的元素实现一对一、一对多或者多对一的控制。

1）CSS 选择器的基本语法

在 Scrapy 中使用 CSS 选择器的格式为：

```
Response.css('CSS 表达式')
```

其中，CSS 表达式的写法和关键符号较多，并且可以综合使用，这里只列出常见的一些表达式写法，具体内容及含义如表 7-7 所示。

表 7-7 CSS 表达式常用写法及含义

类 型	关键符号	举例	含 义
选择所有内容	*	*	选择所有节点
选择指定 id	#	#link-logo	选择 id 为 link-logo 的节点
选择指定的类 class	.	. container	选取所有 class="container"的节点
选择指定的标签	无	li	选取所有 li 标签
选择指定的属性	[]	[type]	选择所有 type=属性的内容
选择指定的兄弟元素	+	i+h3	选择紧接在 i 元素后的 h3 元素，且二者有相同父元素
选择指定的子元素	>	div > h3	选择作为 div 元素下的子元素 h3

注：所举示例为网页 https://scrapy.org/

2）Scrapy 中的 CSS 使用示例

在 Scrapy Shell 中调试 CSS 选择器。打开命令提示符窗口，输入如下命令，启用 Scrapy Shell。

```
Scrapy Shell http://doc.Scrapy.org/en/latest/_static/selectors-sample1.html
```

调试 CSS 选择器，采用如下命令形式。

```
response.css('CSS 表达式')
```

在浏览器中，可查看到该页面的源代码文件如下。

```
<html>
<head>
  <base href = 'http://example.com/' />
  <title> Example website </title>
</head>
<body>
  <div id = 'images'>
   <a href = 'image1.html'> Name: My image 1 <br /><img src = 'image1_thumb.jpg' /></a>
   <a href = 'image2.html'> Name: My image 2 <br /><img src = 'image2_thumb.jpg' /></a>
   <a href = 'image3.html'> Name: My image 3 <br /><img src = 'image3_thumb.jpg' /></a>
   <a href = 'image4.html'> Name: My image 4 <br /><img src = 'image4_thumb.jpg' /></a>
```

```
    <a href = 'image5.html'> Name: My image 5 <br /><img src = 'image5_thumb.jpg' /></a>
  </div>
 </body>
</html>
```

例 7-12　在 Scrapy Shell 中，通过 CSS 表达式获取指定页面中 a 标签中的内容。

输入命令：

```
response.css('a')
```

输出：

```
[<Selector xpath = 'descendant - or - self::a' data = '<a href = "image1.html"> Name: My image ...'>,
<Selector xpath = 'descendant - or - self::a' data = '<a href = "image2.html"> Name: My image ...'>,
<Selector xpath = 'descendant - or - self::a' data = '<a href = "image3.html"> Name: My image ...'>,
<Selector xpath = 'descendant - or - self::a' data = '<a href = "image4.html"> Name: My image ...'>,
<Selector xpath = 'descendant - or - self::a' data = '<a href = "image5.html"> Name: My image ...'>]
```

例 7-13　在 Scrapy Shell 中，通过 CSS 表达式获取指定页面中 a 标签对象。

输入命令：

```
response.css('a'). getall ()
```

输出：

```
['<a href = "image1.html"> Name: My image 1 <br><img src = "image1_thumb.jpg"></a>', '<a href = 
"image2.html"> Name: My image 2 <br><img src = "image2_thumb.jpg"></a>', '<a href = "image3.html">
Name: My image 3 <br><img src = "image3_thumb.jpg"></a>', '<a href = "image4.html"> Name: My image 4
<br><img src = "image4_thumb.jpg"></a>', '<a href = "image5.html"> Name: My image 5 <br><img src = 
"image5_thumb.jpg"></a>']
```

例 7-14　在 Scrapy Shell 中，通过 CSS 表达式获取指定页面中第一个 a 标签中文本的值。

输入命令：

```
response.css('a::text').get()
```

输出：

```
'Name: My image 1 '
```

例 7-15　在 Scrapy Shell 中，通过 CSS 表达式获取指定页面中第一个 a 标签中 href 属性的值。

输入命令：

```
response.css('a::attr(href)').get()
```

输出：

```
'image1.html'
```

例 7-16 在 Scrapy Shell 中，通过 CSS 表达式获取指定页面中第一个 a 标签中 href 属性包含 image 的值。

输入命令：

```
response.css('a[href * = image]::attr(href)').getall()
```

输出：

```
['image1.html', 'image2.html', 'image3.html', 'image4.html', 'image5.html']
```

例 7-17 在 Scrapy Shell 中，通过 CSS 表达式获取指定页面中所有 a 标签下 image 标签的 src 属性。

输入命令：

```
response.css('a[href * = image] img::attr(src)').extract()
```

输出：

```
['image1_thumb.jpg', 'image2_thumb.jpg', 'image3_thumb.jpg', 'image4_thumb.jpg', 'image5_thumb.jpg']
```

例 7-18 在 Scrapy Shell 中，通过 CSS 表达式获取指定页面中 title 标签下的 selector 对象。

输入命令：

```
response.css('title::text')
```

输出：

```
[<Selector xpath = 'descendant - or - self::title/text()' data = 'Example website'>]
```

例 7-19 在 Scrapy Shell 中，通过 CSS 表达式获取指定页面中 title 标签中的文本内容。

输入命令：

```
response.css('title::text').extract_first()
```

输出：

```
'Example website'
```

7.2.5 知识拓展

1. 获取字符串列表

使用 XPath 选择器或 CSS 选择器后，返回的是选择器对象，如果要进一步获取字符串列表数据，往往采用 extract、extract_first、get、getall 等函数。

1) extract()函数

功能：返回的是一个字符串列表，包含 XPath 选择器中内容节点的所有信息。

2) extract_first()函数

功能：返回的是一个 string 类型，是 extract()结果中的第一个值。

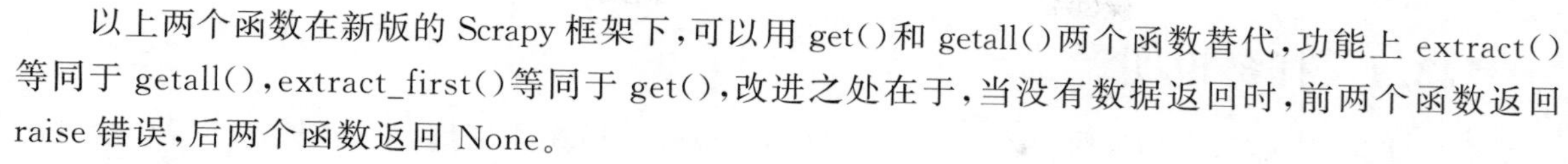

以上两个函数在新版的 Scrapy 框架下，可以用 get()和 getall()两个函数替代，功能上 extract()等同于 getall()，extract_first()等同于 get()，改进之处在于，当没有数据返回时，前两个函数返回 raise 错误，后两个函数返回 None。

2. 图片下载专用类

本项目作为初学，采用 request. urlretrieve()方法直接下载图片。然而，Scrapy 框架中有更高效的下载图片方式，即采用 ImagesPipeline 类结构。相比直接下载方式，其具有如下优势。

(1) 并行下载，效率更高。

(2) 能将下载图片转换成通用的 JPG 和 RGB 格式。

(3) 轻松避免重复下载。

(4) 可生成缩略图。

(5) 通过简单设置，过滤图片尺寸。

使用图片管道 ImagePipeline 类，典型的工作流程如下。

(1) 在 items. py 中添加图片相关的字段，例如 image_urls、images 和 image_paths，代码如下。

```
class JdspiderItem(Scrapy.Item):
    #define the fields for your item here like:
    image_urls = Scrapy.Field()
    images = Scrapy.Field()
    image_paths = Scrapy.Field()
```

(2) settings. py 中开启对应的 Pipeline，设置相关属性，代码如下。

```
#ImagePipeline 的自定义实现类
ITEM_PIPELINES = {
'JdSpider.pipelines. JDimgPipeline: 300,
}
#设置图片下载路径
IMAGES_STORE = 'D:\\JDgw'
#过期天数
IMAGES_EXPIRES = 90   #90 天内抓取的都不会被重抓
```

(3) 在 jdgw. py 中书写获取图片 URL 地址的代码。

(4) 在 pipelines. py 中自定义 JDimgPipeline 类，其继承至 ImagePipeline。自定义 ImagePipeline 类中，关键是要重载 get_media_requests(self, item, info)和 item_completed(self, results, item, info)这两个函数。

任务3　爬取详情页——整部小说爬取

视频讲解

当爬取的内容包含多级页面时，需要从父级页面获取 URL 地址，再访问子级页面。在 Scrapy 框架下，只要充分理解 Request 和 Response 对象的使用方法，特别是参数传递方式，则可轻松爬取含多级页面的网站。

7.3.1 任务说明

有些小说爱好者,希望能将网络上的小说整部下载到本地离线阅读。有的长篇小说包含几十上百个章节,手工复制粘贴是件非常费时费力的事情。采用 Scrapy 框架,通过对目录页和详情页的访问,很容易将每个章节单独下载并保存为文本文件,方便离线阅读。

7.3.2 任务展示

在 PyCharm 中看到的效果如图 7-18 所示,下部区域是打印的标题和该章节对应的字符数,左边栏可以看到下载后保存的所有文本文档,右边栏是部分 Python 源码。

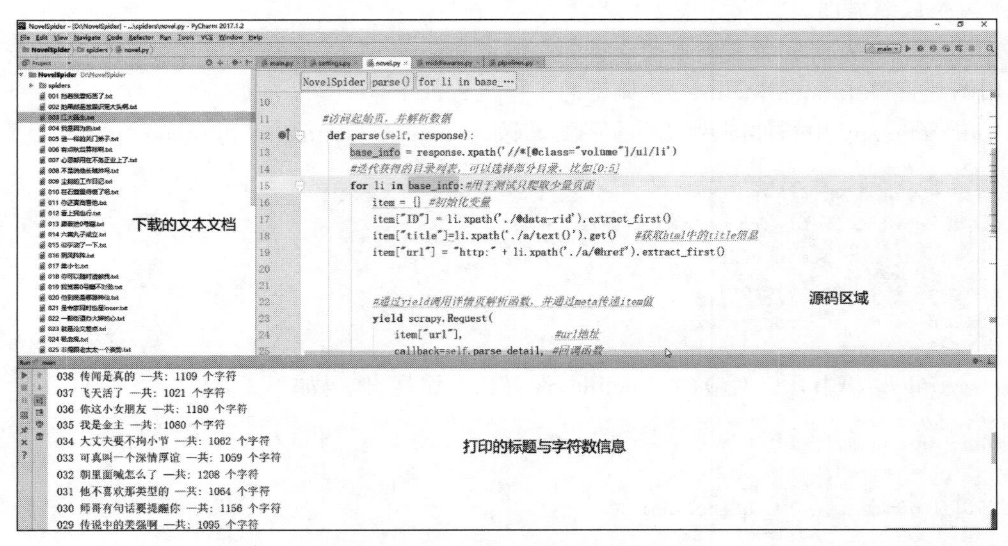

图 7-18　PyCharm 中显示的爬取结果

7.3.3 任务实现

1. 分析目标网站和任务需求

目标网站是一个小说网站(http://www.xs8.cn/),以其中一本小说为例,图 7-19 是一本小说的目录页,该页包含 35 个目录项。我们需要获取各个目录项的名称以及链接地址,用于打开详情页面。详情页中是对应章节的内容,爬虫需要爬取详细内容,保存到单独的记事本文件中。

采用与任务 2 同样的方法,在 Chrome 浏览器中,打开目录页(https://www.xs8.cn/book/15615802705488204#Catalog),分析网页源码特征。相关部分源码如图 7-20 所示,每一个目录项都包含在 class="volume"下面,后面紧跟有 ul 标签和 li 标签,所以以此为特征,写 XPath 表达式为:

```
'//*[@class="volume"]/ul/li'
```

要提取的详情页网址在之后的 a 标签下的 href 属性中,所以下一级的 XPath 表达式写为:

```
'./a/@href'
```

图 7-19 目标网页的目录页面

标题也在 a 标签中，直接通过 text()函数提取该标签的文本内容即可。另外，表示序号的 ID 信息在 data-rid 属性中，所以 XPath 表示写为：

```
'./@data-rid'
```

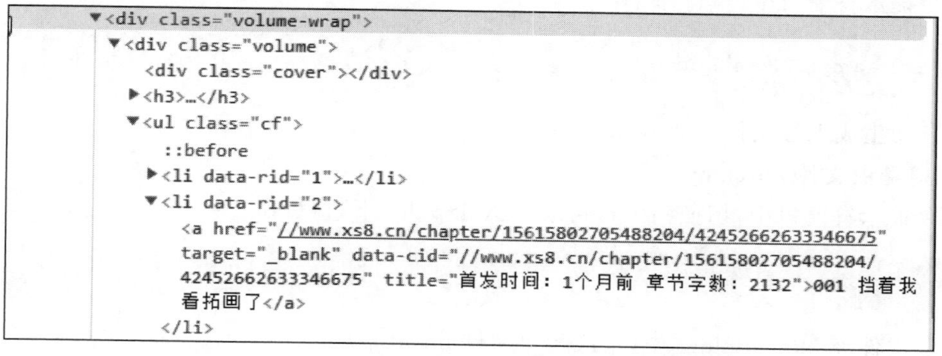

```
▼<div class="volume-wrap">
  ▼<div class="volume">
      <div class="cover"></div>
    ▶<h3>…</h3>
    ▼<ul class="cf">
        ::before
      ▶<li data-rid="1">…</li>
      ▼<li data-rid="2">
          <a href="//www.xs8.cn/chapter/15615802705488204/42452662633346675"
          target="_blank" data-cid="//www.xs8.cn/chapter/15615802705488204/
          42452662633346675" title="首发时间：1个月前 章节字数：2132">001 挡着我
          看拓画了</a>
        </li>
```

图 7-20 标题页部分源码

接下来,再分析详情页的特征。

详情页的部分源码如图 7-21 所示。小说的所有正文信息都在属性为 class="read-content j_readContent"的标签中,所以 XPath 表达式写为:

```
'//*[@class = "read - content _readContent"]//text()'
```

```
▼<i> == $0
    <em class="iconfont">□</em>
    <span class="j_chapterWordCut">2132</span>
    "字"
  </i>
▶<i>…</i>
```

```
▼<div class="main-text-wrap">
  ▶<div class="text-head">…</div>
  ▼<div class="read-content j_readContent">
      <p>    敦煌，沙洲夜市</p> == $0
      <p>    盛棠已经喝了第三杯杏皮水了。</p>
      <p>    冰镇过的，解暑。</p>
    ▶<p>…</p>
    ▶<p>…</p>
      <p>    一道雪山驼掌穿过袅袅烧烤香被端上了户外餐桌，桌上有仨老爷们就着酒劲瞎
      贫：</p>
      <p>    "前些天大雨把不少佛窟都给灌了，尤其是藏经洞，都上热搜了。"</p>
      <p>    "说起藏经洞，有人说鸣沙山上还有个没被发现的藏经洞呢。"</p>
      <p>    "啥大雨封洞啊，听说是有人大半夜经过石窟的时候听见琵琶声了，这才关的石
      窟不让参观。"</p>
      <p>    大嗓门淹没在众多户外餐桌的喧哗声中。</p>
    ▶<p>…</p>
```

图 7-21　详情页部分源码

同理,包含字数信息的代码在 class="j_chapterWordCut"中,那么,XPath 表达式为:

```
//*[@class = "j_chapterWordCut"]/text()
```

2. 创建 Scrapy 项目

在命令提示符窗口中,执行命令:

```
Scrapy startproject NovelSpider d:
```

在 D:\下自动生成工程文件夹 NovelSpider。

3. 创建爬虫文件 novel.py

在命令提示符窗口中,切换到工程目录 NovelSpider 下,执行命令:

```
Scrapy genspider novel xs8.cn
```

则在子文件夹 NovelSpider 中,生成爬虫文件 novel.py。

4. 修改 setting.py 的配置

修改的部分内容如下,其他内容保持默认值。

```
#1.修改 http 请求头中的 USER_AGENT 字段信息
USER_AGENT = 'Mozilla/5.0 (Windows NT 10.0; Win64; x64) AppleWebKit/537.36 (KHTML, like Gecko)
Chrome/79.0.3945.130 Safari/537.36'

#2.关闭爬虫协议
ROBOTSTXT_OBEY = False

#3.修改日志等级,不显示过多的过程信息
LOG_LEVEL = 'WARN'

#4.启用和配置 pipelines
ITEM_PIPELINES = {
   'NovelSpider.pipelines.NovelspiderPipeline': 300,
}
```

5. 在爬虫文件 novel.py 中写程序

爬虫文件包含一个 NovelSpider 类，该类由模板自动生成。写好爬虫程序后，该类中包含两个函数，一个是访问起始目录页面，并解析数据的 parse()函数；另一个是下载详情页并提取章节文本内容的 parse_detail()函数。

(1) parse()函数中首先通过 XPath 选择器获取目录列表信息。

(2) 循环该列表，获取每一项目的 ID、标题和详情页的 URL 地址信息。

(3) 通过 yield 调用详情页解析函数，并通过 meta 传递 item 值。

(4) 函数 parse_detail()中，主要完成的功能是在详情页面获得某一章节的文本内容和对应的字数信息，并将结果添加到 item 变量中，最后，通过 yield 传递到 pipline 中做后续处理。程序源码如下。

```
#-*- coding: utf-8 -*-

import scrapy
import re
class NovelSpider(scrapy.Spider):
    name = 'novel'  #爬虫名称
    allowed_domains = ['xs8.cn']  #允许访问的域名
    #访问的起始页面,修改该地址,可以下载不同的小说
    start_urls = ['https://www.xs8.cn/book/15615802705488204#Catalog']

   #访问起始页,并解析数据
   def parse(self, response):
        base_info = response.xpath('//*[@class="volume"]/ul/li')
        #迭代获得的目录列表,可以选择部分目录,比如[0:5]
        for li in base_info[0:5]:#用于测试只爬取少量页面
            item = {}  #初始化变量
            item["ID"] = li.xpath('./@data-rid').extract_first()
            item["title"] = li.xpath('./a/text()').get()   #获取 html 中的 title 信息
            item["url"] = "http:" + li.xpath('./a/@href').extract_first()


            #通过 yield 调用详情页解析函数,并通过 meta 传递 item 值
```

```
            yield scrapy.Request(
                item["url"],                      #URL 地址
                callback = self.parse_detail,     #回调函数
                meta = {"item": item}             #meta 参数
            )
        pass

    #下载详情页并解析提取数据
    def parse_detail(self, response):
        item = response.meta["item"]
        item["content"] = response.xpath('//*[@class="read-content j_readContent"]//text()').
extract()[1:-1]
        item["wordnum"] = response.xpath('//*[@class="j_chapterWordCut"]/text()').get()
        yield item
        pass
```

6. 修改 piplines.py，写好数据存储和处理的程序

piplines 中接收到爬虫文件获取的数据，将文本内容转换为字符串，并做简单的格式化处理，然后以章节标题为名保存为文本文件。

```
class NovelspiderPipeline(object):
    def process_item(self, item, spider):
        print(item["title"],"一共:",item["wordnum"],"个字符")
        #保存内容到指定文本中
        content = '\n'.join(item["content"])     #将文本内容拼接成字符串
        content = item["title"] + "\n" + content  #加入标题到文本中
        self.save2File(item["title"], content)  #保存文件,文件名为获取的 title
        return item
    #写入到文件的方法
    @classmethod
    def save2File(cls, title, text):
        with open(f'{title}.txt', 'a', encoding = 'utf-8') as fp:
            fp.write(text)
```

7. 运行爬虫

命令提示符窗口中，执行命令：

```
Scrapy crawl novel
```

其效果如图 7-18 所示。

7.3.4 相关知识链接

1. 随机 User Agent

当爬取网站数据时，网站往往通过验证请求头信息来判断是不是爬虫，因此需要设置 User Agent 来把自己伪装成浏览器。但是当大量地采集一个网站时，同一个 User Agent 也会被识别为爬虫，因此就要随机地改变 User Agent 来保持爬虫的正常运行。

通过如下几步操作，可以实现随机更换 User Agent 的功能。

（1）setting.py 文件中加入 USER_AGENTS 字段列表。

```
USER_AGENTS = [
    "Mozilla/5.0 (compatible; MSIE 9.0; Windows NT 6.1; Win64; x64; Trident/5.0; .NET CLR 3.5.30729; .NET CLR 3.0.30729; .NET CLR 2.0.50727; Media Center PC 6.0)",
    "Mozilla/5.0 (compatible; MSIE 8.0; Windows NT 6.0; Trident/4.0; WOW64; Trident/4.0; SLCC2; .NET CLR 2.0.50727; .NET CLR 3.5.30729; .NET CLR 3.0.30729; .NET CLR 1.0.3705; .NET CLR 1.1.4322)",
    "Mozilla/4.0 (compatible; MSIE 7.0b; Windows NT 5.2; .NET CLR 1.1.4322; .NET CLR 2.0.50727; InfoPath.2; .NET CLR 3.0.04506.30)",
    "Mozilla/5.0 (Windows; U; Windows NT 5.1; zh-CN) AppleWebKit/523.15 (KHTML, like Gecko, Safari/419.3) Arora/0.3 (Change: 287 c9dfb30)",
    "Mozilla/5.0 (X11; U; Linux; en-US) AppleWebKit/527+ (KHTML, like Gecko, Safari/419.3) Arora/0.6",
    "Mozilla/5.0 (Windows; U; Windows NT 5.1; en-US; rv:1.8.1.2pre) Gecko/20070215 K-Ninja/2.1.1",
    "Mozilla/5.0 (Windows; U; Windows NT 5.1; zh-CN; rv:1.9) Gecko/20080705 Firefox/3.0 Kapiko/3.0",
    "Mozilla/5.0 (X11; Linux i686; U;) Gecko/20070322 Kazehakase/0.4.5"
    ]
```

（2）middlewares.py 文件中自定义新的下载中间件 RandomUserAgent 类。该类继承至 UserAgentMiddleware，其中的 from_crawler()方法用来访问 settings 文件中的相关设置信息。然后，取出 USER_AGENTS 列表，随机从列表中选择一个添加到 request.headers 里给某次请求使用。

```
from scrapy.downloadermiddlewares.useragent import UserAgentMiddleware
import random
from scrapy import signals
#随机的 User Agent
class RandomUserAgent(UserAgentMiddleware):
    def __init__(self, user_agent):
        self.user_agent = user_agent
    #从 setting.py 中引入设置文件
    @classmethod
    def from_crawler(cls, crawler):
        return cls( user_agent=crawler.settings.get('USER_AGENTS') )

    #设置 User Agent
    def process_request(self, request, spider):
        agent = random.choice(self.user_agent)
        request.headers['User-Agent'] = agent
        print (u'当前 User-Agent:',request.headers['User-Agent'])
```

（3）在 settings 文件中关闭默认的下载中间件，开启自定义的中间件 RandomUserAgent。详细代码如下。

```
DOWNLOADER_MIDDLEWARES = {
    'NovelSpider.middlewares.NovelspiderDownloaderMiddleware': None,
    'NovelSpider.middlewares.RandomUserAgent': 543,
}
```

2. Scrapy 中 Request 和 Response 对象

从字面意思可以直观地理解为 Request 是请求，Response 是响应。首先根据用户需求，在爬虫程序中发出请求，创建 Request 对象，服务器收到请求，返回数据。Scrapy 自动创建 Response 对象，获取数据，并将该数据通过 Response 返回给爬虫，它们之间的关系如图 7-22 所示。

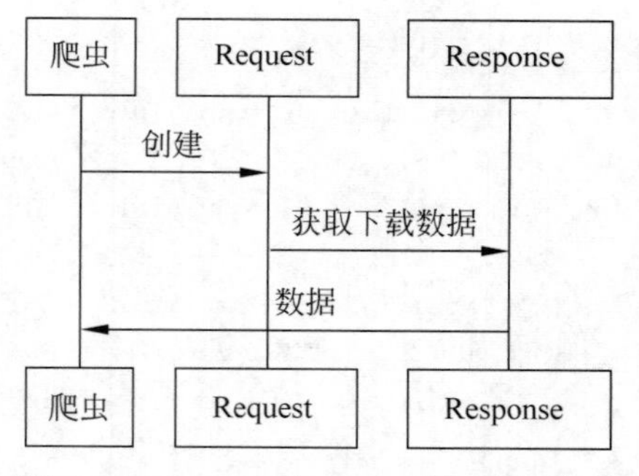

图 7-22　Request 与 Response 对象关系

1）Request 对象

一个 Request 对象表示一个 HTTP 请求，它通常是在爬虫中生成，然后下载执行，从而生成 Response 对象。

Request 对象的构造方法的参数列表如下。

```
classscrapy.http.Request(url[, callback, method='GET', headers, body, cookies, meta, encoding='utf-8', priority=0, dont_filter=False, errback, flags])
```

Request 对象的构造方法各参数及含义如表 7-8 所示。

表 7-8　Request 对象的构造方法各参数及含义

参　　数	含　　义
url	请求的 URL 地址
callback	回调函数，用于接收请求后的返回信息，若没指定，则默认为 parse()函数
method	HTTP 请求的方式，默认为 GET 请求，一般不需要指定。若需要 POST 请求，用 FormRequest 即可
headers	请求头信息，一般在 settings 中设置即可，也可在 middlewares 中设置
body	str 类型，为请求体，一般不需要设置(get 和 post 其实都可以通过 body 来传递参数，不过一般不用)
cookies	请求的 cookie，可以是 dict 或 list 类型
meta	Request 的元数据字典，用于给下一个函数传递信息
encoding	请求的编码方式，默认为'UTF-8'
priority	int 类型，指定请求的优先级，数字越大优先级越高，可以为负数，默认为 0
dont_filter	默认为 False，若设置为 True，这次请求将不会过滤，即不加入去重队列中，可以多次执行相同的请求
errback	抛出错误的回调函数，错误包括 404、超时、DNS 错误等，第一个参数为 Twisted Failure 实例
flags	list 类型，用于日志记录或者类似功能

其中，要特别注意 meta 参数的使用。Scrapy 把需要传递的信息赋值给 meta 变量，meta 只接收字典类型的赋值。要把待传递的信息改成“字典”的形式，即：

```
meta={'key1':value1,'key2':value2}
```

如果想在下一个函数中取出 value1，只需得到上一个函数的 meta['key1']，因为 meta 是随着 Request 产生时传递的，下一个函数得到的 Response 对象中就会有 meta，即 Response.meta。所以，取 value1 的值用的语句是：

```
value1=Response.meta['key1']
```

2）Response 对象

Response 对象一般是由 Scrapy 自动构建的。可以通过 Response 对象的属性来提取需要的数据，Response 对象的属性及含义如表 7-9 所示。

表 7-9　Response 对象常用属性及含义

属　性	含　义
meta	从其他请求传过来的 meta 属性，可以用来保持多个请求之间的数据连接
encoding	返回当前字符串编码和解码的格式
text	将返回来的数据以 Unicode 字符串形式返回
body	将返回来的数据以 bytes 字符串形式返回

Response 对象常用方法及含义如表 7-10 所示。

表 7-10　Response 对象常用方法及含义

方　法　名	含　义
copy()	返回一个新的请求，它是这个请求的副本
replace([url, method, headers, body, cookies, meta, encoding, dont_filter, callback, errback])	返回具有相同成员的 Request 对象。该属性 Request. meta 是默认复制
urljoin(url)	通过将响应 URL 与可能的相对 URL 组合构造绝对 URL

7.3.5　知识拓展

1. 突破反爬机制

爬虫的目的是自动化地从目标网页获取数据，但是这个行为会对目标站点造成一定压力，对方出于对站点性能或数据的保护，一般都会有反爬手段。在 Scrapy 中，通过一些简单的设置，可以突破反爬机制。比如本项目中的网站，如果不做反爬设置，一次爬取的页面太多，没做速度限制，访问网站则会失效一段时间。为了突破网站的反爬机制，常用的一些解决方法如表 7-11 所示。

表 7-11　突破反爬机制常用手段

突破手段	含　义	实现方式
禁止 cookies	在爬取不需要登录的页面时，cookie 可能会成为网站检测爬虫的途径之一，所以一般会把 cookie 禁用，防止被反爬	setting. py 中设置 COOKIES_ENABLES = False
设置爬取速度	设置下载的等待时间。大规模集中的访问对服务器的影响最大，相当于短时间中增大服务器负载	setting. py 中设置 DOWNLOAD_DELAY = 3，单位为 s
开启自动限速	爬取速度过快，会对网站服务器造成很大的压力，因此很容易会被判断为爬虫，自动限速可以限制爬虫的速度，对网站服务器更友好，并且不容易被反爬	setting.py 中设置 AUTOTHROTTLE_ENABLED = True

续表

突破手段	含义	实现方式
使用 USER AGENT 池	USER AGENT 包含浏览器、操作系统等信息的字符串,也称之为一种特殊的网络协议。服务器通过它判断当前访问对象是浏览器、邮件客户端还是网络爬虫。USER AGENT 池有的地方也称为随机 USER AGENT	首先,需要在 setting.py 中设置 USER AGENT 列表,开启自定义的 middleware 下载类;然后,在 middlewares.py 中定义新的下载类。具体操作方法见 7.3.4 节中的随机 USER AGENT
使用代理 IP 中间件	Web Server 应对爬虫的策略之一就是直接将用户的 IP 或者是整个 IP 段都封掉,禁止访问,这时候,当 IP 封掉后,转换到其他的 IP 继续访问即可	首先在 settings 中设置好中间件,中间件优先级数字越小越先被执行,然后编写中间件,拦截请求设置代理

2. open_spider 和 close_spider 方法

当爬虫和数据库交互时,往往需要在爬虫开启的时刻建立和数据库的连接,而在爬虫关闭的时刻断开和数据库的连接。那么在 pipline 中有两个系统方法,可自动执行。一是 open_spider(spider),它能够在爬虫开启的时候自动执行一次;二是 close_spider(spider),能够在爬虫关闭的时候自动执行一次。所以,用户如果需要此类操作,将相应的程序段添加到这两个方法中即可实现。

项目小结

本项目以 3 个爬虫任务为例,由浅入深逐步展示了在 Scrapy 框架下,爬取目标数据的方法。首先介绍了爬虫的基本概念、作用,简述了 Scrapy 的基本架构和工作原理,然后通过任务 1 的实施,演示了实现一个爬虫任务的基本流程。通过任务 2,详细介绍了 XPath 选择器和 CSS 选择器的语法规则。在任务 3 中,介绍了使用 Request 和 Response 对象爬取详情页的方法。其中,XPath 表达式是精准提取数据的基础;Request 对象和 Response 对象的灵活应用是爬取数据的重点;对 Piplines 及 Middlewares 等组件的理解和定制化修改,有助于提高爬虫质量和效率。

习题

一、填空题

1. 网络爬虫按照系统结构和实现技术,大致可以分为以下几种类型:通用网络爬虫、聚焦网络爬虫、(　　)、(　　)。

2. Scrapy 框架包含的模块有 Scrapy Engine、Spider,以及(　　)、(　　)、(　　)、(　　)等。

3. Scrapy Shell 也称(　　),它是一个交互终端,用于在未启动 Spider 爬虫的情况下调试代码,方便对目标网页进行分析以及测试是否可以提取到页面数据。

4. Scrapy 提取数据有自己的一套机制，它常被称作(　　)，其实现方式主要是通过(　　)或者(　　)表达式来选择 HTML 文件的特定部分。

5. 当爬取网站数据时，网站往往通过验证请求头信息来判断是不是爬虫，因此需要设置(　　)来把自己伪装成浏览器。

6. 使用 XPath 表达式从根节点选取指定元素，用到的关键符号是(　　)。

7. Scrapy 框架下，在爬取详情页数据时，通常采用 Response 对象的(　　)属性来传递数据。

8. Scrapy 框架下，用来定义公共输出数据格式的类，一般放在(　　)文件中。

9. Scrapy 中用于对整个爬虫项目的环境参数进行设置的文件是(　　)。

10. Scrapy 中负责处理 Spider 获取到的 item，并进行后期数据处理的组件是(　　)。

二、选择题

1. 在 Scrapy 框架中，可以扩展下载器和引擎之间通信功能的中间件是(　　)。

A. Downloader Middlewares　　B. Scheduler
C. Item Pipeline　　D. Spider Middlewares

2. 创建一个 Scrapy 爬虫项目，用到的关键命令是(　　)。

A. creatproject　　B. startproject　　C. openproject　　D. genspider

3. 以下哪条命令可以在 Scrapy Shell 中打印当前请求的访问头信息？(　　)

A. response. headers　　B. header
C. headers　　D. request. headers

4. XPath 表达式中，表示选择节点属性，用到的关键符号是(　　)。

A. #　　B. $　　C. ?　　D. @

5. 使用 CSS 表达式时，要选择指定 id，应采用的关键符号是(　　)。

A. #　　B. $　　C. ?　　D. @

6. 使用 XPath 选择器或 CSS 选择器后，要从返回结果中以字符串形式获取第一个值，应采用的函数是(　　)。

A. extract()　　B. extractfirst()　　C. getall()　　D. get()

7. Scrapy 框架中，使用 Request 方法时，通常采用参数(　　)给下一个函数传递信息。

A. body　　B. method　　C. meta　　D. url

8. 在 Scrapy Shell 中，通过 CSS 表达式获取指定页面中 a 标签对象，应采用的表达式是(　　)。

A. response. css('a::text')　　B. response. css('a::attr(href)')
C. response. css('attr:: a (href)')　　D. response. css('a'). getall()

9. 当爬取京东网站时，已获取到一个相对 URL 地址"//order. jd. com/center/list. action"，那么，可以使用 Response 对象的(　　)方法来生成一个完整的网络地址。

A. url　　B. urljoin　　C. geturl　　D. creaturl

10. 下面哪种手段不是用于突破反爬机制的？(　　)

A. 禁止 cookies　　B. 修改日志等级
C. 使用 USER AGENT 池　　D. 使用代理 IP 中间件

三、简答题

1. 在哪些情况下，需要用户自己修改或重写 middlewares 中的内容？

2．为了突破网站的反爬设置，通常可以采取哪些手段？

四、编程题

1．任务1中完成了彩票历史数据的爬取，请修改pipline，将结果保存到一个CSV文件中。

2．采用Scrapy框架，编写爬虫程序，爬取京东商城的详情页信息，获取指定商品的“商品介绍”信息。

项目8

使用Python操作数据库

学习目标

本项目介绍了在Python中使用两种典型数据库的方法。要求掌握关系数据库SQLite的建立(连接)方法以及建表的方法,掌握通过SQL语句实现数据的增、删、改、查的方法;对比学习非关系数据库MongoDB,理解集合的概念,掌握数据集的增、删、改、查方法,体会两种数据库各自的特点,做到灵活运用。

任务1 关系数据库SQLite——初识股票数据

8.1.1 任务说明

SQLite数据库是一款非常小巧的嵌入式关系开源数据库,它没有独立的维护进程,所有的维护都来自于程序本身。它占用资源非常低,在嵌入式设备中,只需要几百KB的内存,并且能够支持Windows、Linux、UNIX等主流的操作系统,同时能够跟很多程序语言相结合,比如Python、C#、PHP、Java等。

8.1.2 任务展示

金融量化分析已成为金融从业者的必备技能之一。其中,数据又是其重要基础,包括股票历史交易数据、上市公司基本面数据、宏观和行业数据等。随着信息量的日益膨胀,学会获取、查询和加工数据信息变得越来越重要。然而,熟悉数据库操作又是数据处理的基石,接下来我们就从存、取数据入手吧!

存入SQLite数据库中的股票数据如图8-1所示,根据该数据绘制的K线图如图8-2所示。

Database Extensions Schema Data DDL Design SQL builder SQL Scripting

Refresh

rowid	sdate	open	close	high	low	volume	code
(null)	(null)	(null)	(null)	(null)	(null)	(null)	(null)
1	2019-12-02	2874.45	2875.81	2888.89	2870.24	128755806	sh000001
2	2019-12-03	2869.88	2884.7	2884.86	2857.32	123778742	sh000001
3	2019-12-04	2876.91	2878.12	2882.5	2869.42	125543653	sh000001
4	2019-12-05	2886.52	2899.47	2902	2885.08	143163096	sh000001
5	2019-12-06	2902.28	2912.01	2912.01	2894.75	134128878	sh000001
6	2019-12-09	2914.46	2914.48	2919.59	2905.25	160796527	sh000001
7	2019-12-10	2908.94	2917.32	2919.2	2902.79	170123998	sh000001
8	2019-12-11	2922.6	2924.42	2928.26	2915	165541087	sh000001
9	2019-12-12	2926.34	2915.7	2926.34	2913.48	151760804	sh000001
10	2019-12-13	2937.78	2967.68	2969.98	2935.85	211978585	sh000001
11	2019-12-16	2970.97	2984.39	2984.64	2958.71	211862119	sh000001
12	2019-12-17	2985.26	3022.42	3039.38	2982.5	293032254	sh000001
13	2019-12-18	3021.47	3017.04	3033.23	3011.72	244089691	sh000001
14	2019-12-19	3017.15	3017.07	3021.42	3007.99	208624264	sh000001
15	2019-12-20	3019.64	3004.94	3027.48	3002.26	215075755	sh000001
16	2019-12-23	2999.04	2962.75	3009.34	2960.44	205716617	sh000001
17	2019-12-24	2965.83	2982.68	2983.82	2960.68	163030250	sh000001
18	2019-12-25	2980.43	2981.88	2988.29	2970.66	175654028	sh000001
19	2019-12-26	2981.25	3007.35	3007.35	2980.4	182440426	sh000001
20	2019-12-27	3006.85	3005.04	3036.11	3003.63	247102779	sh000001
21	2019-12-30	2998.17	3040.02	3041.4	2983.34	248066530	sh000001
22	2019-12-31	3036.39	3050.12	3051.68	3030.51	217429022	sh000001

图 8-1　SQLiteExpert 中查看股票数据

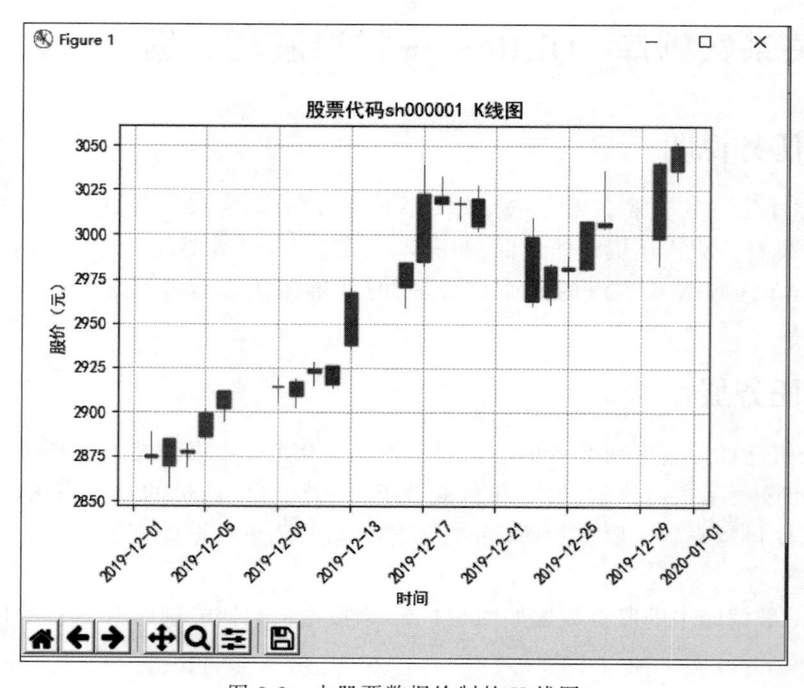

图 8-2　由股票数据绘制的 K 线图

8.1.3　任务实现

1. 安装金融数据包

要对股票数据进行量化分析，首先需要有可靠的股票历史数据来源。综合对比市面流行的金融数据包，为了简化数据获取的流程，选择开源金融数据包 Tushare 来获取股票数据。

在 Python 中，要提前安装好 pandas 和 lxml 库，然后再安装 Tushare 库。Tushare 库可以通过 pip 命令在线完成安装。

安装 Tushare 库，在命令提示符窗口中输入命令：

```
Pip install tushare
```

2. 获取股票 K 线数据

在 PyCharm 中新建工程 SQLStock，并新建一个 Python 文件 SqliteHelp. py。首先，输入如下代码，测试从 Tushare 库获取数据是否正常。

```
importtushare as ts
daily = ts.get_k_data("601398",start = "2019-12-01", end = "2019-12-31")
print(daily)
```

结果数据包含 8 列，第 1 列为自动产生的 index，之后是日期、开盘价、收盘价、最高价、最低价和成交量，最后 1 列为股票代码。ts. get_k_data 函数中只需输入主要的几个参数：第 1 个是股票代码，第 2 个是开始日期，第 3 个是结束日期。

以上程序段运行结果如图 8-3 所示。

	date	open	close	high	low	volume	code
222	2019-12-02	5.80	5.81	5.83	5.80	850038.0	601398
223	2019-12-03	5.80	5.79	5.82	5.76	747954.0	601398
224	2019-12-04	5.79	5.76	5.79	5.74	929448.0	601398
225	2019-12-05	5.78	5.77	5.80	5.75	790213.0	601398
226	2019-12-06	5.77	5.75	5.79	5.72	1096040.0	601398
227	2019-12-09	5.74	5.74	5.76	5.70	1104982.0	601398
228	2019-12-10	5.73	5.70	5.73	5.69	977657.0	601398
229	2019-12-11	5.71	5.75	5.75	5.69	1128807.0	601398
230	2019-12-12	5.75	5.74	5.76	5.72	909605.0	601398
231	2019-12-13	5.78	5.82	5.82	5.75	1494336.0	601398
232	2019-12-16	5.81	5.78	5.81	5.76	1411578.0	601398

图 8-3　从 Tushare 获得的股票数据

3. 编写 SQLite 数据库操作类

为了便于对数据库操作的统一管理，首先编写一个 SQLite 数据库操作类。在 SQLite 类的初始化构造方法中，通过 sqlite. connect()产生数据库连接对象 self. conn，再通过 self. conn. cursor()获得游标对象 self. cursor。

SQLite 类主要定义了数据库的几个基本操作函数。

(1) 建表 createTable(self)，这个操作一般只在第一次进行；表的结构由从 Tushare 库获取的股票数据特征决定，表名固定为“stock”。为了防止重复数据加入表中，根据 sdate，code 字段建立了表的唯一性索引。

(2) 插入数据方法 insert(self, sql, parm),通过执行 SQL 语句,提交事务后完成。该函数通常需要用户传入两个参数。其一是 sql,它表示要执行的 SQL 语句,另一个是 parm,它代表 SQL 语句中用到的实际参数值。

(3) 查询数据的方法 query(self, sql),也是通过执行指定的 SQL 语句来实现。

(4) 获取查询结果有两个函数。一个是 show(self),通过游标取得所有结果记录,另一个是 showone(self),通过游标只取得一条结果记录。

(5) 最后一个是类的析构方法__del__(),关闭数据库中的游标和连接。

编写一个 SQLite 数据库操作类,详细代码如下。

```
"""
SQLite数据库操作类
"""
import sqlite3 as sqlite
import os.path as osp
import tushare as ts

class SQLiteDB(object):
    conn = ''  #连接对象
    cursor = ''#游标
    def __init__(self, dbname):
        try:
            self.conn = sqlite.connect(osp.abspath(dbname))
        except Exception as what:
            print(what)
        self.cursor = self.conn.cursor()
    #(1)建表
    def createTable(self):
        #建表的 SQL 语句
        sql = '''create table stock
                (
                sdate date,
                open float,
                close float,
                high float,
                low FLOAT,
                volume integer,
                code varchar(10))
                '''
        self.cursor.execute(sql)
        print("create table OK! ")
        #建立唯一性索引,防止出现重复数据
        sql = "CREATE UNIQUE INDEX idx ON stock (sdate, code)"
        self.cursor.execute(sql)
        self.conn.commit()

    #(2)插入数据
    def insert(self, sql, parm):
        res = self.cursor.execute(sql, parm)
        self.conn.commit()       #提交事务
```

```
            return res
        #(3)查询语句
        def query(self, sql):
            try:
                self.cursor.execute(sql)
                self.conn.commit()
            except Exception as what:
                print(what)
        #(4)通过游标获取所有结果记录
        def show(self):
            re = self.cursor.fetchall()
            return re
        #(5)通过游标获取一条结果记录,并将游标指向下一条记录
        def showone(self):
            return self.cursor.fetchone()
        #(6)断开连接
        def __del__(self):
            self.cursor.close()        #关闭游标
            self.conn.close()          #关闭连接
            print('DB closed!')
```

4. 股票K线数据存入SQLite数据库

直接在SqliteHelp.py中添加股票数据入库的程序。操作步骤如下。

(1) 采用语句SQLiteDB('D:/mystock.db')实例化SQLite类对象。其中,'D:/mystock.db'是新建的数据库名称。

(2) 调用建表函数db.createTable(),完成数据库中表的建立,由于表只需要建立一次,所以表名放在了SQLiteDB类中,命名为"stock"。

(3) 通过tushare获取历史数据。

(4) 对tushare的数据做简单的格式转换,遍历后取出每一行,转换为列表类型。

(5) SQL采用replace语句而不是insert语句,主要是因为表在定义时限制了唯一性,防止插入数据重复。

(6) 最后,将参数doc及SQL语句传入SQLiteDB类中的insert函数,完成数据入库操作。股票K线数据存入SQLite数据库,程序代码如下。

```
if __name__ == '__main__':
    #1.建立连接数据库
    db = SQLiteDB('D:/mystock.db')
    #2.建立表
    #db.createTable()
    #3.通过tushare获取数据
    daily = ts.get_k_data("000001", index = True, start = "2019-12-01", end = "2020-03-05")
    print(daily)
    for row in daily.index:
        doc = list(daily.loc[row])
        #sql = "insert into stock2 values (?,?,?,?,?,?,?)"
        #db.insert(sql,doc) #插入记录
        #避免重复插入,使用replace命令
        sql = 'replace into stock values(?,?,?,?,?,?,?)'
        db.insert(sql, doc)   #插入记录
```

5. 采用 SQLiteExpert 查看股票历史数据

在“开始”菜单中找到 SQLiteExpert，打开程序窗口，通过菜单栏的 File→Open Database 打开数据库 mystock.db，展开左边的目录结构，可看到之前建好的表 stock。双击该表，则在右边主窗体显示采集到的股票数据，显示结果如图 8-4 所示。

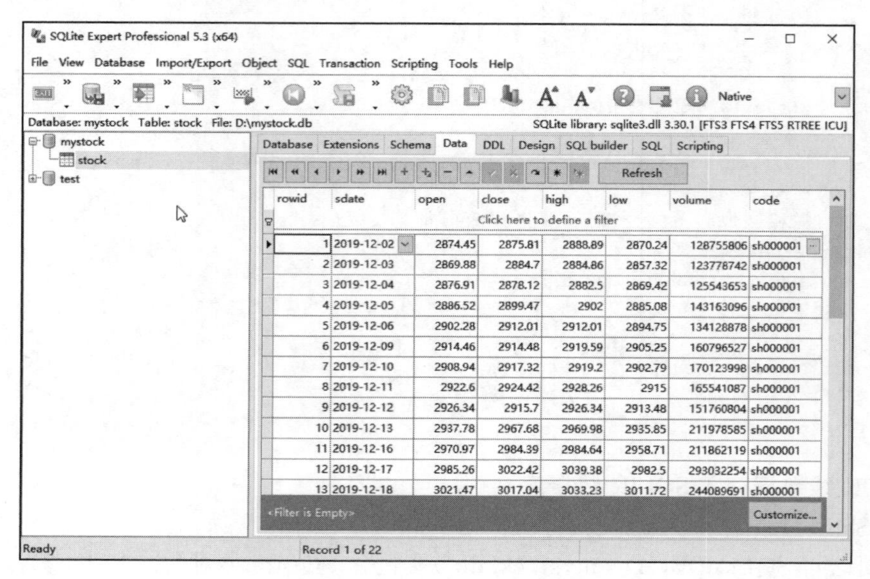

图 8-4 SQLiteExpert 中查看数据

6. 绘制 K 线图

在 PyCharm 中新建 Python 文件 AnalyStock.py，从数据库中读取指定数据，并绘制 K 线图。绘制 K 线图主要用到 mpl_finance 库。

该程序首先实例化一个 SQLiteDB 对象，连接数据库，然后通过 SQL 语句查询指定股票代码为“sh000001”的历史数据，再将结果数据格式整理，最后通过绘图函数 plotkline 绘制 K 线图。

绘图函数 plotkline 中，先是设置图像的 X、Y 坐标以及标题等基本信息，然后调用函数 mpf.candlestick_ohlc 实现绘图，此函数的一个关键输入参数是 data_list。data_list 要求是一个由 tuple 构成的列表，每个 tuple 又由日期、开盘价、最高价、最低价、收盘价构成。

详细代码如下。

```
from SqliteHelp import SQLiteDB
import tushare as ts
import matplotlib.pyplot as plt  ##导入画图模块
import mpl_finance as mpf  ##导入 mplfinance 模块
import sqlite3 as sqlite
from datetime import datetime  #导入 datetime 模块
from matplotlib.pylab import date2num  ##导入日期到数值一一对应的转换工具
##绘制 K 线图的函数
def plotkline(title,data_list):
    plt.rcParams['font.family'] = 'SimHei'  ##设置字体
    fig, ax1 = plt.subplots(1,1,sharex = True)  ##创建图片和坐标轴
    fig.subplots_adjust(bottom = 0.2)  ##调整底部距离
    ax1.xaxis_date()  ##设置 X 轴刻度为日期时间
```

```
    plt.xticks(rotation = 45)  ##设置 X 轴刻度线并旋转 45°
    plt.yticks()  ##设置 Y 轴刻度线
    plt.title("股票代码" + title + " K 线图")  ##设置图片标题
    plt.xlabel("时间")  ##设置 X 轴标题
    plt.ylabel("股价(元)")  ##设置 Y 轴标题
    plt.grid(True, 'major', 'both', ls = '--', lw = .5, c = 'k', alpha = .3)  ##设置网格线
    mpf.candlestick_ohlc(ax1, data_list, width = 0.7, colorup = 'r', colordown = 'green', alpha = 1)
##设置利用 mpf 画股票 K 线图
    plt.show()  ##显示图片
    plt.close()  ##关闭 plt,释放内存
#1.建立连接数据库
db = SQLiteDB('D:/mystock.db')
#2.用 sqlite 类读取数据
sql = "select sdate,open,high,low,close from stock where code = 'sh000001'"
db.query(sql)
res = db.show()
print(res)
#3.按照绘制蜡烛图的函数要求构造对应参数
listk = []
for rr in res:
    bk = rr[0]
    yy = datetime.strptime(bk, '%Y-%m-%d')  #字符串转换为时间格式
    timestamp = date2num(yy)  #转为绘图需要的格式
    rr = (timestamp,) + rr[1:]
    listk.append(rr)
#4.绘制 K 线图
plotkline("sh000001",listk)
```

以上程序段运行结果如图 8-5 所示。

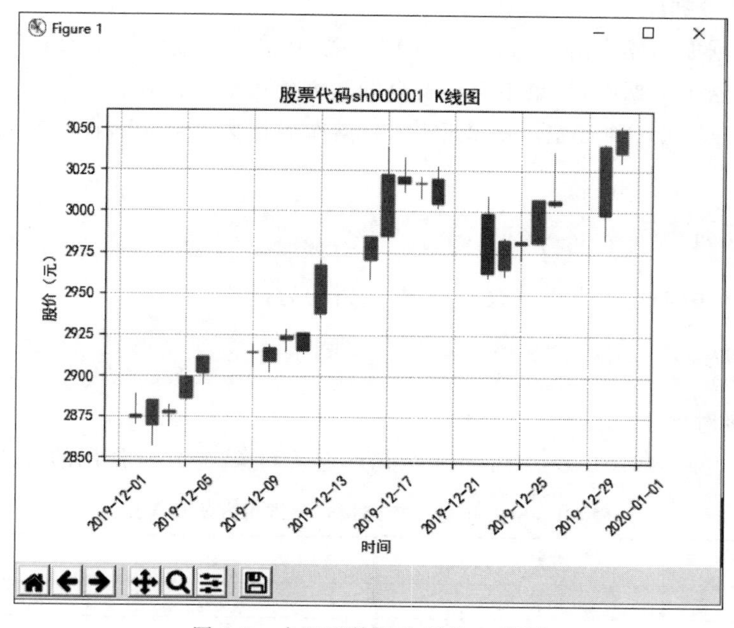

图 8-5 由股票数据绘制的 K 线图

8.1.4 相关知识链接

1. 金融量化数据主要来源

要获取金融数据主要有以下几个来源：一是大数据网站，一般只有日线级数据；二是专业金融数据公司，其数据稳定性较好，但往往收费较高；三是开源数据模块库，如 Tushare、pandas-datareader、baostock 等。

Tushare 是一个免费、开源的 Python 财经数据接口包。主要为股票等金融数据的采集、清洗加工和存储提供来源，能够为金融分析人员提供快速、整洁和多样的便于分析的数据，在数据获取方面极大地减轻了从业人员的工作量，使大家更能专注于策略和模型的研究与实现上。目前，Tushare 有两个版本，老版本地址是 http://tushare.org/，新版本地址是 https://tushare.pro/，新版本的数据更稳定，但要求注册后，通过 token 认证后才能使用，并且会根据积分获得不同的数据访问权限。老版本可以直接访问基础数据。

安装 Tushare 之前，需要安装 pandas 库和 lxml 库。Tushare 中包含股票的基本面数据，股票分类数据、宏观经济数据和即时新闻数据。各类数据只需要调用相应的函数即可获取，具体使用方法请查阅官方网站 http://tushare.org/。

pandas-datareader 是从 pandas 库中独立出来的，它提供了专门从财经网站获取金融数据的 API，可作为量化交易股票数据获取的另一种途径，该接口在 urllib3 库基础上实现了以客户端身份访问网站的股票数据。目前，使用中存在数据获取不稳定的问题。

baostock.com 也是一个免费、开源的证券数据平台，通过 Python API 获取证券数据信息，满足量化交易投资者、数量金融爱好者、计量经济从业者对数据的基本需求。

2. SQLite 语法基础

1）创建和打开数据库

创建和打开数据库的操作由 Connect() 函数实现，其输入参数为指定库名称，如果指定的数据库存在就直接打开这个数据库，如果不存在就自动新创建一个并打开。

例 8-1 创建并打开一个磁盘上的数据库，数据库名称为 test.db，存放在 D 盘根目录。对应语句为：

```
con = sqlite3.connect("D:/test.db")
```

例 8-2 在内存中创建一个临时数据库，对应语句为：

```
con = sqlite3.connect(":memory:")
```

2）数据库连接对象

打开数据库时返回的对象 con 就是一个数据库连接对象，它经常使用的方法如表 8-1 所示。

表 8-1 SQLite 数据库连接对象常用方法及含义

方法名	含义	方法名	含义
commit()	事务提交	close()	关闭一个数据库连接
rollback()	事务回滚	cursor()	创建一个游标

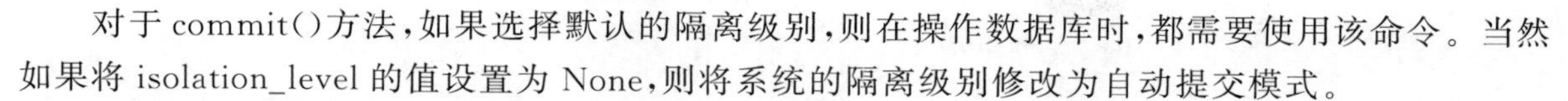

对于commit()方法，如果选择默认的隔离级别，则在操作数据库时，都需要使用该命令。当然如果将isolation_level的值设置为None，则将系统的隔离级别修改为自动提交模式。

3）使用游标操作数据库

需要使用游标对象结合SQL语句查询数据库，获得查询对象。那么，定义一个游标的方法是：cu=con.cursor()

游标对象常用的操作方法及含义如表8-2所示。

表8-2　SQLite数据库游标对象常用方法及含义

方　法　名	含　　义
execute()	执行SQL语句
executemany()	执行多条SQL语句
close()	关闭游标
fetchone()	从结果中取一条记录，并将游标指向下一条记录
fetchmany()	从结果中取多条记录
fetchall()	从结果中取出所有记录
scroll()	游标滚动

以上介绍了SQLite数据库的几项基本操作，接下来介绍操作SQLite数据库中“表”的方法。

（1）建表。

创建新表的SQL语句格式：

```
create tabletabname(col1 type1 [not null] [primary key],col2 type2 [not null], … )
```

例8-3　采用Python创建一个数据库，命名为test.db，并在其中建立一张存放股票数据的表格，命名为stock，表结构包含如下字段：sdate(存放日期)、open(开盘价)、close(收盘价)、high(最高价)、low(最低价)、volume(成交量)、code(股票代码)。详细代码如下。

```
'''例 8 - 3
新建(连接)数据库;
新建表
'''
#导入 SQLite 包
import sqlite3
#1.新建(连接)数据库
con =  sqlite3.connect("D:/test.db")
#2.确定游标对象
cu = con.cursor()
#3.建立新表的 SQL 语句
sql = '''create table stock
                     (
                     sdate date,
                     open float,
                     close float,
                     high float,
                     low FLOAT,
                     volume integer,
```

```
                    code varchar(10))
                  '''
    #4.通过游标对象执行该语句
    cu.execute(sql)
```

运行后，可在用 SQLiteExpert 查看建库结果，如图 8-6 所示，在 test.db 数据库下面建立了一张表 stock，表的各列字段名显示在窗体右部区域。

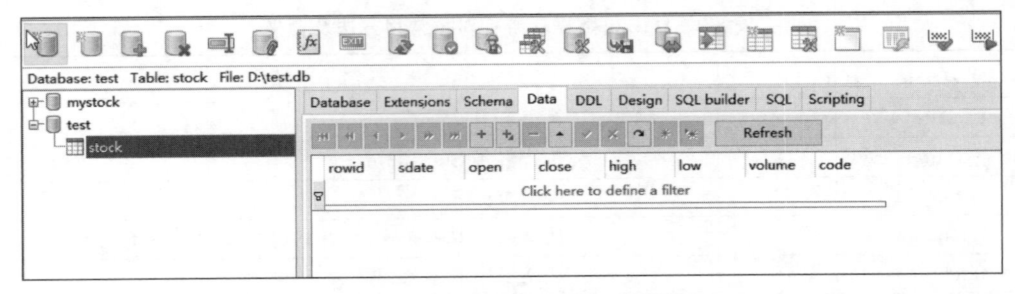

图 8-6 新建数据库与表后的结果

(2) 插入数据。

向表中插入一行数据的 SQL 语句格式：

```
insert into table(field1,field2) values(value1,value2)
```

在实际应用中，插入的值一般以元组形式作为参数传入使用。值的位置采用"?"作为占位符，并且之后应调用提交事务的函数 commit()，使操作生效或者 rollback()回滚操作。

例 8-4 连接 test.db 数据库，并在 stock 表中插入两条新的数据记录。详细代码如下。

```
'''例 8-4
插入新的数据行
'''
#导入 SQLite 包
import sqlite3
#1.新建(连接)数据库
con = sqlite3.connect("D:/test.db")
#2.确定游标对象
cu = con.cursor()
#3.插入一条数据的 SQL 语句
sql = 'insert into stock values(?,?,?,?,?,?,?)'
#4.将数据以 tuple 格式准备好
row1 = ('2019-12-13',5.7,5.8,5.9,5.68,977899,'601398')
row2 = ('2019-12-13',8.2,8.6,8.7,8.2,965397,'601396')
#5.执行插入操作
cu.execute(sql,row1)
cu.execute(sql,row2)
#6.提交事务,使得操作生效
con.commit()
```

以上程序段运行结果如图 8-7 所示。

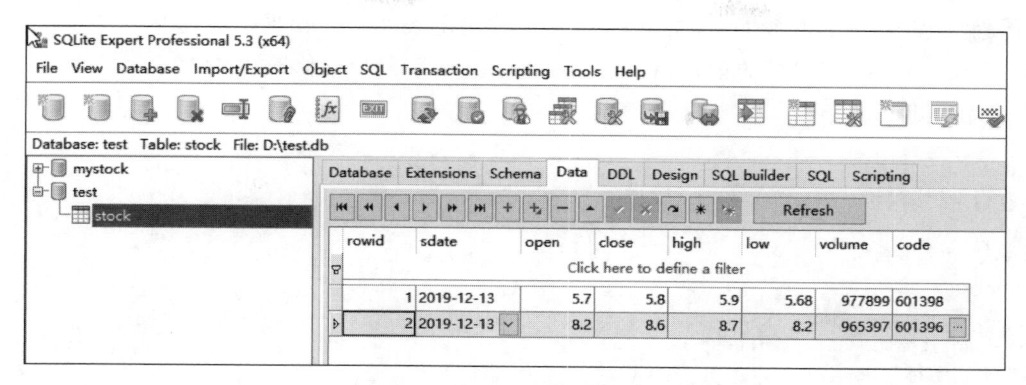

图 8-7　插入两条数据后的效果

（3）查询。

查询数据的 SQL 语句为：

```
select * from table where 范围
```

要提取查询到的数据，使用游标的 fetch()函数，其中，fetchall 为取出所有数据，fetchone 为取出一条数据。

例 8-5　连接 test.db 数据库，在 stock 表中查询所有满足条件——股票代码 code＝“601398”的数据记录。详细代码如下。

```
'''例 8-5
查询语句
'''
#导入 SQLite 包
import sqlite3
#1.新建(连接)数据库
con = sqlite3.connect("D:/test.db")
#2.确定游标对象
cu = con.cursor()
#3.查询所有数据的 SQL 语句
sql = "select * from stock where code = '601398'"
#4.执行 SQL 语句
cu.execute(sql)
#5.取出所有查询结果赋值给 res
res = cu.fetchall()
#6.屏幕上打印显示结果
print(res)
```

以上程序段运行结果：

```
[('2019-12-13', 5.7, 5.8, 5.9, 5.68, 977899, '601398')]
```

（4）修改。

修改数据的 SQL 语句为：

```
update table1 set field1 = value1 where 范围
```

例 8-6 连接 test.db 数据库，在 stock 表中修改满足条件——股票代码 code="601398"以及指定日期 sdate="2019-12-13"的记录，将该记录中的 high 字段价格修改为 6.12。

详细代码如下：

```
'''例 8 - 6
修改指定记录
'''
#导入 SQLite 包
import sqlite3
#1.新建(连接)数据库
con = sqlite3.connect("D:/test.db")
#2.确定游标对象
cu = con.cursor()
#3.根据指定条件修改数据的 SQL 语句
sql = "update stock set high = 6.12 where code = '601398' and sdate = '2019 - 12 - 13'"
#4.执行 SQL 语句
cu.execute(sql)
#5.提交事务,使得操作生效
con.commit()
```

程序执行后，会发现日期为“2019-12-13”，股票代码为“601398”，这条记录中的 high 字段被修改为 6.12。

（5）删除。

删除数据的 SQL 语句为：

```
delete from table1 where 范围
```

其执行过程和前面几个类似，就不再举例说明。由这几个例子也可以看出，由于 SQLite 基本遵循 SQL 标准，使用时，主要是要熟悉 SQL 语句的书写方法。

3. SQLiteExpert 可视化工具

SQLiteExpert 是一款非常强大的可视化数据库管理软件，它拥有丰富的管理功能和开发功能，其允许用户在 SQLite 服务器上执行创建、编辑、复制、提取等操作。它包括一个可视化查询生成器，拥有 SQL 编辑与语法突出功能，同时，具备强大的 table 和 view 设计与导入导出功能。

1）下载与安装 SQLiteExpert

SQLiteExpert 的下载地址可在其官方网站找到 http://www.sqliteexpert.com/download.html，包含 Professional 版（可试用 30 天）和 Personal 版（免费）。Windows 中该软件的安装过程和普通软件一样，就不再赘述。

2）新建和打开数据

新建数据库和打开数据库的相关操作，可在 File 菜单找到，其 File 菜单项如图 8-8 所示。

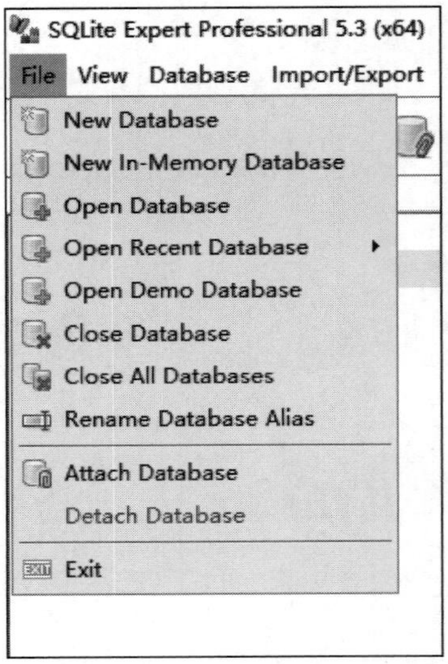

图 8-8 SQLiteExpert 软件中的 File 菜单

3）执行 SQL 语句

在菜单栏选择 SQL→New SQL Tab，打开 SQL 语句调试窗口，如图 8-9 所示。那么，在写程序时，需要执行的 SQL 语句都可以先在这里面执行，测试效果，如果正确，再将 SQL 语句写入程序中。

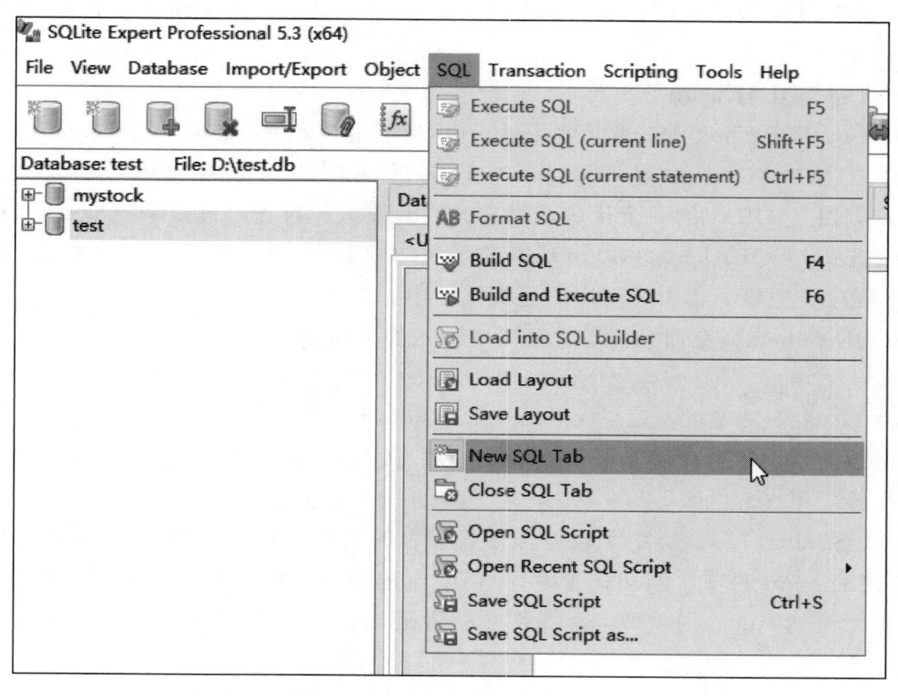

图 8-9　打开 SQL 语句调试窗口

8.1.5　知识拓展

1. SQLite 约束

约束是在表的数据列上强制执行的规则。这些是用来限制可以插入表中的数据类型。这确保了数据库中数据的准确性和可靠性。约束可以是列级或表级。列级约束仅适用于列，表级约束被应用到整个表。SQLite 中常用的约束及含义如表 8-3 所示。

表 8-3　SQLite 中常用的约束及含义

约　束　名	含　　义
NOT NULL	确保某列不能有 NULL 值
DEFAULT	当某列没有指定值时，为该列提供默认值
UNIQUE	确保某列中的所有值是不同的
PRIMARY Key	唯一标识数据库表中的各行/记录
CHECK	CHECK 约束确保某列中的所有值满足一定条件

2. SQLite 索引

数据库搜索引擎为了加快数据检索，采用索引（Index）的方式，它是一种特殊的查找表。可以将索引看成一个指向表中数据的指针，一个数据库中的索引与一本书的索引目录是非常相似的。索引有助于加快 SELECT 查询和 WHERE 子句，但它会减慢使用 UPDATE 和 INSERT 语句时的数据输入。索引可以创建或删除，但不会影响数据。

使用 CREATE INDEX 语句创建索引，它允许命名索引，指定表及要索引的一列或多列，并指示索引是升序排列还是降序排列。索引也可以是唯一的，与 UNIQUE 约束类似，在列上或列组合上防止重复条目。

3. ORM 工具 SQLAlchemy

SQLAlchemy 是 Python 中的 ORM 工具。ORM 全称 Object Relational Mapping，直译为"对象关系映射"。SQLAlchemy 是 Python 生态中目前较为流行的 ORM 模块之一。使用 SQLAlchemy 等独立 ORM 的一个优势就是它允许开发人员首先考虑数据模型，由此可决定之后可视化数据的方式。SQLAlchemy 以最基本的形式建模数据，使数据库结构文档化，将表转换为 class 类，使得程序员把精力集中在程序的逻辑设计中。

要安装 SQLAlchemy，在命令提示符窗口中输入如下命令即可。

```
pip install sqlalchemy
```

以一个简单的学生信息存储和查询案例来说明 SQLAlchemy 给程序设计带来的好处。通过 SQLAlchemy 建立了 Student 类与 student 表之间的一一对应关系。

首先，定义 Student 类，该类中字段包含表名和表的结构。然后，初始化的操作包括连接数据库、建表和创建 session 对象。添加记录时，只需要创建类的实例，通过 session 对象的 add()函数入库。查询记录通过 query()实现，返回数据不再是 tuple 类型，而是 Student 对象。详细代码如下。

```
from sqlalchemy import Column, String, create_engine,Integer
from sqlalchemy.orm import sessionmaker
from sqlalchemy.ext.declarative import declarative_base
#创建对象的基类
Base = declarative_base()
#定义 Student 对象
class Student(Base):
    #表名
    tablename__ = 'student'
    #表的结构
    id = Column(String(20), primary_key = True)
    name = Column(String(20))
    gender = Column(String(8))
    age = Column(Integer)
    major = Column(String(20))

if __name__ == '__main__':
    #1.初始化数据库连接
    engine = create_engine('sqlite:///stu.db', echo = True)
    #2.创建表结构
    Base.metadata.create_all(engine)
    #3.创建 DBSession 类型
```

```
DBSession = sessionmaker(bind = engine)
#4.创建 session 对象
session = DBSession()
#5.创建新 Student 对象
new_stu1 = Student(id = '1', name = 'Dannel',gender = 'Male',age = 22,major = 'Biological engineering')
new_stu2 = Student(id = '2', name = 'Emma', gender = 'Female', age = 20, major = 'Art')
#6.添加到 session
session.add(new_stu1)
session.add(new_stu2)
#7.提交即保存到数据库
session.commit()
#8.创建 Query 查询,filter 相当于 where 条件,one()返回唯一行,如果是 all()则返回所有行
stu = session.query(Student).filter(Student.id == '1').one()
#9.打印类型和对象的 name 属性
print('type:', type(Student))
print('name:', stu.name)
#10.关闭 session
session.close()
```

任务 2　非关系数据库 MongoDB——股票数据存取

8.2.1　任务说明

MongoDB 是一个基于分布式文件存储的数据库，由 C++ 语言编写，旨在为 Web 应用提供可扩展的高性能数据存储解决方案。MongoDB 中的每一条记录就是一个文档，是一个数据结构，由字段和值对组成，字段的值可以是其他文档、数组，以及文档数组。一般用作离线数据分析使用，提供高性能的数据持久化。

8.2.2　任务展示

要对股票数据进行量化分析，只采集几只股票的数据是远远不够的，往往需要下载所有股票在一定历史阶段内的数据，并结合基本面、宏观数据等信息，加入算法形成股票池后，做出选股的判断，进一步还需要设计买卖策略算法，通过历史数据回测算法的有效性。由于篇幅所限，这里主要介绍采集股票数据存入 MongoDB 以及读取数据的方法。

通过 Mongo Shell 管理 MongoDB 数据库，查看采集到的股票数据，如图 8-10 所示。

8.2.3　任务实现

1. 安装 MongoDB

（1）MongoDB 官方网站是 https://www.mongodb.com/download-center/community，登录官方网站后，选择用户操作系统对应版本的安装包，例如选择 Windows X64 平台下的 Version 4.2.3 文件下载后安装。在此，以安装目录 D:\Program Files\文件夹为例。

（2）安装好后，在 D:\Program Files\MongoDB\Server\4.0\bin 目录下有可执行文件 mongo.exe，需要将此目录添加到系统环境变量中。

```
> use stock
switched to db stock
> show collections
daily
> db.daily.find()
{ "_id" : ObjectId("5e6705c2d8cb4c69537f92dc"), "code" : "002606", "date" : "2019-01-29", "index" : false, "close"
: 6.44, "high" : 7.1, "low" : 6.44, "open" : 7.01, "volume" : 373415 }
{ "_id" : ObjectId("5e6705c2d8cb4c69537f92dd"), "code" : "002606", "date" : "2019-01-30", "index" : false, "close"
: 5.84, "high" : 6.48, "low" : 5.8, "open" : 6.26, "volume" : 362480 }
{ "_id" : ObjectId("5e6705c2d8cb4c69537f92de"), "code" : "002606", "date" : "2019-01-31", "index" : false, "close"
: 5.59, "high" : 6.06, "low" : 5.32, "open" : 5.9, "volume" : 379801 }
{ "_id" : ObjectId("5e6705c2d8cb4c69537f92df"), "code" : "002606", "date" : "2019-02-01", "index" : false, "close"
: 5.83, "high" : 5.92, "low" : 5.7, "open" : 5.85, "volume" : 257358 }
{ "_id" : ObjectId("5e6705c2d8cb4c69537f92e0"), "code" : "002606", "date" : "2019-02-11", "index" : false, "close"
: 6.25, "high" : 6.28, "low" : 5.83, "open" : 5.9, "volume" : 277091 }
{ "_id" : ObjectId("5e6705c2d8cb4c69537f92e1"), "code" : "002606", "date" : "2019-02-12", "index" : false, "close"
: 6.36, "high" : 6.4, "low" : 6.13, "open" : 6.29, "volume" : 311588 }
{ "_id" : ObjectId("5e6705c2d8cb4c69537f92e2"), "code" : "002606", "date" : "2019-02-13", "index" : false, "close"
: 6.34, "high" : 6.44, "low" : 6.24, "open" : 6.35, "volume" : 234397 }
{ "_id" : ObjectId("5e6705c2d8cb4c69537f92e3"), "code" : "002606", "date" : "2019-02-14", "index" : false, "close"
: 6.54, "high" : 6.65, "low" : 6.23, "open" : 6.31, "volume" : 320939 }
{ "_id" : ObjectId("5e6705c2d8cb4c69537f92e4"), "code" : "002606", "date" : "2019-02-15", "index" : false, "close"
: 6.41, "high" : 6.62, "low" : 6.41, "open" : 6.48, "volume" : 236896 }
{ "_id" : ObjectId("5e6705c2d8cb4c69537f92e5"), "code" : "002606", "date" : "2019-02-18", "index" : false, "close"
: 6.66, "high" : 6.76, "low" : 6.38, "open" : 6.4, "volume" : 317269 }
{ "_id" : ObjectId("5e6705c2d8cb4c69537f92e6"), "code" : "002606", "date" : "2019-02-19", "index" : false, "close"
: 6.9, "high" : 6.94, "low" : 6.5, "open" : 6.7, "volume" : 395644 }
{ "_id" : ObjectId("5e6705c2d8cb4c69537f92e7"), "code" : "002606", "date" : "2019-02-20", "index" : false, "close"
: 6.82, "high" : 6.87, "low" : 6.7, "open" : 6.83, "volume" : 230361 }
{ "_id" : ObjectId("5e6705c2d8cb4c69537f92e8"), "code" : "002606", "date" : "2019-02-21", "index" : false, "close"
: 6.8, "high" : 7.12, "low" : 6.77, "open" : 6.85, "volume" : 365901 }
{ "_id" : ObjectId("5e6705c2d8cb4c69537f92e9"), "code" : "002606", "date" : "2019-02-22", "index" : false, "close"
: 6.82, "high" : 6.86, "low" : 6.58, "open" : 6.69, "volume" : 289347 }
{ "_id" : ObjectId("5e6705c2d8cb4c69537f92ea"), "code" : "002606", "date" : "2019-02-25", "index" : false, "close"
: 7.06, "high" : 7.09, "low" : 6.73, "open" : 6.87, "volume" : 434427 }
{ "_id" : ObjectId("5e6705c2d8cb4c69537f92eb"), "code" : "002606", "date" : "2019-02-26", "index" : false, "close"
: 6.98, "high" : 7.31, "low" : 6.78, "open" : 7.03, "volume" : 468976 }
```

图 8-10　Mongo Shell 中查看采集的股票数据

2. 启动 MongoDB 服务

在启动命令提示符窗口中输入命令：

```
mongod
```

正常启动后，其效果如图 8-11 所示。

```
C:\Users\Administrator>mongod
2020-03-08T07:35:34.563+0800 I CONTROL  [main] Automatically disabling TLS 1.0, to force-enable TLS 1.0 specify --sslDisabledProtocols 'none'
2020-03-08T07:35:34.566+0800 I CONTROL  [initandlisten] MongoDB starting : pid=6248 port=27017 dbpath=C:\data\db\ 64-bit host=CAEVDP5WSRPBZ5E
2020-03-08T07:35:34.567+0800 I CONTROL  [initandlisten] targetMinOS: Windows 7/Windows Server 2008 R2
2020-03-08T07:35:34.567+0800 I CONTROL  [initandlisten] db version v4.0.10
2020-03-08T07:35:34.568+0800 I CONTROL  [initandlisten] git version: c389e7f69f637f7a1ac3cc9fae843b635f20b766
2020-03-08T07:35:34.568+0800 I CONTROL  [initandlisten] allocator: tcmalloc
2020-03-08T07:35:34.569+0800 I CONTROL  [initandlisten] modules: none
2020-03-08T07:35:34.569+0800 I CONTROL  [initandlisten] build environment:
2020-03-08T07:35:34.570+0800 I CONTROL  [initandlisten]     distmod: 2008plus-ssl
2020-03-08T07:35:34.570+0800 I CONTROL  [initandlisten]     distarch: x86_64
2020-03-08T07:35:34.571+0800 I CONTROL  [initandlisten]     target_arch: x86_64
2020-03-08T07:35:34.571+0800 I CONTROL  [initandlisten] options: {}
2020-03-08T07:35:34.574+0800 I STORAGE  [initandlisten] exception in initAndListen: NonExistentPath: Data directory C:\data\db\ not found., terminating
2020-03-08T07:35:34.576+0800 I NETWORK  [initandlisten] shutdown: going to close listening sockets...
2020-03-08T07:35:34.579+0800 I CONTROL  [initandlisten] now exiting
2020-03-08T07:35:34.580+0800 I CONTROL  [initandlisten] shutting down with code:100

C:\Users\Administrator>
```

图 8-11　启动 MongoDB 服务

3. 运行 MongoDB Shell 测试数据库环境

在启动命令提示符窗口中输入命令：

```
mongo
```

如果出现如图 8-12 所示的信息，表明 MongoDB 进入 Shell 调试模式。

在命令提示符窗口中输入命令：

```
show dbs
```

则会显示 MongoDB 中包含的数据库。输出结果如图 8-13 所示。

```
C:\Users\Administrator>mongo
MongoDB shell version v4.0.10
connecting to: mongodb://127.0.0.1:27017/?gssapiServiceName=mongodb
Implicit session: session { "id" : UUID("53cd52a0-fcca-4f5b-8e36-c6c52372a6b3") }
MongoDB server version: 4.0.10
Server has startup warnings:
2020-03-08T08:04:42.801+0800 I CONTROL  [initandlisten]
2020-03-08T08:04:42.801+0800 I CONTROL  [initandlisten] ** WARNING: Access control is not enabled for the database.
2020-03-08T08:04:42.801+0800 I CONTROL  [initandlisten] **          Read and write access to data and configuration is
 unrestricted.
2020-03-08T08:04:42.801+0800 I CONTROL  [initandlisten]
---
Enable MongoDB's free cloud-based monitoring service, which will then receive and display
metrics about your deployment (disk utilization, CPU, operation statistics, etc).

The monitoring data will be available on a MongoDB website with a unique URL accessible to you
and anyone you share the URL with. MongoDB may use this information to make product
improvements and to suggest MongoDB products and deployment options to you.

To enable free monitoring, run the following command: db.enableFreeMonitoring()
To permanently disable this reminder, run the following command: db.disableFreeMonitoring()
---

> _
```

图 8-12　启动 Mongo Shell

4. 安装 Python 环境下的驱动库

通过 Python 3.x 访问 MongoDB，需要借助开源驱动库 pymongo（由 MongoDB 官方提供）。pymongo 驱动程序可以直接连接 MongoDB 数据库，然后对数据库进行操作。安装 pymongo 驱动可使用 pip 方式，在命令提示符窗口中输入：

```
> show dbs
admin    0.000GB
config   0.000GB
local    0.000GB
>
```

图 8-13　显示 MongoDB 中包含的数据库

```
pip install pymongo
```

5. 采集股票数据并入库

在 PyCharm 中新建工程 MongoStock，并新建一个 Python 文件 Mongohelp.py。该文件中首先设计类 GetStockData，在初始化构造函数中，通过 MongoClient 建立（连接）数据库，并定义集合"daily"，用于存放所有股票数据。在 MongoDB 中没有表，集合相当于 SQL 中表的概念。详细代码如下。

（1）GetStockData 类中函数 crawl_stock 实现采集所有股票 K 线数据的功能，输入参数是开始日期 begin_date 和结束日期 end_date。

（2）crawl_stock 方法的实现，首先是通过 tushare 获取所有的股票代码列表，然后遍历该列表，分别获取每只股票在指定时间段内的数据并存入数据库。由于总的股票数量超过 3000，调试时为了提高效率，只取其中一部分出来。

```
import tushare as ts
from pymongo import MongoClient,UpdateOne

class GetStockData:
    def __init__(self):
        #连接数据库
        db = MongoClient('mongodb://127.0.0.1:27017')['stock']
        self.daily = db['daily']
        #self.daily_hfq = db['daily_hfq']
        pass
        """        采集所有股票 K 线数据的函数
        """
```

```
    def crawl_stock(self,autype = None,begin_date = None,end_date = None):
        #1.通过 tushare 的函数获取所有股票的代码
        df_stock = ts.get_stock_basics()
        #2.转换为列表
        codes = list(df_stock.index)
        codes = codes[10:20]#测试时用
        #3.根据获取的股票代码列表,采集所有股票的 K 线数据
        for code in codes:
            daily = ts.get_k_data(code,autype = autype,start = begin_date,end = end_date)
            updates_requests  = []
            for index in daily.index:
                doc = dict(daily.loc[index])
                doc['index'] = False
                doc['code'] = code
                print(doc,flush = True)
                #更新数据
                mydate =  UpdateOne(
                        {'code':doc['code'],'date':doc['date'],'index':False},
                        {'$ set':doc},
                        upsert = True)
                updates_requests.append(mydate)
            #print(updates_requests)
            #4.每条数据存入数据库,此部分在第一次 for 循环中
            if len(updates_requests)> 0:
                #批量写入
                update_result = self.daily.bulk_write(updates_requests,ordered = False)
                print('save index % s,code: % s,inserted: % 4d,modifide: % 4d'
                  % ('daily',code,update_result.upserted_count,update_result.modified_count),
                  flush = True)
        pass
        """
    查询数据的函数
        """
    def find(self,pare1 = None,pare2 = None):
        return self.daily.find(pare1,pare2)

if __name__ == '__main__':
    #1.实例化对象
    db = GetStockData()
    #2.采集所有股票数据并入库
    db.crawl_stock(begin_date = '2019 - 01 - 29',end_date = '2019 - 12 - 31')
```

6. Shell 中查看数据结果

在启动命令符窗口中,输入“mongo”,启动 Shell 模式,然后输入命令:

```
use stock
```

连接 stock 数据库。输入命令:

```
Show collections
```

则显示数据库中包含的集合。输入命令：

```
db.daily.find()
```

查看数据集 daily 中包含的内容，查询的部分结果如图 8-14 所示。

```
> use stock
switched to db stock
> show collections
daily
> db.daily.find()
{ "_id" : ObjectId("5e6705c2d8cb4c69537f92dc"), "code" : "002606", "date" : "2019-01-29", "index" : false, "close"
: 6.44, "high" : 7.1, "low" : 6.44, "open" : 7.01, "volume" : 373415 }
{ "_id" : ObjectId("5e6705c2d8cb4c69537f92dd"), "code" : "002606", "date" : "2019-01-30", "index" : false, "close"
: 5.84, "high" : 6.48, "low" : 5.8, "open" : 6.26, "volume" : 362480 }
{ "_id" : ObjectId("5e6705c2d8cb4c69537f92de"), "code" : "002606", "date" : "2019-01-31", "index" : false, "close"
: 5.59, "high" : 6.06, "low" : 5.32, "open" : 5.9, "volume" : 379801 }
{ "_id" : ObjectId("5e6705c2d8cb4c69537f92df"), "code" : "002606", "date" : "2019-02-01", "index" : false, "close"
: 5.83, "high" : 5.92, "low" : 5.7, "open" : 5.85, "volume" : 257358 }
{ "_id" : ObjectId("5e6705c2d8cb4c69537f92e0"), "code" : "002606", "date" : "2019-02-11", "index" : false, "close"
: 6.25, "high" : 6.28, "low" : 5.83, "open" : 5.9, "volume" : 277091 }
{ "_id" : ObjectId("5e6705c2d8cb4c69537f92e1"), "code" : "002606", "date" : "2019-02-12", "index" : false, "close"
: 6.36, "high" : 6.4, "low" : 6.13, "open" : 6.29, "volume" : 311588 }
{ "_id" : ObjectId("5e6705c2d8cb4c69537f92e2"), "code" : "002606", "date" : "2019-02-13", "index" : false, "close"
: 6.34, "high" : 6.44, "low" : 6.24, "open" : 6.35, "volume" : 234397 }
{ "_id" : ObjectId("5e6705c2d8cb4c69537f92e3"), "code" : "002606", "date" : "2019-02-14", "index" : false, "close"
: 6.54, "high" : 6.65, "low" : 6.23, "open" : 6.31, "volume" : 320939 }
{ "_id" : ObjectId("5e6705c2d8cb4c69537f92e4"), "code" : "002606", "date" : "2019-02-15", "index" : false, "close"
: 6.41, "high" : 6.62, "low" : 6.41, "open" : 6.48, "volume" : 236896 }
{ "_id" : ObjectId("5e6705c2d8cb4c69537f92e5"), "code" : "002606", "date" : "2019-02-18", "index" : false, "close"
: 6.66, "high" : 6.76, "low" : 6.38, "open" : 6.4, "volume" : 317269 }
{ "_id" : ObjectId("5e6705c2d8cb4c69537f92e6"), "code" : "002606", "date" : "2019-02-19", "index" : false, "close"
: 6.9, "high" : 6.94, "low" : 6.5, "open" : 6.7, "volume" : 395644 }
{ "_id" : ObjectId("5e6705c2d8cb4c69537f92e7"), "code" : "002606", "date" : "2019-02-20", "index" : false, "close"
: 6.82, "high" : 6.87, "low" : 6.7, "open" : 6.83, "volume" : 230361 }
{ "_id" : ObjectId("5e6705c2d8cb4c69537f92e8"), "code" : "002606", "date" : "2019-02-21", "index" : false, "close"
: 6.8, "high" : 7.12, "low" : 6.77, "open" : 6.85, "volume" : 365901 }
{ "_id" : ObjectId("5e6705c2d8cb4c69537f92e9"), "code" : "002606", "date" : "2019-02-22", "index" : false, "close"
: 6.82, "high" : 6.86, "low" : 6.58, "open" : 6.69, "volume" : 289347 }
{ "_id" : ObjectId("5e6705c2d8cb4c69537f92ea"), "code" : "002606", "date" : "2019-02-25", "index" : false, "close"
: 7.06, "high" : 7.09, "low" : 6.73, "open" : 6.87, "volume" : 434427 }
{ "_id" : ObjectId("5e6705c2d8cb4c69537f92eb"), "code" : "002606", "date" : "2019-02-26", "index" : false, "close"
: 6.98, "high" : 7.31, "low" : 6.78, "open" : 7.03, "volume" : 468976 }
```

图 8-14　Shell 模式下查看数据集的内容

7. 读取股票数据绘制 K 线图

在 PyCharm 中新建 Python 文件 AnalyStock.py，实现从数据库中提取数据，并绘制 K 线图的功能。

(1) 实例化一个 GetStockData 类的对象。

(2) 以股票代码 code 作为查询条件，在数据库中查询数据，并指定返回字段顺序。

(3) 将查询结果中每条记录转换为 tuple，并放入列表中。

(4) 将日期字段的值转换为绘图函数 mpf.candlestick_ohlc 要求的格式，绘图函数的写法和任务 1 中的相同。

读取股票数据，绘制 K 线图的程序代码如下。

```
'''
从 MongoDB 数据库中取出数据，并绘制 K 线图
'''
import matplotlib.pyplot as plt   ##导入画图模块
import mpl_finance as mpf   ##导入 mplfinance 模块
from datetime import datetime   #导入 datetime 模块，和直接 import datetime 是不同的模块
from matplotlib.pylab import date2num   ##导入日期到数值一一对应的转换工具
from Mongohelp import GetStockData   #导入自定义的类 GetStockData
```

```
def plotkline(title,data_list):
    plt.rcParams['font.family'] = 'SimHei'  ##设置字体
    fig, ax1 = plt.subplots(1,1,sharex=True)  ##创建图片和坐标轴
    fig.subplots_adjust(bottom=0.2)  ##调整底部距离
    ax1.xaxis_date()  ##设置X轴刻度为日期时间
    plt.xticks(rotation=45)  ##设置X轴刻度线并旋转45°
    plt.yticks()  ##设置Y轴刻度线
    plt.title("股票代码"+title+"K线图")  ##设置图片标题
    plt.xlabel("时间")  ##设置X轴标题
    plt.ylabel("股价(元)")  ##设置Y轴标题
    plt.grid(True, 'major', 'both', ls='--', lw=.5, c='k', alpha=.3)  ##设置网格线
    mpf.candlestick_ohlc(ax1, data_list, width=0.7, colorup='r', colordown='green', alpha=1)
##设置利用mpf画股票K线图
    plt.show()  ##显示图片
    plt.savefig("K线.png")  ##保存图片
    plt.close()  ##关闭plt,释放内存
    """
按照绘制蜡烛图的函数要求构造对应参数
    """
def Convet_date(rlist):
    listk = []
    for row in rlist:
        bk = row[0]
        yy = datetime.strptime(bk, '%Y-%m-%d')  #字符串转换为时间格式
        timestamp = date2num(yy)  #转为需要的格式
        row = (timestamp,) + row[1:]
        listk.append(row)
    return listk

#1.实例化对象
db=GetStockData()
#2.按条件查找,并返回指定列
##time, open, high, low, close
code='600738'
dic=db.find({'code':code},{'date':1,'open':1,'high':1,'low':1,'close':1})
#3.将查询结果转换为元组构成的列表
res = []
for dd in dic:
    li = tuple(dd.values())[1:]
    #print(li)
    res.append(li)
#4.将结果转为绘图函数需要的结构
listk=Convet_date(res)
#5.调用绘制K线图的函数
plotkline(code,listk)
```

使用中,只需要改变查询条件,输入不同的股票代码,则可以绘制出对应的K线图。

以上程序段运行结果如图8-15所示。

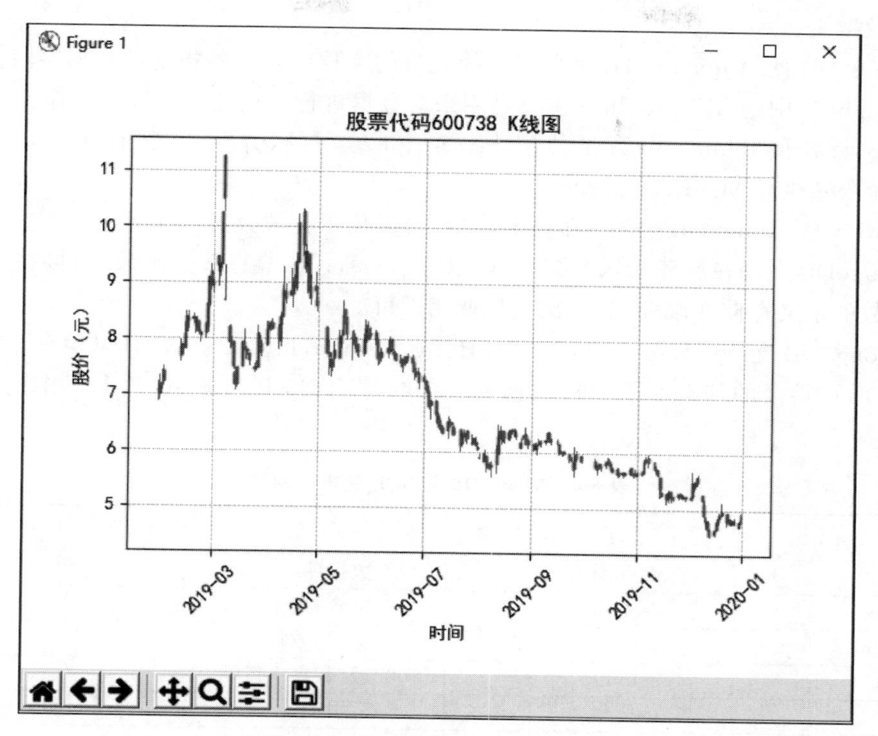

图 8-15　取出历史数据画 K 线图

8.2.4　相关知识链接

1. MongoDB 的基本概念

MongoDB 作为一种文档型的非关系数据库，其将数据存储为一个个文档，数据结构由键值(key=> value)对组成。MongoDB 文档类似于 JSON 对象。字段值可以包含其他文档、数组及文档数组。比如一个文档中要存储一个用户信息，包含 name、age、address、course 字段，那么将这些字段作为 key，对应的值作为 value 直接以"："分隔紧跟其后，并且值的类型不但可以是字符串、数值，还可以是列表、数组等多种类型。下面的文档中，value 就包含字符串、数值和列表类型。

```
{
  name:"Dannel",
  age: 22,
  Address: "No.178 Shazhengjie"
  courses:["Engineering","math"]
}
```

MongoDB 具有如下一些特性。

(1) MongoDB 是一个面向文档存储的数据库，操作起来比较简单。

(2) MongoDB 可以通过本地或者网络创建数据镜像，这使得 MongoDB 有更强的扩展性。

(3) 如果负载增加，需要更多的存储空间和更强的处理能力，它则可以分布在计算机网络中的其他结点上，即实现分片。

(4) MongoDB 支持丰富的查询表达式。查询指令使用 JSON 形式的标记，可轻易查询文档中内嵌的对象及数组。

(5) MongoDB 使用 update()命令可以替换完整的文档或者一些指定的数据字段。

(6) MongoDB 中的 Map/Reduce 主要是用来对数据进行批量处理和聚合操作。

(7) Map 函数和 Reduce 函数是使用 JavaScript 编写的,并可以通过 db. runCommand 或 mapreduce 命令来执行 MapReduce 操作。

(8) GridFS 是 MongoDB 中的一个内置功能,可以用于存放大量小文件。

(9) MongoDB 允许在服务端执行脚本,可以用 Javascript 编写某个函数,直接在服务端执行,也可以把函数的定义存储在服务端,下次直接调用即可。

(10) MongoDB 支持各种编程语言,例如 Ruby,Python,Java,C++,PHP,C# 等。

MongoDB 中涉及的基本术语包括数据库、文档、集合等,其与 SQL 数据库中的术语对比如表 8-4 所示。

表 8-4　MongoDB 与 SQL 的术语对比

MongoDB 术语	SQL 术语	含　义
database	database	数据库
collection	table	集合/数据库表
document	row	文档/数据记录行
field	column	域/数据字段
index	index	索引
——	table joins	表连接,MongoDB 不支持
primary key	primary key	主键,MongoDB 自动将_id 字段设置为主键

为了更直观地对比关系数据库中的表结构和 MongoDB 中的集合结构形式上的差异,看下面一个实例,图 8-16 是 SQL 表中的两条记录,同样的内容如果存储在 MongoDB 中对应的集合形式则如图 8-17 所示。

rowid	sdate	open	close	high	low	volume	code
Click here to define a filter							
1	2019-12-13	5.7	5.8	6.12	5.68	977899	601398
2	2019-12-13	8.2	8.6	8.7	8.2	965397	601396

图 8-16　SQL 中的表

```
{'_id': ObjectId('5e683fe7dff982c3bf493f0a'), 'date': '2019-12-13', 'open': 5.7, 'close': 5.8, 'high': 6.12, 'low': 5.68, 'volume': 977899, 'code': '601398'}
{'_id': ObjectId('5e683fe7dff982c3bf493f0b'), 'date': '2019-12-13', 'open': 8.2, 'close': 8.6, 'high': 8.7, 'low': 8.2, 'volume': 965397, 'code': '601396'}
```

图 8-17　MongoDB 中的集合

下面将分别介绍数据库、文档、集合相关的一些概念与注意事项,以及 MongoDB 中常用的数据类型。

1) 数据库

MongoDB 中可以建立多个数据库,它的单个实例可以容纳多个独立的数据库,每一个都有自己的集合和权限,不同的数据库可以放置到不同的文件路径和文件夹中。

数据库通过名字来标识。数据库名可以是满足以下条件的任意 UTF-8 字符串。

（1）不能是空字符串("")。

（2）不得含有' '(空格)、.、$、/、\和\0（空字符）。

（3）应全部小写。

（4）最多64B。

有一些数据库名是保留的，可以直接访问这些有特殊作用的数据库。

（1）admin：从权限的角度来看，这是root数据库。要是将一个用户添加到这个数据库，这个用户自动继承所有数据库的权限。一些特定的服务器端命令，也只能从这个数据库运行，比如列出所有的数据库或者关闭服务器。

（2）local：这个数据永远不会被复制，可以用来存储限于本地单台服务器的任意集合。

（3）config：当Mongo用于分片设置时，config数据库在内部使用，用于保存分片的相关信息。

2）文档

文档(Document)是一组键值(key-value)对。MongoDB的文档不需要设置相同的字段，并且相同的字段不需要相同的数据类型，这与关系数据库有很大的区别，也是MongoDB非常突出的特点。

文档中的键命名规范如下。

（1）键不能含有\0（空字符）。这个字符用来表示键的结尾。

（2）.和$有特别的意义，只有在特定环境下才能使用。

（3）以下画线开头的键是保留的。

另外，要注意：

（1）文档中的键值对是有序的。

（2）文档中的值，不仅可以是在双引号里面的字符串，还可以是其他几种数据类型，甚至可以是整个嵌入的文档。

（3）MongoDB区分类型和大小写。

（4）MongoDB的文档不能有重复的键。

（5）文档的键是字符串。除了少数例外情况，键可以使用任意UTF-8字符。

3）集合

集合就是MongoDB的文档组，它存在于数据库中，没有固定的结构，这意味着可以对集合插入不同格式和类型的数据，但通常情况下插入集合的数据都会有一定的关联性。例如，可以将以下3组不同数据结构的文档插入到同一个集合中。

```
{"name":Dannel,"age":8,Address:"ChongQing"}
{"code":"601939","open":5.36,"close":5.52,"high":5.60,"low":5.30,}
{"sdate":"2019 - 05 - 08","name":"iphone","Price":6800}
```

集合命名规则如下。

（1）集合名不能是空字符串""。

（2）集合名不能含有\0字符(空字符)，这个字符表示集合名的结尾。

（3）集合名不能以system开头，这是为系统集合保留的前缀。

（4）用户创建的集合名字不能含有保留字符。有些驱动程序的确支持在集合名里面包含，这是因为某些系统生成的集合中包含该字符。除非要访问这种系统创建的集合，否则千万不要在名字里出现$。

4）MongoDB中常用数据类型

MongoDB中常用数据类型及含义如表8-5所示。MongoDB中存储的文档必须有一个 _id 键。这个键的值可以是任何类型的，默认是一个ObjectId对象，由于ObjectId中保存了创建的时间戳，所以不需要另外为文档保存时间戳字段，可以通过getTimestamp函数来获取文档的创建时间。

表8-5　MongoDB中常用数据类型及含义

数据类型	含　义
String	字符串，在MongoDB中，UTF-8编码的字符串才是合法的
Integer	整型数值，用于存储数值。根据服务器类型，可分为32位或64位
Boolean	布尔值。用于存储布尔值(真/假)
Double	双精度浮点值。用于存储浮点值
Min/Max keys	将一个值与BSON(二进制的JSON)元素的最低值和最高值相对比
Array	用于将数组或列表或多个值存储为一个键
Timestamp	时间戳。记录文档修改或添加的具体时间
Object	用于内嵌文档
Null	用于创建空值
Symbol	符号。该数据类型基本上等同于字符串类型，但不同的是，它一般用于采用特殊符号类型的语言
Date	日期时间。用UNIX时间格式来存储当前日期或时间。可以指定自己的日期时间：创建Date对象，传入年月日信息
Object ID	对象ID。用于创建文档的ID
Binary Data	二进制数据。用于存储二进制数据
Code	代码类型。用于在文档中存储JavaScript代码
Regular expression	正则表达式类型。用于存储正则表达式

ObjectId类似唯一主键，可以用于排序，它包含12B，含义是：前4B表示创建时间戳，格林尼治时间，比北京时间晚了8h，接下来的3B是机器标识码，紧接的2B由进程id组成PID，最后3B是随机数。其格式如图8-18所示。

<table>
<tr><td>1</td><td>2</td><td>3</td><td>4</td><td>5</td><td>6</td><td>7</td><td>8</td><td>9</td><td>10</td><td>11</td><td>12</td></tr>
<tr><td colspan="4">时间戳</td><td colspan="3">机器码</td><td>PID</td><td></td><td colspan="3">随机数</td></tr>
</table>

图8-18　ObjectId格式

MongoDB中的日期类型，其日期表示当前时刻距离UNIX新纪元(1970年1月1日)的毫秒数。日期类型是有符号的，负数表示1970年之前的日期。

2. MongoDB常用操作

安装好Mongo数据库后，将安装目录添加到系统变量中，在命令提示符窗口中输入命令“mongo”，进入Shell模式，便可以在其中练习MongoDB的一些常用操作命令。

1）数据库相关命令

MongoDB中与数据库相关的常用命令及含义如表8-6所示。

表 8-6　MongoDB 中与数据库相关的常用命令及含义

命　令	含　义
show dbs	显示数据库列表
useda base	切换/创建数据库，dabase 为数据库名，如果该数据库不存在，则创建
db. dropDatabase()	删除当前数据库
db. help()	显示当前数据库中的操作命令
show collections	显示当前数据库中的集合
db 或 db. getName()	查看当前使用的数据库，两者效果一样
db. stats()	显示当前数据库的状态
db. version()	显示当前数据库的版本
db. getMongo()	显示当前数据库链接的地址
db. copyDatabase (" A", "B", "127. 0. 0. 1")	在指定的机器上，从数据库 A 复制数据到 B，后面的地址可以修改
db. getCollectionNames()	显示当前数据库中所有集合

2）集合相关操作

MongoDB 中与集合相关的常用命令及含义如表 8-7 所示，其中假设 table 为数据库中一个集合名。

表 8-7　MongoDB 中与集合相关的常用命令及含义

命　令	含　义
db. table. help()	显示数据库中集合的帮助信息
db. table. count()	查看集合 table 的数据条数
db. table. dataSize()	查看集合 table 数据空间大小，单位是 B
db. table. storageSize()	查看集合 table 的总空间大小
db. table. stats()	显示数据库中集合 table 的状态
db. table. drop()	删除当前数据库中集合 table
db. table. remove({})	删除当前数据库集合 table 中的所有数据
db. table. remove({name: 'test'})	删除当前数据库集合 table 中 name='test'的记录
db. table. insert({name: 'Dannel', age: 22})或 db. table. save({name: 'Dannel', age: 22})	向集合 table 中插入数据

3）查询相关的操作

假设 table 为数据库中一个集合名。

（1）查询集合 table 中所有记录：db. table. find()。

（2）按条件比较或范围查询时用到的条件比较或范围查询符号及含义如表 8-8 所示。

表 8-8　条件比较或范围查询符号

符　号	含　义	示　例
:	相等	db. table. find({age: 22})
$ lt	小于	db. table. find ({'age': {'$ lt': 20}})
$ gt	大于	db. table. find ({'age': {'$ gt': 20}})
$ lte	小于或等于	db. table. find ({'age': {'$ lte': 20}})
$ gte	大于或等于	db. table. find ({'age': {'$ gte': 20}})

续表

符　　号	含　　义	示　　例
$ ne	不等于	db. table. find ({'age': {'$ ne': 20}})
$ in	在范围内	db. table. find ({'age': {'$ in': [20, 23]}})
$ nin	不在范围内	db. table. find ({'age': {'$ nin': [20, 23]}})
//	包含某个字符串	db. table. find({name:/mongo/})
/^/	以某字符串作为开头	db. table. find({name:/^mongo/})
$	以某字符作为结尾	db. person. find({name:/t$/})
$ mod	除以一个数求余	db. table. find({age:{ $ mod:[3,0]}}) 查询 age 能被 3 整除的记录 db. table. find({age:{ $ mod:[3,2]}}) 查询 age 除以 3 余数为 2 的记录

① 与关系。

例 8-7 查询 age ＞20 并且 age＜30 的记录。

```
db.table.find({age:{gt:20,lt :30}})
```

或者

```
db.table.find("this.age > 20 && this.age < 30")
```

② 或关系。

例 8-8 查询 age ＝10 or age ＝20 的记录。

```
db.table.find({ $ or:[{age:20},{age:30}]})
```

例 8-9 查询 age＞30 or age ＜20 的记录。

```
db.table.find({ $ or:[{age:{ $ gt:30}},{age:{ $ lt:20}}]})
```

或者

```
db.table.find("this.age > 30 || this.age < 20")
```

例 8-10 查询 age ＞40 or name ＝'Dannel'的记录。

```
db.table.find({ $ or:[{age:{ $ gt:40}},{name:' Dannel '}]})
```

③ 非的关系。

例 8-11 查询 age 不大于 30 的记录。

```
db.person.find({age:{ $ not:{ $ gt:30}}})
```

④ 返回指定列的数据。

例 8-12 查询集合中 name 和 age 两列。

```
db.table.find({},{name:1,age:1})
```

例 8-13 查询结果中 age＞10 的 name 和 age 两列。

```
db.table.find({age:{ $ gt:10}},{name:1,age:1})
```

⑤ 查询结果排序。

例 8-14　按照年龄和姓名升序排列。

```
db.table.find().sort({age:1,name:1})
```

例 8-15　按照年龄降序、姓名升序排列。

```
db.table.find().sort({age:-1,name:1})
```

⑥ 限定返回数据条数。

例 8-16　查询前 10 条数据，相当于 SQL 语句中的 select top 10 from table。

```
db.table.find().limit(10)
```

例 8-17　查询 10 条以后的数据。

```
db.table.find().skip(10)
```

例 8-18　查询第 5～10 条的数据。

```
db.table.find().skip(5).limit(10)
```

8.2.5　知识拓展

1. MongoDB 索引

索引通常能够极大地提高查询的效率，如果没有索引，MongoDB 在读取数据时必须扫描集合中的每个文件并选取那些符合查询条件的记录。这种扫描全集合的查询效率是非常低的，特别是在处理大量的数据时，查询要花费几十秒甚至几分钟，这对网站的影响是非常致命的。索引是特殊的数据结构，索引存储在一个易于遍历读取的数据集合中，索引是对数据库表中一列或多列的值进行排序的一种结构。

MongoDB 使用 ensureIndex()方法来创建索引。其基本语法格式如下。

```
db.COLLECTION_NAME.ensureIndex({KEY:1})
```

语句中 KEY 值为要创建的索引字段，1 为指定按升序创建索引，如果想按降序来创建索引指定为−1 即可。

例 8-19　以 title 字段，按照升序创建索引。

```
db.col.ensureIndex({"title":1})
```

ensureIndex() 方法中也可以设置使用多个字段创建索引（关系数据库中称作复合索引）。ensureIndex() 接收可选参数，可选参数及含义如表 8-9 所示。

表 8-9　ensureIndex 可选参数列表及含义

可 选 参 数	类型	含　义
background	Boolean	建索引过程会阻塞其他数据库操作，background 可指定以后台方式创建索引，即增加 "background" 可选参数。"background" 默认值为 False
unique	Boolean	建立的索引是否唯一。指定为 True 创建唯一索引。默认值为 False

续表

可选参数	类型	含　义
name	string	索引的名称。如果未指定，MongoDB将通过连接索引的字段名和排序顺序生成一个索引名称
dropDups	Boolean	在建立唯一索引时是否删除重复记录，指定True创建唯一索引。默认值为False
sparse	Boolean	对文档中不存在的字段数据不启用索引；这个参数需要特别注意，如果设置为True的话，在索引字段中不会查询出不包含对应字段的文档。默认值为False
expireAfterSeconds	integer	指定一个以秒为单位的数值，完成TTL设定，设定集合的生存时间
v	index version	索引的版本号。默认的索引版本取决于MongoDB创建索引时运行的版本
weights	document	索引权重值，数值为1～99 999，表示该索引相对于其他索引字段的得分权重
default_language	string	对于文本索引，该参数决定了停用词及词干和词器的规则的列表。默认为英语
language_override	string	对于文本索引，该参数指定了包含在文档中的字段名，语言覆盖默认的language，默认值为language

例 8-20　在后台，以open和close字段升序联合创建索引。

```
db.values.ensureIndex({open: 1, close: 1}, {background: true})
```

2. 插入集合操作save与insert函数的异同

当向一张数据表中插入集合时，可以使用命令db.table.insert或者db.table.save，这里的save和insert函数虽然都可以插入数据，但它们之间有两点不同：①如果原来的记录不存在，save和insert都可以向collection里插入数据；如果记录已经存在，save会调用update更新里面的记录，而insert则会忽略操作。②insert可以一次性插入一个列表，而不用遍历，效率高，save则需要遍历列表，一个个插入，效率稍低。

3. 可视化管理工具NoSQLBooster

NoSQLBooster正式名称为MongoBooster，是一款非常流行的GUI工具。NoSQLBooster带有一堆MongoDB工具来管理数据库和监控服务器。这些MongoDB工具包括服务器监控工具——Visual Explain Plan，查询构建器，SQL查询，ES2017语法支持等。它有免费、个人和商业版本，当然，免费版本有一些功能限制。NoSQLBooster可用于Windows、MacOS和Linux等环境中。

启动NoSQLBooster后，选择Create菜单，出现Connections对话框，在Basic选项卡中的Name项中输入数据库名称“stock”，单击Save按钮，再单击Connect按钮则可连接数据库，启动界面如图8-19所示。

单击左边列表中的数据库，展开后可看到其中包含的集合，双击集合名称，则在右边窗口显示数据详情，如图8-20所示。

主窗体上部显示Shell模式的窗口，其中包含对应该操作的命令，详细界面如图8-21所示。也可以自己在该窗体内书写MongoDB命令后，单击Run按钮执行相应操作。所以，

NoSQLBooster 既能将可视化窗口中的操作自动转换为相关命令，也可验证自己所写命令是否正确，是学习 MongoDB 操作的一个高效工具，另外，它还具备代码自动生成的功能。

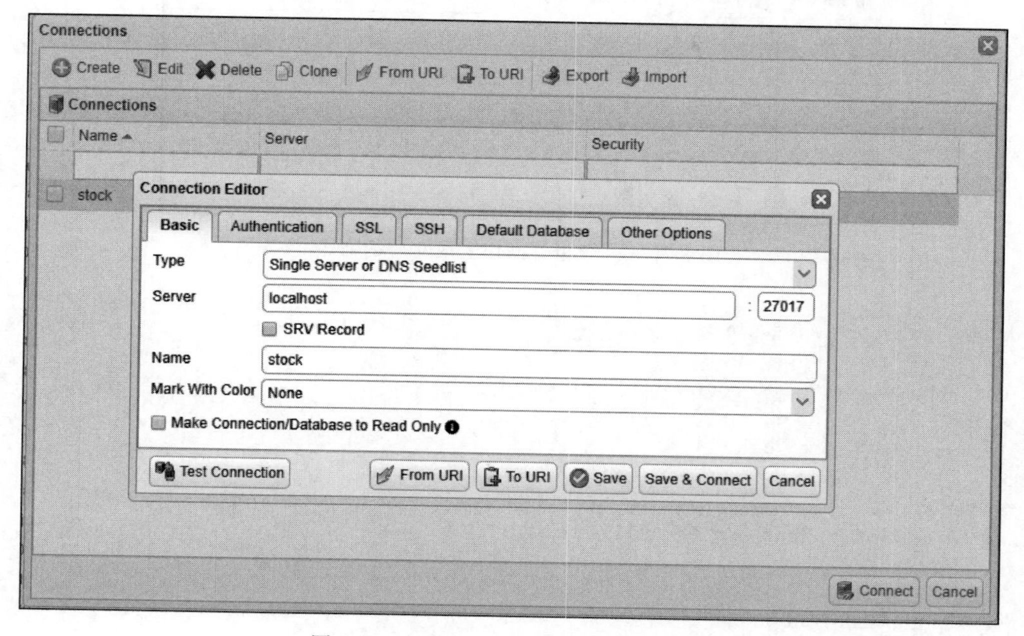

图 8-19　NoSQLBooster 中连接数据库

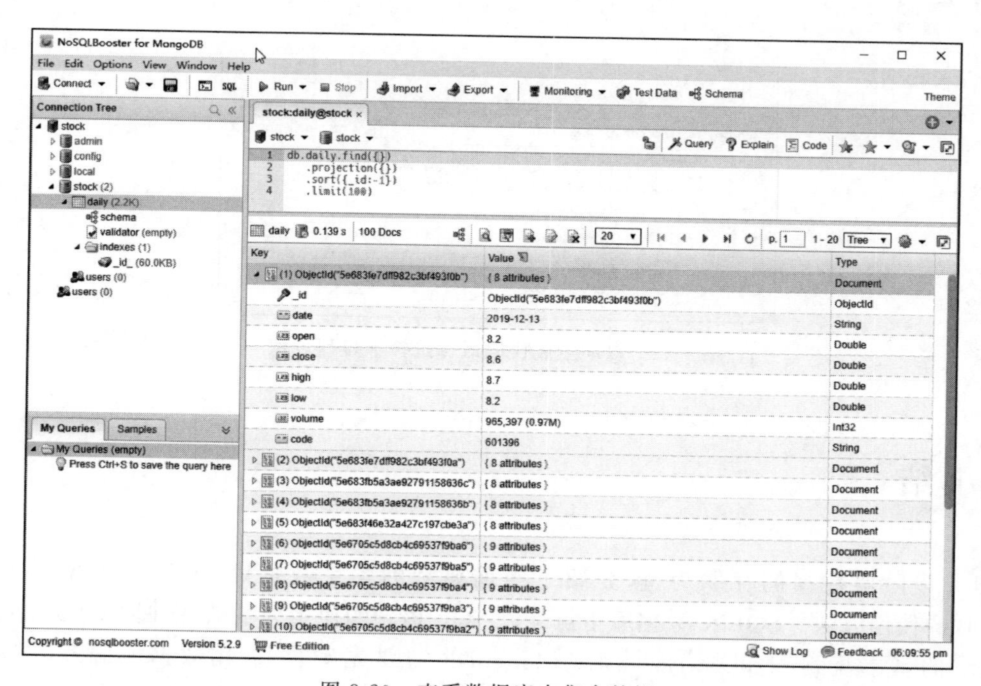

图 8-20　查看数据库中集合数据

单击工具栏中的 Code 按钮，会出现代码生成下拉列表框，在其中可以选择生成的语言有 Python、C# 等，详细界面如图 8-22 所示。比如刚刚的查询操作，对应生成的 Python 代码如下。

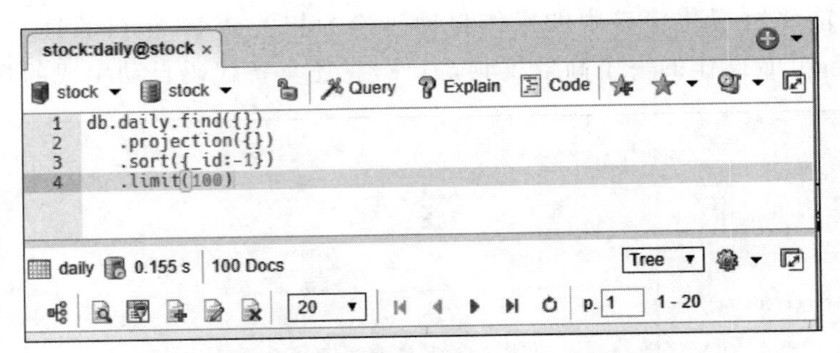

图 8-21　执行相关操作生成对应的命令

```
from pymongo import MongoClient

client = MongoClient("mongodb://localhost:27017")
database = client["stock"]
collection = database["daily"]
sort = [("_id", -1)]
#Created with NoSQLBooster, the essential IDE for MongoDB - https://nosqlbooster.com
cursor = collection.find(sort = sort, limit = 100)
try:
    for doc in cursor:
        print doc["_id"]
finally:
    cursor.close()
```

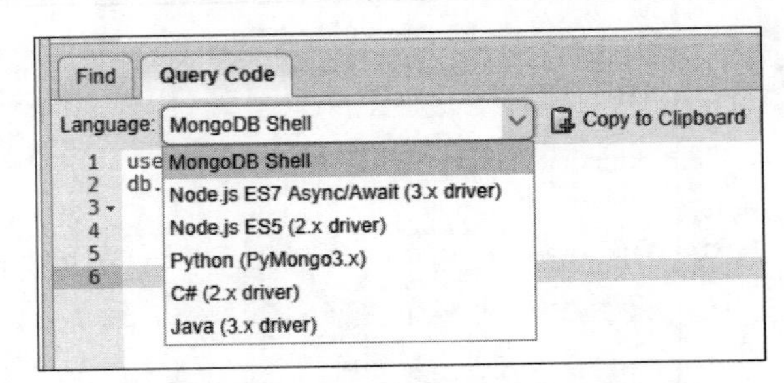

图 8-22　自动生成代码语言选择下拉列表框

项目小结

本项目以股票数据的存取为例，介绍了当前典型的关系数据库 SQLite 和非关系数据库 MongoDB 的使用方法。SQLite 数据库重点是以 SQL 语句的使用为基础，掌握 Python 中连接、使用 SQLite 的基本流程和相关语法规则；MongoDB 需要先安装、启用数据库服务，然后，安装 Python 下的驱动库，重点是理解集合的概念，掌握数据集的增、删、改、查方法。另外，使用可视化的工具管理数据库，能让初学者对数据库有更直观的认识，能快速熟悉其中的语法规则。

习题

一、填空题

1. SQLite 中实现数据库连接的函数是(　　)。

2. SQLite 中要提取查询到的数据，使用游标的 fetch 函数，其中，(　　)为取出所有数据，(　　)为取出一条数据。

3. 要将 SQLite 数据库创建在内存中，那么数据库名称应该为(　　)。

4. 在 Python 中，要连接 SQLite 数据库需要导入的库是(　　)。

5. 在 Python 中，要连接 MongoDB 数据库需要导入的库是(　　)。

6. 在 MongoDB 中，(　　)是一组键值(key-value)对。MongoDB 的文档不需要设置相同的字段，并且相同的字段不需要相同的数据类型，这与关系数据库有很大的区别，也是 MongoDB 非常突出的特点。

7. 在 MongoDB 中，可以插入数据的命令有(　　)和(　　)。

8. MongoDB 中存储的文档必须有一个(　　)键，这个键的值可以是任何类型的，默认是个 ObjectId 对象。

9. 在 MongoDB 中，ObjectId 类似唯一主键，可以用于排序，它包含(　　)字节，含义是：前(　　)字节表示创建时间戳，格林尼治时间，比北京时间晚了 8h，接下来的(　　)字节是机器标识码，紧接的(　　)字节由进程 id 组成 PID，最后三个字节是随机数。

10. MongoDB 中的日期类型是有符号的，负数表示(　　)之前的日期。

二、选择题

1. 以下属于非关系数据库的是(　　)。

   A. MySQL　　B. MongoDB　　C. SQLite　　D. Oracle

2. SQLite 中，下面(　　)方法可以产生游标对象。

   A. commit()　　B. rollback()　　C. cursor()　　D. execute()

3. SQLite 中，修改一条数据的关键字是(　　)。

   A. Insert　　B. Update　　C. Creat　　D. Delete

4. 属于 ORM 工具的是(　　)。

   A. SQLiteExpert　　B. SQLAlchemy　　C. SQLiteSpy　　D. SQLiteStudio

5. SQLite 数据库中，有一个 Student 表，表结构包含 10 个字段，要查询所有记录的 name、age 和 Class 列信息，应采用语句(　　)。

   A. select name, age, Class from Student

   B. select * from Student

   C. insert name, age, Class from Student

   D. select name, age, Class in Student

6. 在 MongoDB 中，做查询操作时，条件表示大于的符号是(　　)。

   A. $gt　　B. $lte　　C. $in　　D. $lt

7. 在 MongoDB 中，查询以字符串“com”开头的内容，可以用以下哪个符号？（　　）

A. //　　B. $mod　　C. /^/　　D. $

8. 在 MongoDB 中，按照年龄和姓名升序排列，以下语句正确的是（　　）。

A. db.table.find().sort({age:-1,name:1})

B. db.table.find().limt({age:1,name:-1})

C. db.table.find().sort({age:1,name:1})

D. db.table.find().limt({age:1,name:1})

9. 在 MongoDB 中，查询 10 条以后的数据，以下语句正确的是（　　）。

A. db.table.find().limit (10)　　B. db.table.find().skip(10)

C. db.table.find().sort(10)　　D. db.table.find() (10)

10. 在 MongoDB 中，查询 age =10 或者 age =20 的记录，以下语句正确的是（　　）。

A. db.table.find({ $not:[{age:20},{age:30}]})

B. db.table.find({ $and:[{age:20},{age:30}]})

C. db.table.find([{age:20} $or{age:30}])

D. db.table.find({ $or:[{age:20},{age:30}]})

三、简答题

1. 试比较 SQLite 数据库和 MongoDB 数据库，说明它们各有哪些特点。

2. MongoDB 中的集合命名规则有哪些？

四、编程题

1. 编写 Python 程序，建立一个名为 Student 的数据库，其中包含表 user 和 course，user 表中包含字段 name、age、mojor；course 表中包含字段 iterature、math、physics，并插入几条记录，用 SQLiteExpert 查看结果。

2. 编写 Python 程序，建立一个 MongoDB 数据库，在集合 infor 中插入股票数据、学生信息数据、商品条目数据，然后编写查询程序，输出年龄大于 15 岁的学生信息。

附录A

Python常用模块

模块类型	常用方法	含　义
os 模块	os. access(path, mode)	判断文件权限
	os. chdir()	改变当前工作目录
	os. chmod(file)	修改文件权限
	os. execvp()	启动一个新进程
	os. fork()	获取父进程 ID,在子进程中返回 0
	os. getcwd()	获取当前文件路径
	os. listdir()	列出指定目录下所有文件
	os. makedirs()	创建多级目录
	os. mkdir()	新建目录
	os. name(file)	获取操作系统标识
	os. remove()	删除文件
	os. removedirs()	删除多级目录
	os. rename()	重命名文件
	os. rmdir()	删除空目录
	os. spawn()	执行外部程序脚本(Windows)
	os. stat(file)	获取文件属性
	os. system()	执行操作系统命令
	os. unlink()	删除文件
	os. utime(file)	修改文件时间戳
	os. wait()	用于父进程等待它的任何一个子进程结束执行,然后唤醒父进程

续表

模块类型	常用方法	含　　义
os. path 模块	os. path. split(filename)	将文件路径和文件名分隔
	os. path. splitext(filename)	将文件路径和文件扩展名分隔成一个元组
	os. path. dirname(filename)	返回文件路径的目录部分
	os. path. basename(filename)	返回文件路径的文件名部分
	os. path. join(dirname,basename)	将文件路径和文件名组合成完整文件路径
	os. path. abspath(name)	获得绝对路径
	os. path. splitunc(path)	把路径分隔为挂载点和文件名
	os. path. normpath(path)	规范 path 字符串形式
	os. path. exists()	判断文件或目录是否存在
	os. path. isabs()	如果 path 是绝对路径,返回 True
	os. path. realpath(path)	返回 path 的真实路径
	os. path. relpath(path[,start])	从 start 开始计算相对路径
	os. path. normcase(path)	转换 path 的大小写和斜杠
	os. path. isdir()	判断参数是不是一个目录
	os. path. isfile()	判断参数是不是一个文件,不存在返回 False
	os. path. islink()	判断文件是否是连接文件
	os. path. ismount()	指定路径是否存在且为一个挂载点
	os. path. samefile()	是否是相同路径的文件
	os. path. getatime()	返回最近访问时间
	os. path. getmtime()	返回上一次修改时间
	os. path. getctime()	返回文件创建时间
	os. path. getsize()	返回文件大小,以字节为单位
	os. path. commonprefix(list)	返回 list(多个路径)中,所有 path 共有的最长的路径
	os. path. lexists	路径存在则返回 True,路径损坏但软链接存在也返回 True
	os. path. expanduser(path)	把 path 中包含的"～"和"～user"转换成用户目录
	os. path. expandvars(path)	对环境变量扩展,path 中可以使用环境变量
	os. path. sameopenfile(fp1, fp2)	判断 fp1 和 fp2 是否指向同一文件
	os. path. samestat(stat1, stat2)	判断 stat1 和 stat2 是否指向同一个文件
	os. path. splitdrive(path)	一般用在 Windows 环境下,返回驱动器名和路径组成的元组
	os. path. walk(path, visit, arg)	当某个事件触发时,程序将调用定义好的回调函数遍历 path 处理某个任务
	os. path. supports_unicode_filenames()	设置是否支持 Unicode 路径名
stat 模块	fileStats[stat. ST_ATIME]	文件最后访问时间
	fileStats[stat. ST_CTIME]	文件创建时间
	fileStats[stat. ST_MODE]	获取文件的模式
	fileStats[stat. ST_MTIME]	文件最后修改时间
	fileStats[stat. ST_SIZE]	文件大小
	fileStats= os. stat(path)	获取到的文件属性列表

续表

模块类型	常用方法	含义
stat 模块	stat. S_ISBLK(fileStats[stat. ST_MODE])	是否是块设备
	stat. S_ISCHR(fileStats[stat. ST_MODE])	是否是字符设置
	stat. S_ISDIR(fileStats[stat. ST_MODE])	是否是目录
	stat. S_ISFIFO(fileStats[stat. ST_MODE])	是否是命名管道
	stat. S_ISLNK(fileStats[stat. ST_MODE])	是否是链接文件
	stat. S_ISREG(fileStats[stat. ST_MODE])	是否是一般文件
	stat. S_ISSOCK(fileStats[stat. ST_MODE])	是否是 Socket 文件
sys 模块	sys. argv	命令行执行参数列表
	sys. builtin_module_names	Python 解释器导入的内建模块列表
	sys. byteorder	本地字节规则的指示器
	sys. copyright	记录 Python 版权相关信息
	sys. displayhook(value)	如果 value 非空,会把它输出到 sys. stdout,并且将它保存进 __builtin__
	sys. exc_clear()	用来清除当前线程所出现最近的错误信息
	sys. exc_info()	获取当前正在处理的异常类
	sys. exec_prefix	返回平台独立的 Python 文件安装位置
	sys. executable	Python 解释程序路径
	sys. exit(n)	退出程序
	sys. getdefaultencoding()	返回当前所用的默认的字符编码格式
	sys. getfilesystemencoding()	返回将 Unicode 文件名转换成系统文件名的编码的名字
	sys. getwindowsversion()	获取 Windows 的版本
	sys. hexversion	获取 Python 解释程序的版本值
	sys. modules	返回系统导入的模块字段
	sys. modules. keys()	返回所有已经导入的模块列表
	sys. path	返回模块的搜索路径,初始化时使用 PYTHONPATH 环境变量的值
	sys. platform	返回操作系统平台名称
	sys. setdefaultencoding(name)	用来设置当前默认的字符编码
	sys. stderr	错误输出
	sys. stdin	标准输入
	sys. stdin. read()	从文件描述符中读取指定范围内的字符
	sys. stdin. readline()	从标准输入读一行
	sys. stdout	标准输出
	sys. stdout. write()	标准输出内容
	sys. stdout. writelines()	无换行输出
	sys. version	获取 Python 解释程序的版本信息
	sys. version_info	获取版本级别信息,是否有后继的发行

续表

模块类型	常 用 方 法	含 义
datetime，time 模块	datetime. date. fromtimestamp()	将时间戳转换为 datetime 对象
	datetime. date. isocalendar(obj)	把日期对象返回一个带有年月日的元组
	datetime. date. isoformat(obj)	把指定日期用字符串表示
	datetime. date. isoweekday(obj)	返回一个日期对象的星期数，周一是 1
	datetime. date. today()	本地日期对象
	datetime. date. today(). timetuple()	转换为时间戳 datetime 元组对象，可用于转换时间戳
	datetime. date. weekday(obj)	返回一个日期对象的星期数，周一是 0
	datetime. datetime. now([tz])	返回指定时区的 datetime 对象
	datetime. datetime. strftime(datetime. datetime. now(), '%Y%m%d%H%M%S')	将 datetime 对象转换为 str 表示形式
	datetime. datetime. strptime()	将字符串转为 datetime 对象
	datetime. datetime. today()	返回一个包含本地时间(含微秒数)的 datetime 对象
	datetime. datetime. utcnow()	返回一个零时区的 datetime 对象
	datetime. fromtimestamp(timestamp[,tz]))	按时间戳返回一个 datetime 对象，可指定时区
	datetime. utcfromtimestamp(timestamp)	按时间戳返回一个 UTC-datetime 对象
	time. mktime(timetupleobj)	将 datetime 元组对象转为时间戳
	time. time()	当前时间戳
random 模块	random. choice(sequence)	从序列中产生一个随机数
	random. randint(a, b)	产生指定范围内的随机整数
	random. random()	产生 0～1 的随机浮点数
	random. randrange([start], [stop], step])	从一个指定步长的集合中产生随机数
	random. sample(sequence, k)	从序列中随机获取指定长度的片段
	random. shuffle(x[,random])	将一个列表中的元素打乱
	random. uniform(a, b)	产生指定范围内的随机浮点数
string 模块	str. capitalize()	把字符串的第一个字符大写
	str. center(width)	返回一个原字符串居中，并使用空格填充到 width 长度的新字符串
	str. count(str,[beg,len])	返回子字符串在原字符串中出现次数
	str. decode(encodeing[,replace])	解码 string，出错引发 ValueError 异常
	str. encode(encodeing[,replace])	解码 string
	str. endswith(substr[,beg,end])	字符串是否以 substr 结束
	str. expandtabs(tabsize=8)	把字符串的 tab 转为空格，默认为 8 个
	str. find(str,[stat,end])	查找子字符串在字符串第一次出现的位置，否则返回－1
	str. index(str,[beg,end])	查找子字符串在指定字符中的位置，不存在报异常
	str. isalnum()	检查字符串是否以字母和数字组成，是返回 True，否则返回 False
	str. isalpha()	检查字符串是否以纯字母组成，是返回 True，否则返回 False
	str. isdecimal()	检查字符串是否以纯十进制数字组成，返回布尔值

续表

模块类型	常用方法	含义
string模块	str. isdigit()	检查字符串是否以纯数字组成,返回布尔值
	str. islower()	检查字符串是否全是小写,返回布尔值
	str. isnumeric()	检查字符串是否只包含数字字符,返回布尔值
	str. isspace()	如果 str 中只包含空格,则返回 True,否则返回 False
	str. istitle(str)	如果字符串是标题化,即所有单词首字母大写,其余小写时则返回 True,否则 False
	str. isupper()	检查字符串是否全是大写,返回布尔值
	str. join(seq)	以 str 作为连接符,将一个序列中的元素连接成字符串
	str. ljust(width)	返回一个原字符串左对齐,用空格填充到指定长度的新字符串
	str. lower()	将大写转为小写
	str. lstrip()	去掉字符左边的空格和回车换行符
	str. partition(substr)	从 substr 出现的第一个位置起,将 str 分割成一个 3 元组
	str. replace(str1,str2,num)	查找 str1 替换成 str2,num 是替换次数
	str. rfind(str[,beg,end])	从右边开始查询子字符串
	str. rindex(str,[beg,end])	从右边开始查找子字符串位置
	str. rjust(width)	返回一个原字符串右对齐,用空格填充到指定长度的新字符串
	str. rpartition(str)	类似 partition 函数,不过从右边开始查找
	str. rstrip()	去掉字符右边的空格和回车换行符
	str. split(str,num)	以 str 作为分隔符,将一个字符串分隔成一个序列,num 是被分隔的字符串
	str. splitlines(num)	以行分隔,返回各行内容作为元素的列表
	str. startswith(substr[,beg,end])	字符串是否以 substr 开头,beg 和 end 是范围
	str. strip()	去掉字符两边的空格和回车换行符
	str. swapcase()	翻转字符串的大小写
	str. title()	返回标题化的字符串(所有单词首字母大写,其余小写)
	str. translate(str,del)	按 str 给出的表转换 string 的字符,del 是要过滤的字符
	str. upper()	转换字符串的小写为大写
	str. zfill(width)	返回字符串右对齐,前面用 0 填充到指定长度的新字符串
urllib 模块	urllib. pathname2url(path)	将本地路径转换成 URL 路径
	urllib. quote(string[,safe])	对字符串进行编码。参数 safe 指定不需要编码的字符
	urllib. quote_plus(string[,safe])	与 urllib. quote 类似,但用'+'来替换' ',而 quote 用'%20'来代替' '
	urllib. unquote(string)	对字符串进行解码
	urllib. unquote_plus(string)	对字符串进行解码
	urllib. url2pathname(path)	将 url 路径转换成本地路径
	urllib. urlencode(query[,doseq])	将 dict 或者包含两个元素的元组列表转换成 url 参数
	urlrs. getcode()	获取请求返回状态 HTTP 状态码

续表

模块类型	常 用 方 法	含 义
math 模块	ceil(x)	取大于等于 x 的最小的整数值,如果 x 是一个整数,则返回 x
	copysign(x)	把 y 的正负号加到 x 前面,可以使用 0
	cos(x)	求 x 的余弦,x 必须是弧度
	degrees(x)	把 x 从弧度转换成角度
	e	表示一个常量
	exp(x)	返回 math.e,即 2.718 28 的 x 次方
	expm1(x)	返回 math.e 的 x(其值为 2.718 28)次方的值减 1
	fabs(x)	返回 x 的绝对值
	factorial(x)	取 x 的阶乘的值
	floor(x)	取小于等于 x 的最大的整数值,如果 x 是一个整数,则返回自身
	fmod(x,y)	得到 x/y 的余数,其值是一个浮点数
	frexp(x)	返回一个元组(m,e)
	fsum(iterable)	对迭代器里的每个元素实现求和操作
	gcd(x,y)	返回 x 和 y 的最大公约数
	hypot(x)	如果 x 不是无穷大的数字,则返回 True,否则返回 False
	isfinite(x)	如果 x 是正无穷大或负无穷大,则返回 True,否则返回 False
	isinf(x)	如果 x 是正无穷大或负无穷大,则返回 True,否则返回 False
	isnan(x)	如果 x 不是数字返回 True,否则返回 False
	ldexp(x,i)	返回 x * (2 ** i)的值
	log(x,[base])	当一个参数时,返回 x 的自然对数,默认以 e 为基数,当 base 参数给定时,将 x 的对数返回给定的 base,计算式为:log(x)/log(base)
	log10(x)	返回 x 的以 10 为底的对数
	log1p(x)	返回 x+1 的自然对数(基数为 e)的值
	log2(x)	返回 x 的基 2 对数
	modf(x)	返回由 x 的小数部分和整数部分组成的元组
	pi	数字常量,圆周率
	pow(x,y)	返回 x 的 y 次方,即 x ** y
	radians(x)	把角度 x 转换成弧度
	sin(x)	求 x(x 为弧度)的正弦值
	sqrt(x)	求 x 的平方根
	tan(x)	返回 x(x 为弧度)的正切值
	trunc(x)	返回 x 的整数部分

参 考 文 献

[1] 郑秋生,夏敏捷.Python项目案例开发从入门到实战[M].北京:清华大学出版社,2019.
[2] 刘凌霞,郝宁波,吴海涛.21天学通Python[M].北京:电子工业出版社,2016.
[3] Eric Matthes.Python编程从入门到实践[M].袁国忠,译.北京:人民邮电出版社,2016.
[4] Dusty Phillips.Python3面向对象编程[M].肖鹏,常贺,石琳,译.北京:电子工业出版社,2018.
[5] Wesley J Chun.Python核心编程[M].孙波翔,李斌,李晗,译.北京:人民邮电出版社,2016.
[6] 李刚.疯狂Python讲义[M].北京:电子工业出版社,2018.
[7] Ryan Mitchell.Python网络数据采集[M].北京:人民邮电出版社,2016.
[8] 迪米特里奥斯·考奇斯·劳卡斯.精通Python爬虫框架Scrapy[M].北京:人民邮电出版社,2018.

图书资源支持

感谢您一直以来对清华版图书的支持和爱护。为了配合本书的使用，本书提供配套的资源，有需求的读者请扫描下方的“书圈”微信公众号二维码，在图书专区下载，也可以拨打电话或发送电子邮件咨询。

如果您在使用本书的过程中遇到了什么问题，或者有相关图书出版计划，也请您发邮件告诉我们，以便我们更好地为您服务。

我们的联系方式：

地　　址：北京市海淀区双清路学研大厦A座714

邮　　编：100084

电　　话：010-83470236　010-83470237

客服邮箱：2301891038@qq.com

QQ：2301891038（请写明您的单位和姓名）

资源下载：关注公众号“书圈”下载配套资源。

资源下载、样书申请

书圈

获取最新书目

观看课程直播